"十四五"职业教育河南省规划教材

网页制作案例教程
（Dreamweaver CS6）

◎ 张彩虹　主　编

◎ 吕晓芳　刘子祺　孙承秀　贺　珂　副主编

电子工业出版社
Publishing House of Electronics Industry
北京·BEIJING

内 容 简 介

本书以案例驱动形式介绍网页制作的相关知识。本书注重理论联系实战结合，并以制作电子商务网站作为最后的综合练习。

本书共分9章，主要内容包括网页制作基础知识、HTML基础知识、网页布局、表格的使用、AP Div和网页中的行为、在网页中使用框架、在网页中使用表单、动态网站基础、网站建设综合实例等。

本书可作为专科院校（含独立学院）的专业课教材，可供成人教育和中职院校使用，也可作为广大青年朋友学习的参考用书。

未经许可，不得以任何方式复制或抄袭本书的部分或全部内容。
版权所有，侵权必究。

图书在版编目（CIP）数据

网页制作案例教程：Dreamweaver CS6 / 张彩虹主编．—北京：电子工业出版社，2020.3
ISBN 978-7-121-35945-3

Ⅰ.①网… Ⅱ.①张… Ⅲ.①网页制作工具—高等学校—教材 Ⅳ.①TP393.092.2

中国版本图书馆 CIP 数据核字（2019）第 011658 号

责任编辑：杨　波　　特约编辑：李云霞
印　　刷：北京虎彩文化传播有限公司
装　　订：北京虎彩文化传播有限公司
出版发行：电子工业出版社
　　　　　北京市海淀区万寿路173信箱　邮编　100036
开　　本：787×1 092　1/16　印张：14.5　字数：371.2千字
版　　次：2020年3月第1版
印　　次：2024年12月第8次印刷
定　　价：38.00元

凡所购买电子工业出版社图书有缺损问题，请向购买书店调换。若书店售缺，请与本社发行部联系，联系及邮购电话：(010) 88254888，88258888。
质量投诉请发邮件至 zlts@phei.com.cn，盗版侵权举报请发邮件至 dbqq@phei.com.cn。
本书咨询联系方式：(010) 88254617，luomn@phei.com.cn。

前言 | PREFACE

随着社会的发展，网络应用正处在不断变革中，而作为与应用密切相关的前端技术更是备受瞩目，对于当今整个 Web 开发领域来说，网页制作可谓最热门的话题之一，被寄予了太多的期望。在 Web 开发中采用 CSS 技术可以显著地美化应用程序，有效地控制页面的布局、字体、颜色、背景和其他效果。利用好 CSS 还可以更快捷地得到以往要用很多插件才能达到的效果。其中本书从基础到实际应用的角度，深入浅出、循序渐进地介绍了网站的规划与建设，涉及网站建设中的全部相关知识与技术，在选择案例和编写过程中还受到了来自水利部小浪底水利枢纽管理中心刘子祺同志的帮助指导。

本书特点如下：

1．实例学习，紧扣要点

本书实例紧扣各章知识点，实现理论与实践的完美结合，为读者在网页制作中理顺思路、开发创意提供帮助。

2．通俗易懂，图文并茂

本书知识点和实例均以通俗易懂的语言加以阐述，并穿插讲解了一些实用性技巧，拓展了读者的思维能力，使其从中体会网页制作的乐趣。

3．案例新颖

本书中的每个案例都是通过精心设计的，且针对性强。对于一些较难理解或掌握的功能，则使用小例子的方式讲解。

本书共分 9 章，具体内容如下。

第 1 章为网页制作基础知识，主要讲解网页的构成元素、站点的创建和管理。

第 2 章讲解 HTML 基础知识，主要讲解 HTML 常用的元素标签。

第 3 章讲解网页的布局，网页布局的类型，以及美化网页的 CSS 样式。

第 4 章详细讲解网页中表格的插入、编辑和用表格布局网页的方法。

第 5 章讲解 AP Div 的使用方法，使用 AP Div 布局网页，以及在网页中添加的行为特效。

第 6 章讲解网页中框架的应用，多媒体的插入和超链接的使用。

第 7 章利用制作留言板学习在网页中使用表单。

第 8 章讲解制作动态网页时连接数据库的方法。

第 9 章通过讲解网站建设综合实例，完整地展现从网站的设计到制作完成的全过程。

本书由张彩虹担任主编，吕晓芳、刘子祺、孙承秀、贺珂、郑冰洋担任副主编。各章的编写安排如下：张彩虹编写第 1 章、第 2 章、第 9 章，吕晓芳编写第 6 和 8 章。刘子祺编写第 4 章。贺珂编写第 5 和 7 章，孙承秀编写第 3 章。张彩虹负责全书的统稿工作。

由于作者水平有限，书中难免存在一些不尽如人意之处，希望广大读者批评指正。

编　者

CONTENTS | 目录

第 1 章　初识网页与 Dreamweaver CS6 ···001

　　案例 1　360 网站主页的基础构成元素 ···001
　　　　案例分析 ···001
　　　　相关知识 ···001
　　　　案例实施 ···003
　　案例 2　hehua 网站站点创建和管理 ··004
　　　　案例分析 ···004
　　　　相关知识 ···004
　　　　案例实施 ···005
　　拓展练习 ···013

第 2 章　HTML 元素 ···014

　　案例 1　荷花古诗页面 ···014
　　　　案例分析 ···014
　　　　相关知识 ···014
　　　　案例实施 ···017
　　案例 2　荷花典故页面 ···019
　　　　案例分析 ···019
　　　　相关知识 ···020
　　　　案例实施 ···021
　　拓展练习 ···024

第 3 章　网页布局 ···026

　　案例 1　荷花网站整体布局 ···026
　　　　案例分析 ···026
　　　　相关知识 ···027
　　　　案例实施 ···039
　　案例 2　荷花图片欣赏网页 ···045
　　　　案例分析 ···045

　　　　　相关知识 ··· 045
　　　　　案例实施 ··· 048
　　案例 3　荷花故事网页 ·· 053
　　　　　案例分析 ··· 053
　　　　　相关知识 ··· 053
　　　　　案例实施 ··· 058
　　拓展练习 ·· 063

第 4 章　表格 ·· 070

　　案例 1　植物种类表 ·· 070
　　　　　案例分析 ··· 070
　　　　　相关知识 ··· 070
　　　　　案例实施 ··· 072
　　案例 2　网页实训分组表 ·· 074
　　　　　案例分析 ··· 074
　　　　　相关知识 ··· 074
　　　　　案例实施 ··· 075
　　案例 3　服装品牌网页 ·· 080
　　　　　案例分析 ··· 080
　　　　　相关知识 ··· 080
　　　　　案例实施 ··· 081
　　拓展练习 ·· 094

第 5 章　网页 AP Div 和行为特效 ·· 098

　　案例 1　咖啡网页的制作 ·· 098
　　　　　案例分析 ··· 098
　　　　　相关知识 ··· 098
　　　　　案例实施 ··· 102
　　案例 2　花卉艺术网的制作 ··· 106
　　　　　案例分析 ··· 106
　　　　　相关知识 ··· 106
　　　　　案例实施 ··· 111
　　拓展练习 ·· 119

第 6 章　网页多媒体、超链接和框架页 ·· 121

　　案例 1　"甜品网页"中使用多媒体对象 ································· 121
　　　　　案例分析 ··· 121
　　　　　相关知识 ··· 121
　　　　　案例实施 ··· 125
　　案例 2　制作超链接图文混排网页 ·· 128
　　　　　案例分析 ··· 128

　　　　相关知识 ·· 128
　　　　案例实施 ·· 132
　　拓展练习 ·· 135

第 7 章　网页表单 ··· 140

　　案例　留言板的制作 ··· 140
　　　　案例分析 ·· 140
　　　　相关知识 ·· 140
　　　　案例实施 ·· 143
　　拓展练习 ·· 151

第 8 章　动态网站基础 ··· 153

　　案例 1　配置 IIS 服务器 ·· 153
　　　　案例分析 ·· 153
　　　　相关知识 ·· 153
　　　　案例实施 ·· 154
　　案例 2　动态网站服务器环境配置 ··· 157
　　　　案例分析 ·· 157
　　　　相关知识 ·· 157
　　　　案例实施 ·· 157
　　拓展练习 ·· 159

第 9 章　网站建设综合实例 ··· 160

　　案例　服装销售网站的制作 ··· 160
　　　　案例分析 ·· 160
　　　　相关知识 ·· 160
　　　　案例实施 ·· 161
　　拓展练习 ·· 216

第1章

初识网页与 Dreamweaver CS6

互联网的迅速发展,为人们提供了方便快捷的信息交流平台。网络已经成为很多人工作、生活中不可缺少的一部分。网站是一种承载信息的传播工具,网页是网站的一个页面,本书将通过案例来介绍如何完成网页前台的设计与制作。

【本章任务】
- 了解网页和网站基本概念及网页基本类型。
- 了解网页制作的相关软件。
- 了解 Dreamweaver CS6 工作界面。
- 掌握 Dreamweaver CS6 站点的创建和管理。

案例 1 360 网站主页的基础构成元素

案例分析

本案例中,将了解网页和网站的基本概念、基本类型和制作网页相关软件。

相关知识

1. 什么是网页

网页就是我们在联网的计算机上,在地址栏中输入网址,打开的一个画面。网页是网站的基本构成元素,而一个网站可以包含若干个网页。

在网站设计中,网页分为静态网页和动态网页两种类型。

静态网页是指基本上全部使用 HTML 制作的网页,网页文本是以.htm、.html 等为扩展名的。静态页面的内容是固定不变的,网络用户在进行浏览时不需要与服务器端发生程序的交互,但是静态页面的内容不是完全静止不动的,也有各种动态效果,如 GIF 格式的动画、Flash 动画、滚动字幕晃动等,这些只是视觉上的"动态效果"。

动态网页是基本的 HTML 语法规范与 Java、PHP 和 VC 等高级程序设计语言、数据库编程等多种技术的融合，以期实现对网站内容和风格的高效、动态和交互式的管理。网页代码虽然没有改变，但显示的内容是可以随着时间、环境或数据库操作的结果而发生变化的。

2．网页的基本元素

（1）文本

文字是最重要的网页信息载体与交流工具，网页中的主要信息一般都以文本形式为主。与图像网页元素相比，文字虽然不如图像那样容易被浏览者注意，但却包含更多的信息，并能更准确地表达信息的内容和含义。选择合适的文字标记可以改变文字显示的属性，如字体的大小、颜色和字体样式等，使文字在 HTML 页面更加美观，并且有利于使用者的浏览。

★提示：

在网页中应用了某种字体样式后，如果浏览者的计算机中没有安装该种样式的字体，文本会以计算机系统默认的字体显示出来，此时就无法显示出网页应有的效果了。

（2）图像

图像是网页的重要组成部分，与文字相比，图像更加直观和生动。图像在整个网页中可以起到画龙点睛的作用，图文并茂的网页比纯文本的网页更能吸引人的注意力。

计算机图像格式有很多种，但在网页中可以使用的只有 JPEG、GIF 和 PNG 格式。GIF 格式可以制作动画，但最多支持 256 色；JPEG 格式可以支持真彩色，但只能为静态图像；PNG 格式既可以制作动画又可支持真彩色，但文件较大，下载速度较慢。

★提示：

一般情况下，图片的命名用字母或数字，不用文字。用文字命名的图片在 iexplore 浏览器中不能显示。

（3）Flash 动画

用 Flash 可以创作出既漂亮又能改变尺寸的导航界面以及各种动画效果。Flash 动画文件体积小、效果华丽，且具有极强的互动效果，由于它是矢量的，所以即使放大画面也不会出现变形和模糊。

Flash 的源文件格式为".fla"，生成的用于网络上传输的文件格式为".swf"。

★提示：

网页中的动画不易太多，否则会使浏览者感到眼花缭乱。

（4）超链接

互联网上有数以百万的站点，要将众多分散的网页联系起来构成一个整体，就必须在网页上加入链接，超链接实现了网页与网页之间的跳转，是网页中至关重要的元素。通过超链接可以将链接指向图像文件、多媒体文件、电子邮件地址或可执行程序。在一个完整的网站中，至少要包括站内链接和站外链接。

- 站内链接：如果网站规划了多个主题版块，必须给网站的首页加入超链接，让浏览者可以快速地找到感兴趣的页面。在各个子页面之间也要有超链接，可以回到主页面的链接。通过超链接，浏览者可以迅速找到自己需要的信息。

第 1 章　初识网页与 Dreamweaver CS6

> 站外链接：在制作的网站上放置一些与网站主题有关的对外链接，不但可以把好的网站介绍给浏览者，而且能使浏览者再度光临该网站。如果对外链接信息很多，可以进行分类。

（5）表单

表单是获取访问者信息并与访问者进行交互的有效方式，在网络中应用非常广泛。访问者可以在表单对象中输入信息，然后提交这些信息。表单分为文本域、复选框、单选按钮和列表菜单等。例如，制作发送电子邮件表单、跳转菜单和在网页中加入搜索引擎等。

（6）音频和视频

通过音频进行人机交流逐步成为网页交互的重要手段。在浏览网页时，一些网页设置了背景音乐，伴随着优美的乐曲，浏览者在网上冲浪会更加惬意。但是加入音乐后，网页文件会变大，下载时间会增加。

在网页中加入视频，会使网页具有较强的吸引力。常见的网络视频有视频短片、远程教学、视频聊天、视频点播和 DV 播放等。但是，在应用视频时要考虑网速问题，如果视频播放不流畅也会影响浏览效果。

3. 网页制作相关软件

在制作网页时，常见的编辑软件有 Dreamweaver 和 Frontpage 等，目前使用 Dreamweaver 的居多。除 Dreamweaver 外还需要用到 Flash 和 Photoshop 等辅助软件，下面简单介绍这两个辅助软件的主要功能和特点。

（1）Flash

Flash 是 Adobe 公司推出的一款交互式矢量图和 Web 动画制作软件。Flash 以界面简洁、功能强大而见长，具有强大的动画编辑功能，能把动画、音效、交互式方式完美地融合在一起，是动画设计初学者和专业动画制作人员的首选。使用 Flash 可以制作体积非常小的 banner 动画、小游戏、MTV 和广告等动画效果，是最主要的 Web 动画形式之一。

（2）Photoshop

Photoshop（PS）是由 Adobe Systems 开发和发行的图像处理软件。Photoshop 主要用于处理以像素构成的位图图像。在网页制作中，使用 Pholoshop 可以完成效果图制作和图像素材处理工作。Polashop 存储的图像文件格式有 JPEG、GIF、PNG 和 TIF 等，而在网页中使用的图像文件格式通常为 JPEG、GIF 和 PNG。

案例实施

在了解网页构成元素后，接下来通过认识 360 导航网页，完成对网页构成元素的进一步加强和学习。

（1）启动浏览器，打开 360 导航网页。
（2）在 360 导航网页中指出动画、导航栏和超链接等，效果如图 1-1 所示。

网页制作案例教程（Dreamweaver CS6）

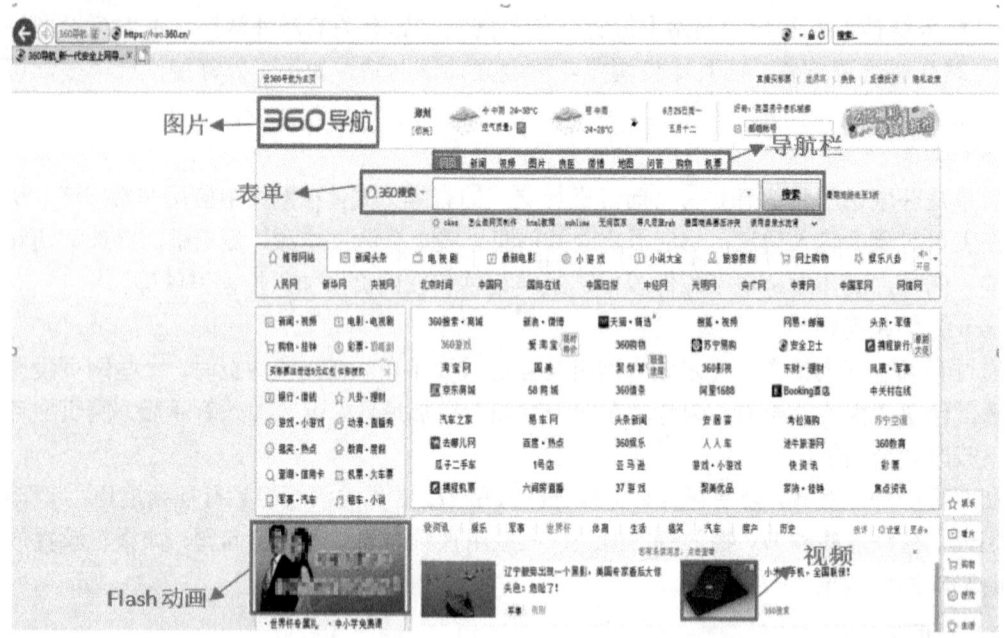

图 1-1　360 导航网页

案例 2　hehua 网站站点创建和管理

本案例主要介绍 Dreamweaver 的启动和退出，工作界面的认识和网页的新建、保存、关闭。hehua（荷花）网站站点的创建，以及对荷花网站站点文件的管理。

1. 什么是站点

站点是用来管理 Web 信息最小的单位。用户设计的网页和相关素材一般都要求存放在同一个文件夹中，将该文件夹定义为站点，这样可以方便地对网站进行维护和管理。在 Dreamweaver CS6 中，站点通常包含本地站点和远程站点两部分。本地站点是本地计算机上的某个文件夹，里面存放着与站点有关的一组文件。远程站点是远程 Web 服务器上的一个位置。用户将本地站点的内容发布到网络上的远程站点，使公众可以访问它们。在 Dreamweaver CS6 中创建 Web 站点，通常先在本地磁盘上创建本地站点，然后创建远程站点，接着再将这些网页的副本上传到远程 Web 服务器上，才能被公众访问。

一般站点文件夹内包括以下 4 个文件夹。

◆ webs：存放网站的所有网页。

◆ images：存放网站的所有图片。

◆ common：存放网站的所有 CSS 样式、JS、PHP 等公共文件。

◆ media：存放 flash、avi 和 quick time 等多媒体文件。

2. 站点文件夹和网页文件命名规则

（1）站点文件夹命名规则

① 不要使用中文。网络无国界，但使用中文可能对网址的正确显示造成困难；

② 不要使用过长的文件名。尽管服务器支持长文件名，但是太长的文件名不便于记忆；

③ 尽量使用意义明确的文件名。

★提示：

站点文件夹如果用中文命名，在网页中的图片将可能不显示。

2. 网页文件命名规则

① 文件名可使用 a～z、A～Z、0～9、减号（-）和下画线（_）等字符；

② 禁止使用特殊字符，如：@、#、$、%、&、*；

③ 文件名之间不能有空格；

④ 首页文件名是网页服务器预设的，所以文件名必须按照网页服务器的定义命名，通常为 index.htm、index.HTML 和 default.htm；

⑤ 大部分网页服务器都区分大小写，最好统一使用小写英文，尤其是关键网页文件，如 default.htm；

⑥ 文件名长度以简单短小为原则。建议尽量使用一些简单易懂的缩写，如集团介绍（group profile），可以将这个网页命名为 group_pro.htm。

案例实施

在制作网页前，最好先定义站点，然后在站点中创建网页。

1. 创建站点

首先在本地磁盘创建一个新文件夹"荷花网站"作为本地站点根文件夹，创建站点的方法有两种：

- 在"hehua"网站文件夹内部创建 3 个子文件夹，分别为 images、common 和 webs 文件夹，启动 Dreamweaver CS6，进入启动界面，单击 Dreamweaver 站点（见图 1-2），弹出"站点设置对象"对话框。在该对话框"站点名称"中输入"hehua"，而"本地站点文件夹"选择在桌面上创建的"hehua"网站，如图 1-3 所示。

- 启动 Dreamweaver CS6，在菜单栏中选择"站点"→"新建站点"命令（见图 1-4），弹出"站点设置对象"对话框。在该对话框"站点名称"中输入"hehua"，而"本地站点文件夹"选择在桌面上创建的"hehua"网站（见图 1-3）。在"文件"面板中"站点"处右击"新建文件夹"，并将文件夹命名为 images，用相同的方法创建 common 和 webs 文件夹，如图 1-5 所示。

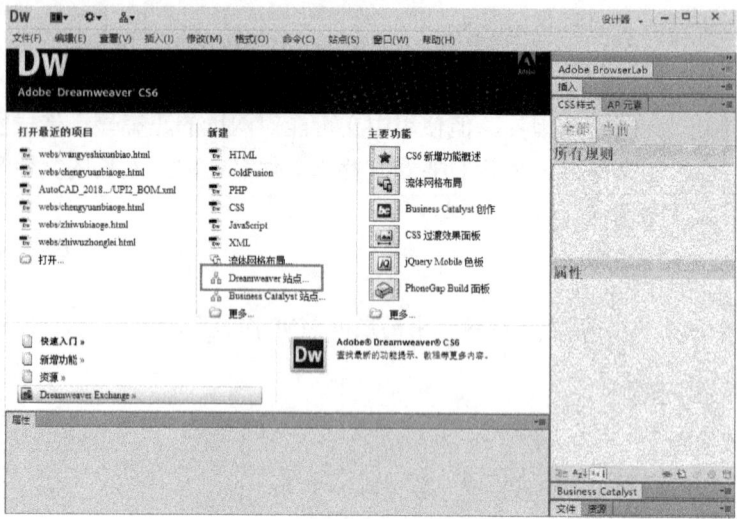

图 1-2　Dreamweaver 站点

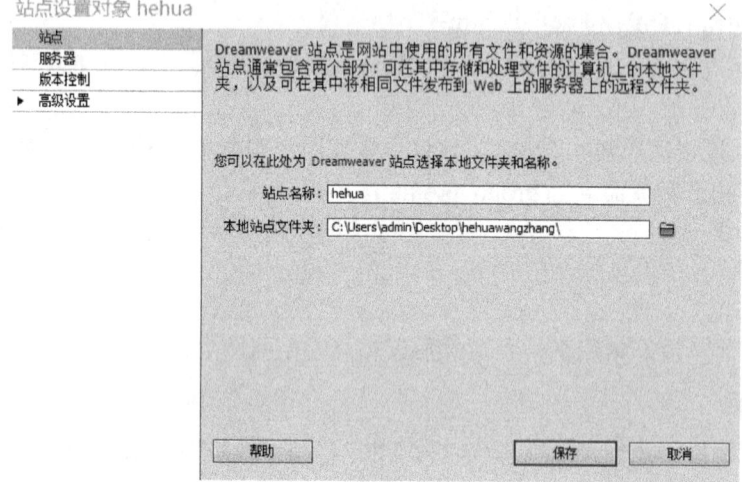

图 1-3　"站点设置对象"对话框

图 1-4　新建站点

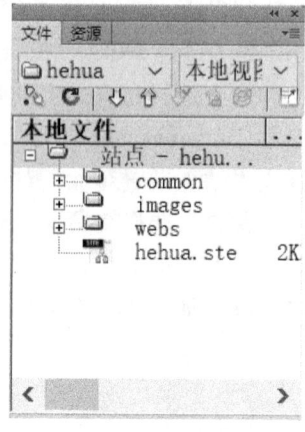

图 1-5　"文件"面板

2. 新建网页文档

选择"文件"→"新建"菜单，或按 Ctrl+N 组合键，打开"新建文档"对话框。在"页面类型"选项中选择"HTML"，在"布局"选项中选择"无"，在"文档类型"中选择"HTML5"，如图 1-6 所示。单击"创建"按钮，就创建了 HTML5 文档。

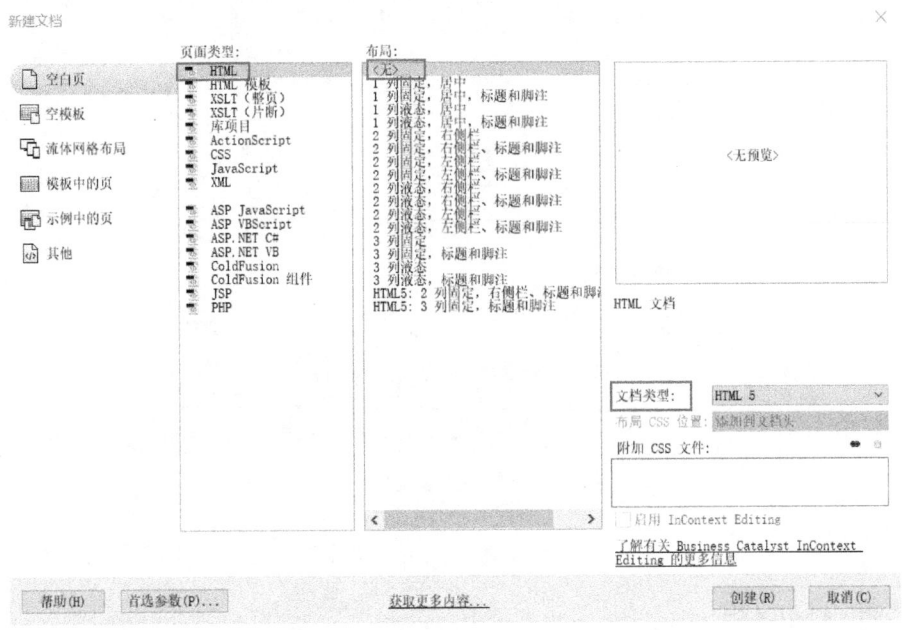

图 1-6 "新建文档"对话框

3. 保存网页文档

选择"文件"→"保存"菜单，或按 Ctrl+S 组合键，如图 1-7 所示。打开"另存为"对话框，把网页定义为主页，命名为"index"，单击"保存"按钮，如图 1-8 所示。

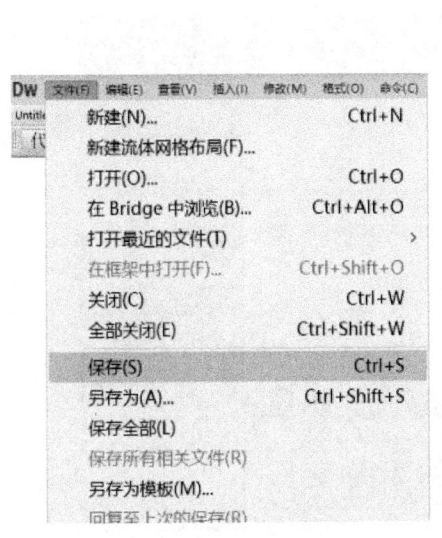

图 1-7 保存

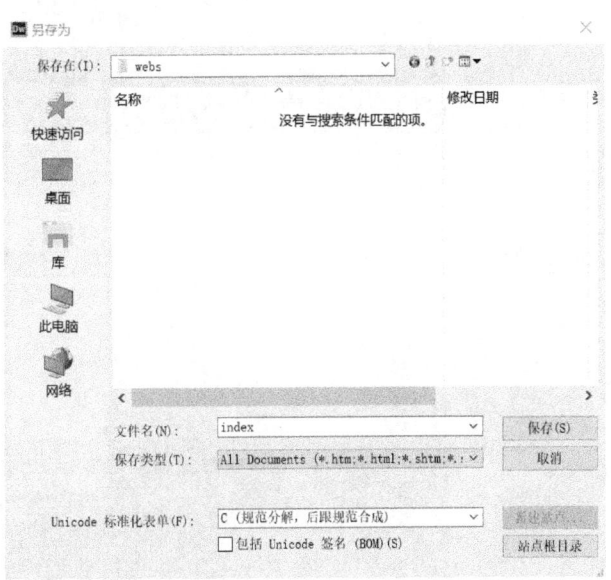

图 1-8 "另存为"对话框

4. 打开网页文档

选择"文件"→"打开"菜单，或按 Ctrl+O 组合键，如图 1-9 所示。打开"打开"对话框，在"查找范围"下拉列表框中选择网页文档所在位置，单击"打开"按钮。

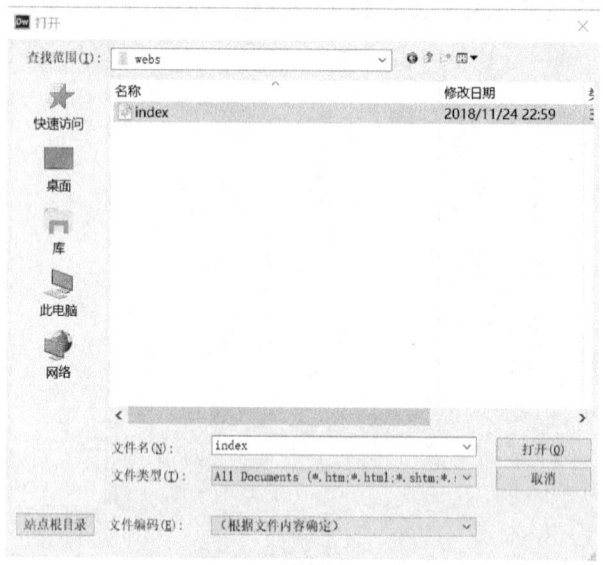

图 1-9 "打开"对话框

5. 关闭网页文档

选择"文件"→"退出"菜单，或按 Alt+F4 组合键，都可以退出 Dreamweaver CS6。

6. Dreamweaver CS6 的工作界面

Dreamweaver CS6 的工作界面包括菜单栏、文档工具栏、文档窗口、状态栏、属性面板和面板组，如图 1-10 所示。

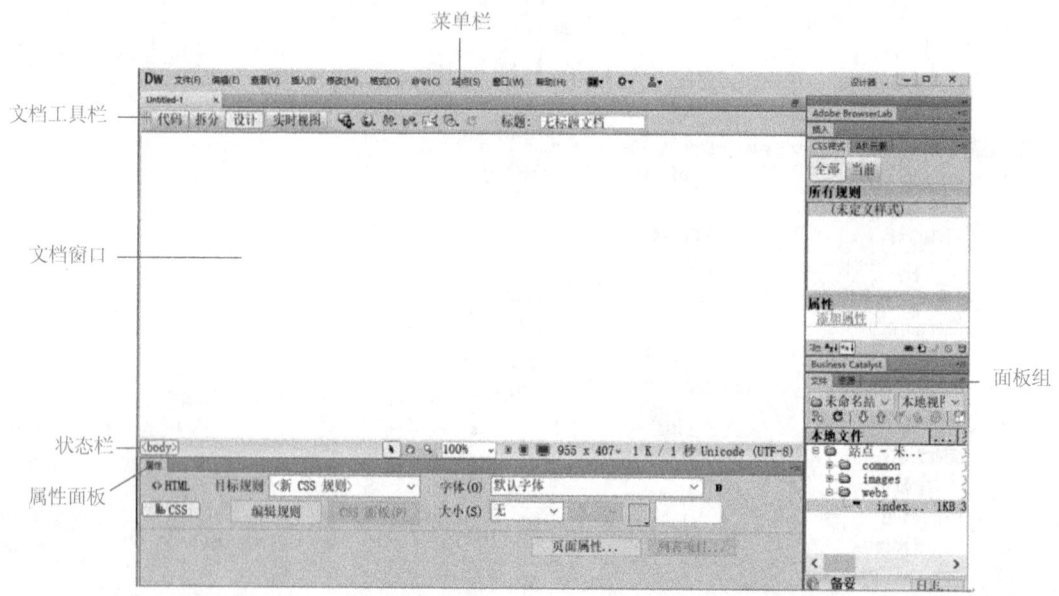

图 1-10 Dreamweaver CS6 的工作界面

第 1 章　初识网页与 Dreamweaver CS6

- 菜单栏：菜单栏位于工作界面的最上方，几乎所有的操作都可以通过菜单栏来完成。Dreamweaver CS6 的菜单栏包括：文件、编辑、查看、插入、修改和格式等菜单项，如图 1-11 所示。

图 1-11　菜单栏

- 文档工具栏：文档窗口有 3 种视图显示，分别是代码、拆分和设计。"代码"视图：对于有编程经验的网页设计用户而言，可在"代码"视图中查看、修改和编写网页代码，以实现特殊的网页效果。"设计"视图：以所见即所得的方式显示所有网页元素。"拆分"视图：将文档窗口分为左右两个部分。左侧是代码部分，显示代码；右侧是技术部分，显示网页元素及其在页面中的布局，如图 1-12 所示。

图 1-12　文档工具栏

- 文档窗口：文档窗口用来显示当前创建或编辑的文档，可以加入任何有关的网页组件，如文本、图片和动画等。默认的文档窗口为"设计"视图。
- 状态栏：状态栏位于文档窗口的底部，状态栏左侧显示（标签选择器）当前选定标签的层次结构，如单击标签<table>可以选择表格。状态栏右侧显示一些常用的工具，如选取、手形和缩放工具等，以方便用户对文档进行操作，如当前窗口大小、文档大小和估计下载时间等。
- 属性面板："属性"面板是经常使用的工具之一。当选中某一对象时，可以用"属性"面板对其进行设置，"属性"面板中包括两部分：HTML 部分是对基本格式进行设置，如图 1-13 所示；CSS 部分是对选中对象设置样式，如图 1-14 所示。

图 1-13　HTML 属性面板

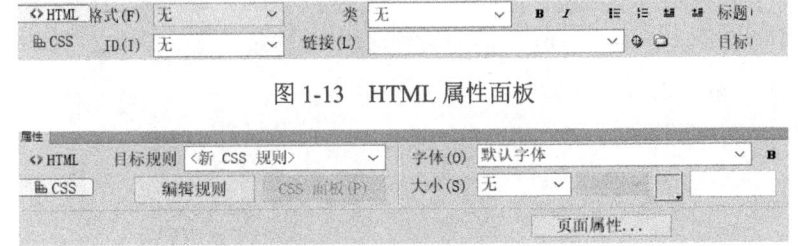

图 1-14　CSS 属性面板

- 面板组：面板组位于最右侧，除了"属性"面板外，针对不同的控制对象，还有其他几个面板组，如"CSS 样式"面板、"历史记录"面板、"框架"面板及"层"面板等。所有面板按 F4 键均可以打开或隐藏。

7. hehua 网站站点的导出

- 单击"菜单栏"→"站点"下拉列表，选择"管理站点"选项（见图 1-15），弹出"管理站点"对话框，如图 1-16 所示。
- 单击 ![] "导出当前所选站点"按钮，弹出"导出站点"对话框，如图 1-17 所示。选择站点存放位置，这里选择存放在荷花网站文件夹内部，单击"保存"按钮。导出文件的扩展名为".ste"。

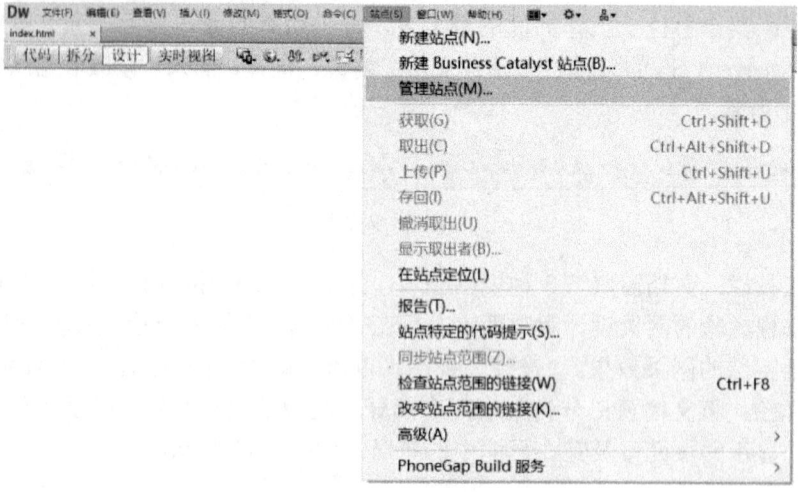

图 1-15 选择"管理站点"选项

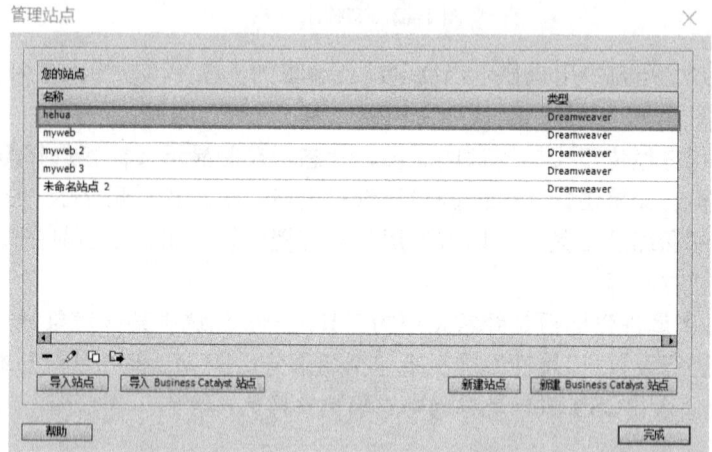

图 1-16 "管理站点"对话框

图 1-17 "导出站点"对话框

8. hehua 网站站点的导入

单击"菜单栏"→"站点",打开"管理站点"对话框,在弹出的"管理站点"对话框中,单击 导入站点 按钮,会弹出"导入站点"对话框,如图 1-18 所示。在该对话框中选择"hehua.ste"→"打开",hehua 站点就添加好了。

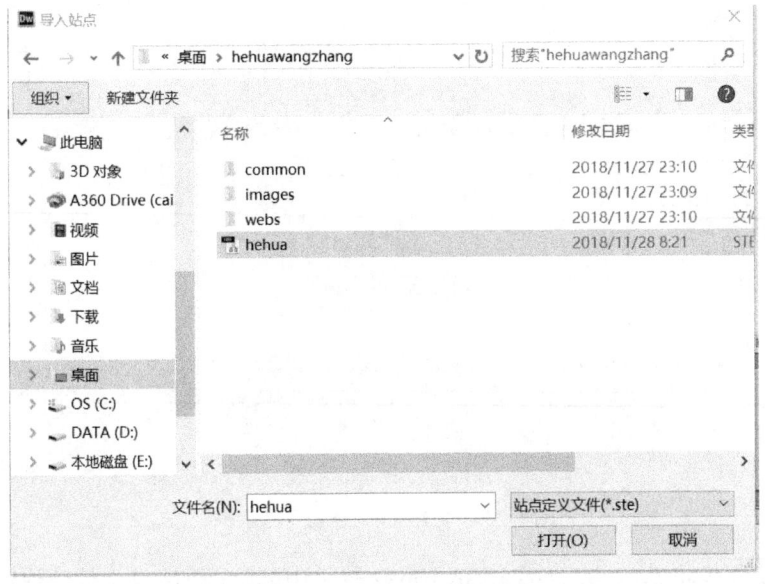

图 1-18 "导入站点"对话框

9. hehua 网站站点的编辑

站点的编辑可以改变站点的名称和其存放的位置。

编辑站点的方法有以下两种:

➢ 单击"站点"→"管理站点",在"管理站点"对话框中双击要编辑的站点,或单击 ✐ 按钮,即可弹出此站点相关信息并可进行设置,如图 1-19 所示。

➢ 在"文件"面板中选择站点列表中的"管理站点"选项,也可打开"管理站点"对话框进行相关信息的编辑。

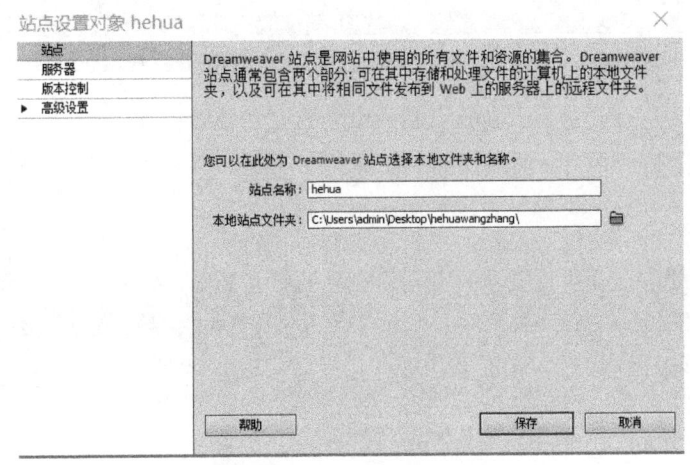

图 1-19 "站点设置"对话框

10. hehua 网站站点的删除

单击"站点"→"管理站点",在弹出的"管理站点"对话框中单击选中要删除的站点名,单击 ━ 按钮,接着在弹出图 1-20 所示的"Dreamweaver"提示框中单击"是"按钮确认删除,如果单击"否"按钮则取消删除。

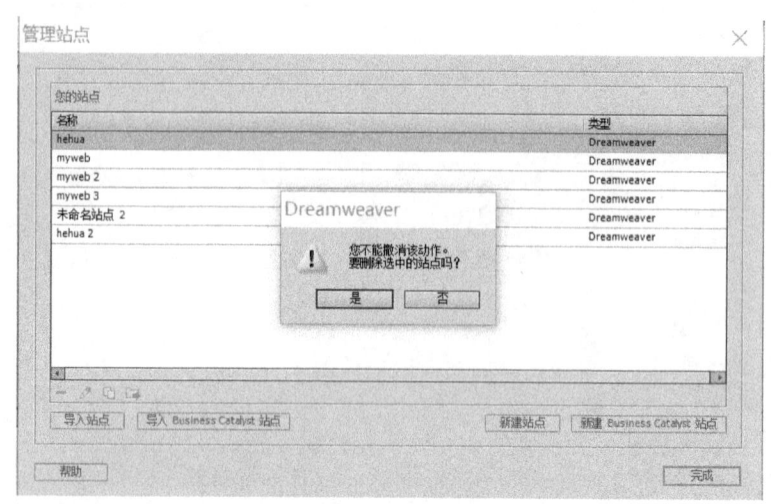

图 1-20 "Dreamweaver"提示框

删除站点操作仅将站点信息从 Dreamweaver 软件中删除,而站点文件还保留在硬盘原来的位置上,并没有被删除。

11. hehua 网站站点的复制

单击"站点"→"管理站点",在弹出的"管理站点"对话框中选择要复制的站点,此处选择"hehua",单击"复制当前选定的站点"按钮。此时在站点列表中已增加了新的站点"hehua 复制",表示这个站点是"hehua"的复制,如图 1-21 所示。双击复制产生的站点,可以对其进行编辑操作,如更改站点名和站点文件夹存放位置等。

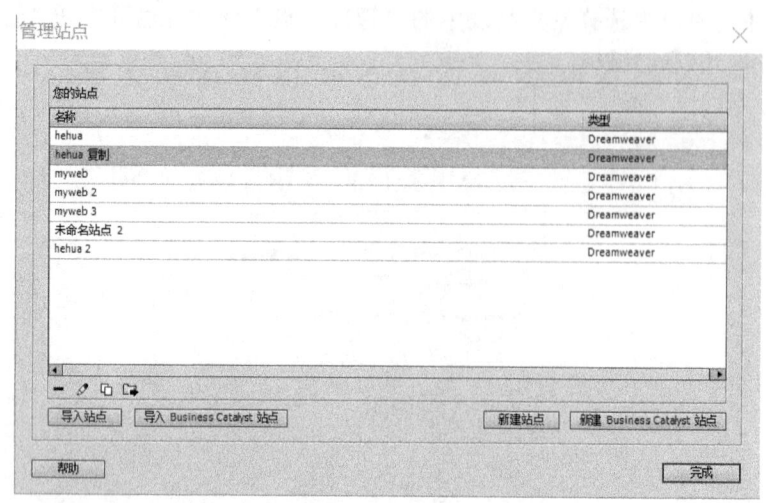

图 1-21 "管理站点"对话框

拓 展 练 习

一、填空题

1. 在 Dreamweaver CS6 中,工作界面包括_____、_____、_____、_____、_____和_____。
2. 文档窗口的视图有_____、_____和_____3 种模式。
3. 在站点中建立新的网页文件,其默认的文件扩展名为_____。

二、选择题

1. 按（　　）键,可以启动浏览器并预览当前网页。
   A．F9　　　　　B．F10　　　　　C．F11
2. 在 Dreamweaver CS6 中实现可视化设计方式的视图模式是（　　）。
   A．代码视图　　　B．拆分视图　　　C．设计视图

三、操作题

在本地计算机的最后一个盘上创建一个站点名为"我的个人网站",站点根目录为本人姓名首字母的站点,接着在该站点中创建一个名为"index.html"的网页。

第 2 章

HTML 元素

网页设计的学习应当知道的第一件事是创建网页离不开 HTML。一个网页主要包括 3 种成分：标记、文本内容和对其他文件的引用（音频、视频、样式和脚本等）。本章主要介绍构建文档基础和结构所需的 HTML 元素。

【本章任务】
- 了解 HTML 标记的成分。
- 掌握 HTML 文档的基本组成部分。
- 了解常用的 HTML 元素标签。
- 了解 HTML 网页构成的元素标签。

案例 1　荷花古诗页面

 案例分析

本案例将通过荷花古诗页面介绍 HTML 文档的基本组成部分，及 HTML 常用的标签和标签主要属性。

相关知识

1. 什么是 HTML

HTML（Hyper Text Markup Language）超文本标记语言，是构成网页文档的主要语言。它利用标记来描述网页的字体、大小、颜色及页面布局，使用任何文本编辑器都可以对其进行编辑。

2. HTML 的主要成分

HTML 元素主要包括 3 种成分标记、属性和值。

（1）元素

HTML 元素指的是从开始标记（start tag）到结束标记（end tag）之间的所有代码。HTML

以开始标记起始，以结束标记终止，在开始标记与结束标记之间是元素的内容。

例如：<h1 align="left">网页案例教程</h1>

上面所示的是一个标题，标题的开始标记为<h1>，结束标记为</h1>，其中"网页案例教程"为标题的元素内容，而<h1>标记中的 align="left"是标题中的属性与值。元素有两种：

➢ 双标记：它们都有开始和结束两个标记。

常用的双标记有：
① 段落标记<p>一个段落</p>；
② 强调标记强调内容；
③ 字体标记<font>文字</font>。

➢ 空元素（单标记）

还有一些元素不具有元素内容，它们被称为空元素。这些元素的开始标记和结束标记结合为一体，在开始标记中结束，书写时只写一个标记，因此也称为单标记。

常用的单标记有：
① 换行标记
；
② 链接标记<link/>；
③ 水平线标记<hr/>。

（2）属性和值

大多数 HTML 元素都拥有属性，一个元素可以有一个或多个属性，每个属性都有各自的值，不同的属性之间需用空格隔开，但它们之间无先后次序之分。例如：

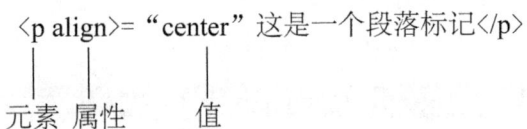

其中，align 是元素 p 的一个属性；center 是 align 的一个值。

有的属性可以接收任何值，有的属性则有限制。最常见的还是那些仅接收枚举或预定义值的属性，也就是说，必须从一个标准值列表中选一个值。

（3）书写规范

在编写 HTML 文档时，应遵守相应的书写规范如下：
① 所有元素、属性和值全部使用小写字母。
② 所有元素都要有一个相应的结束标记。
③ 所有属性值必须用引号""括起来。
④ 所有标记都必须合理嵌套。例如：

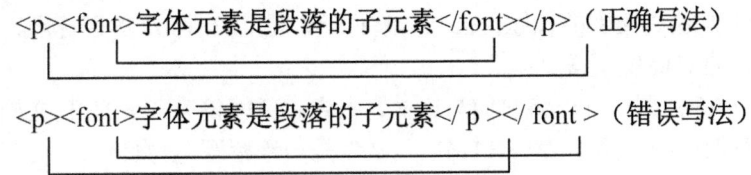

3. HTML 文档的基本组成

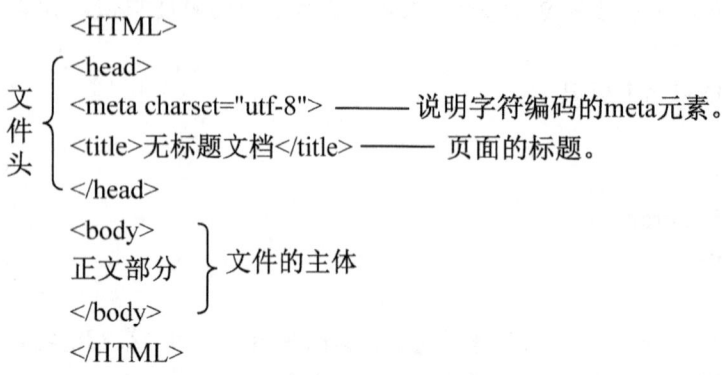

4. HTML 文档的常用元素

（1）段落标记

p 元素是 HTML 的段落元素，HTML 会忽略人们在文本编辑器中输入的回车和空格，所以文字都在一个段落里，根据窗口的宽度自行转折到下一行，要在网页中开始一个新段落，应该使用 p 元素。

<p 属性="属性值">标签内容</p>

p 元素标签有一个常用属性 align，它用来指明字符显示时的对齐方向，其值一般有 4 种，见表 2-1。

表 2-1　p 元素标签的属性

属　性	描　述
align	Left（左对齐）
	Right（右对齐）
	Center（居中对齐）
	Justify（两端对齐）

★提示：

在 HTML 文档中，</p>是可以省略的，因为下一个<p>的开始就意味着上一个<p>的结束，但在严格的 HTML 书写规范中起始标签和终止标签都不能省略。

（2）标题标记

HTML 文档提供了 6 级标题用于创建页面信息的层级关系。可使用 h1～h6 元素对标题进行标记，其中，h1 是最高级别的标题，h2 是 h1 的子标题，h3 是 h2 的子标题，以此类推。标题是页面中最重要的 HTML 元素。

为了理解 h1～h6 标题，可以将它们与论文、报告和新闻稿等非 HTML 文档里的标题进行类比。例如，本章的标题"第 2 章　HTML 元素"是一级标题，"案例 1　荷花古诗页面"是二级标题，相当于 HTML 文档中的 h1 和 h2。所有的标题都默认以粗体显示，h1 的字号最大，h6 的字号最小，中间逐层递减。

（3）水平线标记

在 HTML5 中，<hr>标签定义内容中的主题变化，并显示为一条水平线。

（4）文字标记

<font>标签用于控制文字的字体、大小和颜色。控制方式是利用属性设置实现的，文字格式控制标签的格式为

<font　face="文字的字体"　size="文字的大小"　color="文字的颜色">文字内容</font>

<font>标签的属性，见表 2-2。

表 2-2　font 元素标签的属性

属　　性	描　　述
face	控制文字使用字体
size	控制文字的大小
color	控制文字颜色

*提示：

如果用户的系统中没有 face 属性所指的字体，则使用默认字体。size 属性的取值为 1~7，也可以用"+"或"-"来设定字号的相对值。color 属性的值为 RGB 颜色"# nnnnnn"或颜色的名称。

（5）图片标记

在 HTML 中，插入图片使用的是<img>标签。其属性包括图片的路径、宽、高和替代文字等，格式为

<img　src="图片 URL"　alt="替代文字"align="对齐方式"　width="图片宽"　height="图片高"　border="边框宽">插入的图片属性，如表 2-3 所示。

表 2-3　img 元素标签的属性

属　　性	描　　述
src	图片 URL
alt	在图片位置显示替代的文字，可以对图片进行解释
align	图像的对齐方式
width，height	图像的宽高，默认状态下显示图片的实际尺寸
border	图像的边框宽

（6）换行标记

标签插入简单的换行符。它是一个空标签，它没有结束标签。
标签是用来输入空行，而不是分隔段落。

 案例实施

创建本地站点 html2-1，新建一个空白的 HTML5 网页文件，如图 2-1 所示，保存为 gushi.html，并将该网页保存在 html2-1 站点的 webs 内，如图 2-2 所示。

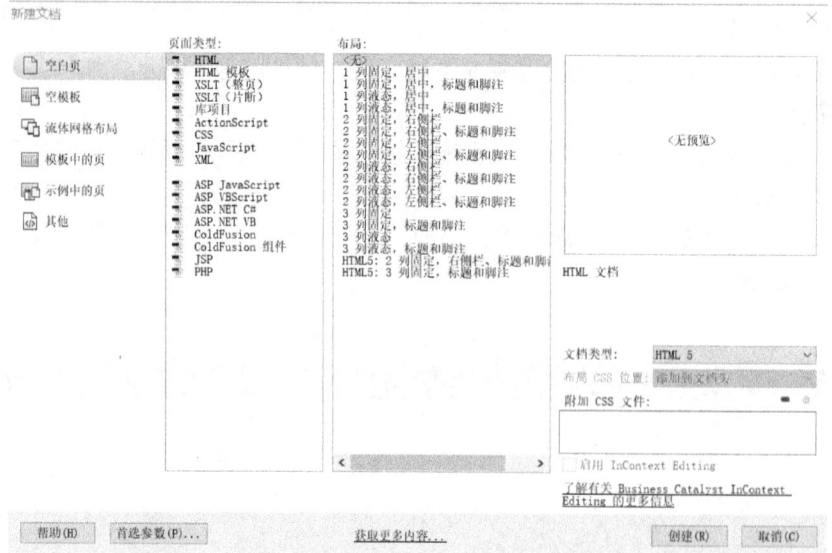

图 2-1 "新建"网页

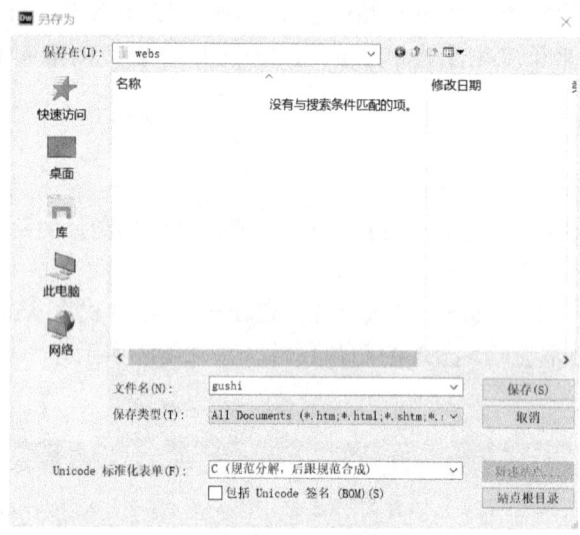

图 2-2 "保存"网页

单击"代码视图",在"代码视图"中输入以下代码,效果如图 2-3 所示。

```
<!doctype html>
<html>
<head>
<meta charset="utf-8">
<title>采莲曲</title>
</head>
<body>
<h1 align="center"><img src="../images/hehua.jpg" width="60" height="30">《采莲曲》</h1>
<hr width="400" align="center" color="#00CC99" size="6" noshade >
<p align="center"><font face="楷体" color="#FF9933" size="+1">唐·王昌龄</font></p>
```

第 2 章　HTML 元素

```
        <p align="center"><font face="楷体" color="#FF9933" size="+1">荷叶罗裙一色裁,
</font></p>
        <p align="center"><font face="楷体" color="#FF9933" size="+1">芙蓉向脸两边开。
</font></p>
        <p align="center"><font face="楷体" color="#FF9933" size="+1">乱入池中看不见,
</font></p>
        <p align="center"><font face="楷体" color="#FF9933" size="+1">闻歌始觉有人来。
</font></p>
        <h1 align="center">《晓出净慈送林子方》</h1>
        <hr width="400" align="center" color="#0066FF" size="6" noshade >
        <p align="center"><font face="楷体" color="#FF9933" size="+1">宋代·杨万里
</font></p>
        <p align="center"><font face="楷体" color="#FF9933" size="+1">毕竟西湖六月中,
<br>
风光不与四时同。<br>
接天莲叶无穷碧,<br>
映日荷花别样红。</font></p>
        </body>
        </html>
```

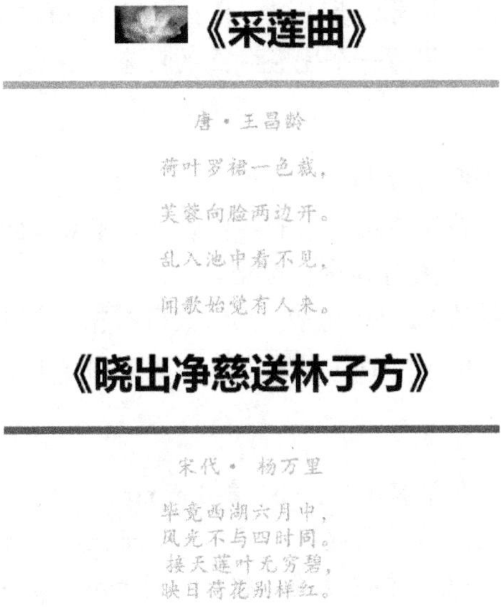

图 2-3　完成后的效果图

案例 2　荷花典故页面

案例分析

一般网页的构成有以下三部分：带导航的页头、显示在主体内容区域的文章、显示次要信息的侧栏及页脚。本案例主要介绍网页的构成元素。

 相关知识

1. HTML 的页面构成元素标签

（1）文章 article 元素

格式为：<article>文章部分</article>

article 元素代表文档、页面或应用程序中独立的、完整的、可以独自被外部引用的内容。根据其名称，读者大概会猜想 article 用于包含像报纸文章一样的内容。但是，article 并不局限为此，它可以是一篇论坛帖子、一篇杂志或报纸文章、一篇博客文章、一个交互式的小部件或者小工具及任何其他独立的内容项，一个页面可以没有 article 元素，也可以有多个 article 元素。例如，博客的主页通常包括几篇最新的文章，其中每一篇都是一个 article 元素。

（2）区块 section 元素

格式为：<section>文章的章节部分</section>

section 元素代表网页或者应用程序页面的一个一般的区块。一个 section 通常由内容及标题组成，可以用来描述章节、标签式对话框中的各种标签页、论文中带编号的区块。

★提示：

section 和 article 极其相似，非常容易混淆，什么时候用 article，什么时候用 section 主要看这段内容是否可以脱离上下文，作为一个完整独立的内容存在。

（3）页眉 header

格式为：<header>页面头部</header>

header 元素是一种具有引导和导航作用的结构元素，如果页面中包含一组介绍性或导航性内容的区域，就应该用 header 元素对其进行标记。

一个页面可以有任意数量的 header 元素，其含义可根据上下文而有所不同。例如，处于页面顶端或接近这个位置的，header 可能代表整个页面的页眉（或者成为页头）。

★提示：

只在必要时使用 header，如果只有 h1～h6 或 hgroup，而没有其他需要与之组合在一起的伴生内容，就没有必要用 header 将它包起来。另外，header:不一定要包含一个 nav 元素，不过在大多数情况下，如果 header:包含导航性链接就可以用 nav。

（4）nav 元素

格式为：<nav>页面导航部分</nav>

nav 元素是一个页面导航的链接组，nav 中的链接可以指向页面中的内容，也可指向其他页面或资源。并不是所有的链接组都要使用 nav，应该只对重要的链接组使用 nav。

（5）页脚 footer

格式为：<footer>页脚部分</footer>

footer 元素是页面底部的页脚，但它并不仅限于此。footer 和 header 一样，可以嵌套在 article、section、aside 和 nav 等元素中，作为它们的注脚，只有当离它最近的父级元素 body 时，它才是整个页面的页脚。

(6) 侧栏 aside

格式为：<aside>侧边栏部分</aside>

aside 元素表示当前页面或文章的附属信息部分，它可以包含与当前页面或主要内容相关的引用、侧边栏、广告、导航条及其他类似有别于主要内容的部分。

(7) 列表

① 有序列表的基本语法格式如下：

<ol start="起始数值">

< li>列表项一</li>

</ol>

在此语法格式中，<ol></ol>标记表示有序列表的开始和结束，而<li></li>标记表示一个列表项的开始和结束。

② 无序列表的基本语法格式如下：

<ul>

<li>列表项一</li>

</ul>

 案例实施

创建本地站点 html2-2，新建一个空白的 HTML5 网页文件，如图 2-4 所示，保存为 hehuadiangu.html，并将该网页保存在 html2-2 站点的 webs 内，如图 2-5 所示。

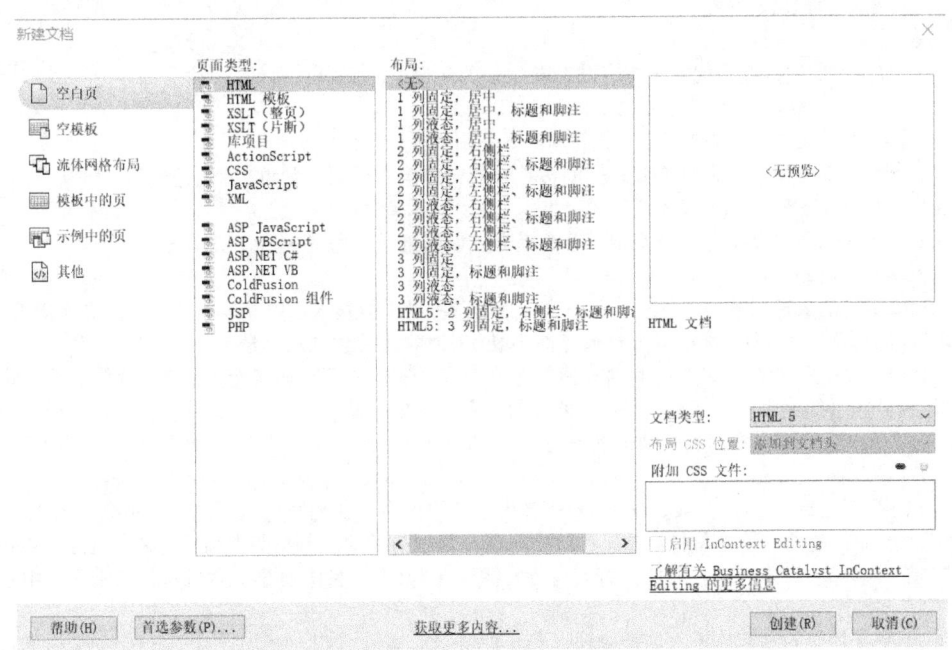

图 2-4 "新建"网页

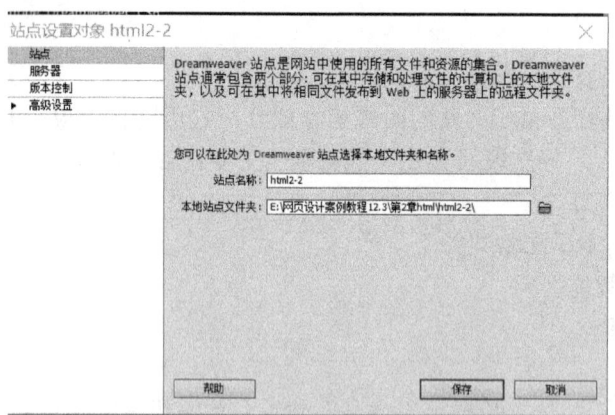

图 2-5 "站点设置对象"对话框

单击"代码视图",在"代码视图"中输入以下代码,效果如图 2-6 所示。

```
<!doctype html>
<html>
<head>
<meta charset="utf-8">
<title>荷花典故</title>
</head>
<body>
<header><h1>荷花典故</h1></header>
<article>
<h2>荷花的别名</h2>
<section>
<p>荷花的称谓,在古代有很多。从荷花生长的环境、时间等命名的,如:
<ol>
<li>泽芝:《尔雅图赞》说:"芙蓉丽草,一曰泽芝。"</li>
<li>六月花:荷花在六月盛开,民间按花开的时间给它命名,故称"六月花"。</li>
<li>君子花:周敦颐《爱莲说》说:"莲,花之君子者也。"</li>
<li>水宫仙子:荷花生长在水中,亭亭玉立,好像仙子,故名。</li></ol>
</p></section>
<h2>荷花的象征</h2><section><p> 荷花自古以来就被人们赋予了很多美好的象征意义,比如周敦颐《爱莲说》称它"出淤泥而不染,濯清涟而不妖"来比喻人的独立与高洁。
《诗经》中说:"彼泽之波,有蒲与荷。有美一人,伤如之何?寝寐无为,涕泪滂沱。"描写一男子将荷花比作久已倾慕的美女,许久未能见到,悲伤得不得了。如今醒着睡着,眼泪和鼻涕下雨般淌下来。人们还喜欢用"并蒂莲"来比喻男女间美好纯洁的爱情。
</p></section>
<h2>荷花生日</h2> <section><p>苏州旧时的民俗,认为农历六月二十四是荷花的生日。袁景澜《吴郡岁华纪丽》里说,当时人们到苏州葑门外的荷花荡观荷纳凉。荷花荡中画船往来,箫鼓之声不绝。傍晚下雨时,游人就赤着脚跑回去。因此,有人写诗吐槽说:"苏人三件大奇事,六月荷花二十四,中秋无月虎丘山,重阳有雨治平寺。"
关于荷花生日的缘起,近人周瘦鹃在《荷花的生日》里说:"其实所谓荷花生日,并无根据;据旧籍中说,这一天是观莲节,昔晁采与其夫,各以莲子互相馈送。"晁采是中唐的才女,用莲子赠送情人,种出并蒂莲花。但观莲节和晁采有什么关系,古人并没说明。</p></section>
<h2>莲花似六郎</h2><section><p> 古人常用花来比人,像现在夸人长得好看,会说生得像花儿一样。
武则天时期,张易之兄弟同时休假,请当朝的达官吃饭,御史大夫杨再思也在座。杨再思是个厚颜无耻的小人,看到张昌宗凭借美貌受到武则天的宠幸,便努力讨好他。张宗昌在家中排行第六,人称"六郎"。
```

杨再思拍马屁说："人们都说六郎面貌生得像莲花，其实说得不对，应该说莲花长得像六郎。"

唐玄宗时期，有一年八月，太液池里的几朵千叶白莲盛开了，李隆基带着一帮人来池边欣赏。大家一直叹赏莲花开得好，李隆基指着杨贵妃对群臣说："哪里比得上我这会说话的'花'呢？"

说花没有人好，这就又进了一层，作为皇帝的李隆基这样夸杨美人自然不会有人反对。

```
</p></section>
    <aside><ul>
    <li >荷花的别名</li>
    <li class="bian">荷花的象征</li>
    <li class="bian">荷花的生日</li>
    <li class="bian">莲花似六郎</li>
    <li class="bian">优美荷花诗</li>
    </ul></aside>
    </article>
    <footer><h2>莲工作室</h2></footer>
    </body>
    </html>
```

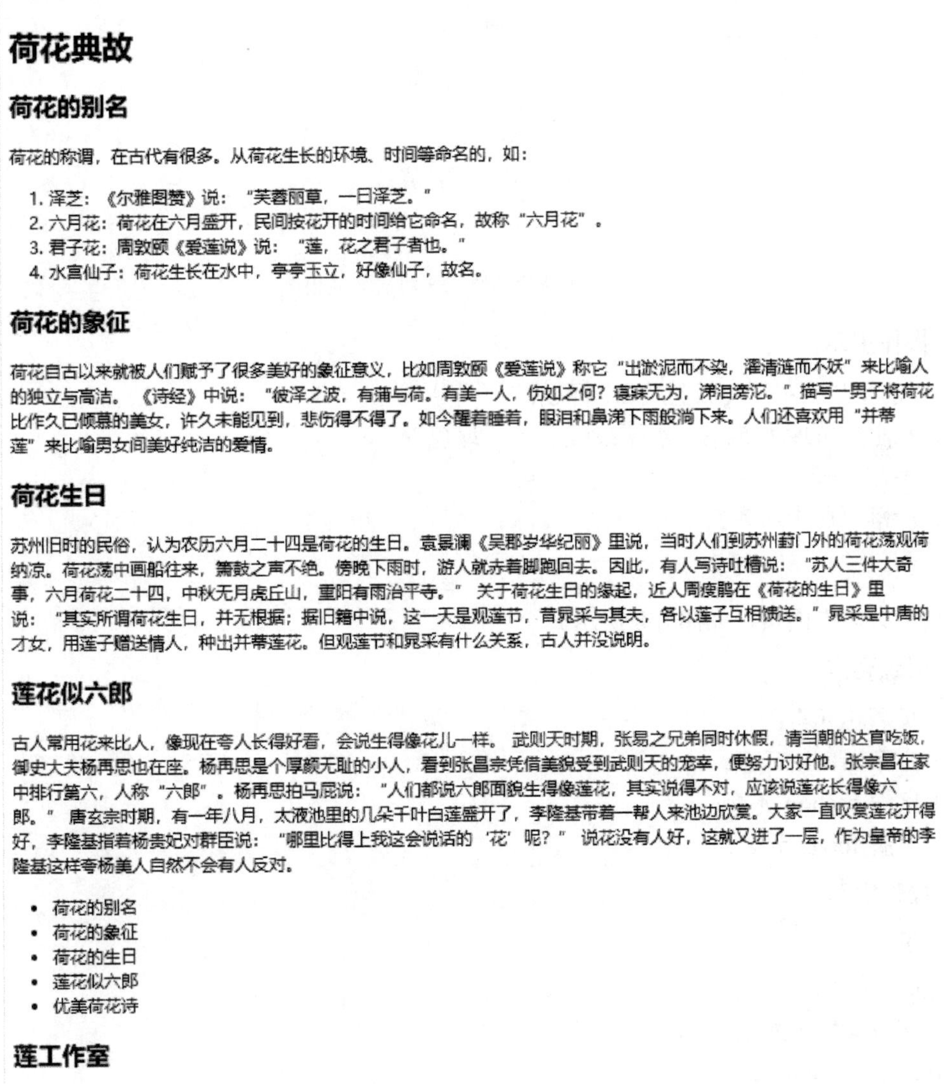

荷花典故

荷花的别名

荷花的称谓，在古代有很多。从荷花生长的环境、时间等命名的，如：

1. 泽芝：《尔雅图赞》说："芙蓉丽草，一曰泽芝。"
2. 六月花：荷花在六月盛开，民间按花开的时间给它命名，故称"六月花"。
3. 君子花：周敦颐《爱莲说》说："莲，花之君子者也。"
4. 水宫仙子：荷花生长在水中，亭亭玉立，好像仙子，故名。

荷花的象征

荷花自古以来就被人们赋予了很多美好的象征意义，比如周敦颐《爱莲说》称它"出淤泥而不染，濯清涟而不妖"来比喻人的独立与高洁。《诗经》中说："彼泽之陂，有蒲与荷。有美一人，伤如之何？寤寐无为，涕泗滂沱。"描写一男子将荷花比作久已倾慕的美女，许久未能见到，悲伤得不得了。如今醒着睡着，眼泪和鼻涕下雨般淌下来。人们还喜欢用"并蒂莲"来比喻男女间美好纯洁的爱情。

荷花生日

苏州旧时的民俗，认为农历六月二十四是荷花的生日。袁景澜《吴郡岁华纪丽》里说，当时人们到苏州葑门外的荷花荡观荷纳凉。荷花荡中画船往来，箫鼓之声不绝。傍晚下雨时，游人就赤着脚跑回去。因此，有人写诗吐槽说："苏三件大奇事，六月伏天二十四，中秋无月虎丘山，重阳有雨治平寺。"关于荷花生日的缘起，近人周瘦鹃在《荷花的生日》里说："其实所谓荷花生日，并无根据；据旧籍中说，这一天是观莲节，昔晁采与其夫，各以莲子互相馈送。晁采是中唐的才女，用莲子赠送情人，种出并蒂莲花。但观莲节和晁采有什么关系，古人并没说明。

莲花似六郎

古人常用花来比人，像现在夸人长得好看，会说生得像花儿一样。武则天时期，张易之兄弟同时休假，请当朝的达官吃饭，御史大夫杨再思也在座。杨再思是个厚颜无耻的小人，看到张昌宗凭借美貌受到武则天的宠幸，便努力讨好他。张宗昌在家中排行第六，人称"六郎"。杨再思拍马屁说："人们都说六郎面貌生得像莲花，其实说得不对，应该说莲花长得像六郎。"唐玄宗时期，有一年八月，太液池里的几朵千叶白莲盛开了，李隆基带着一帮人来池边欣赏。大家一直叹赏莲花开得好，李隆基指着杨贵妃对群臣说："哪里比得上我这会说话的'花'呢？"说花没有人好，这就又进了一层，作为皇帝的李隆基这样夸杨美人自然不会有人反对。

- 荷花的别名
- 荷花的象征
- 荷花的生日
- 莲花似六郎
- 优美荷花诗

莲工作室

图 2-6　荷花典故效果图

拓 展 练 习

一、制作古诗"清平乐·村居"

制作古诗"清平乐·村居"如图 2-7 所示。

1．训练要点

（1）段落元素；
（2）水平线元素；
（3）字体元素；
（4）标题元素。

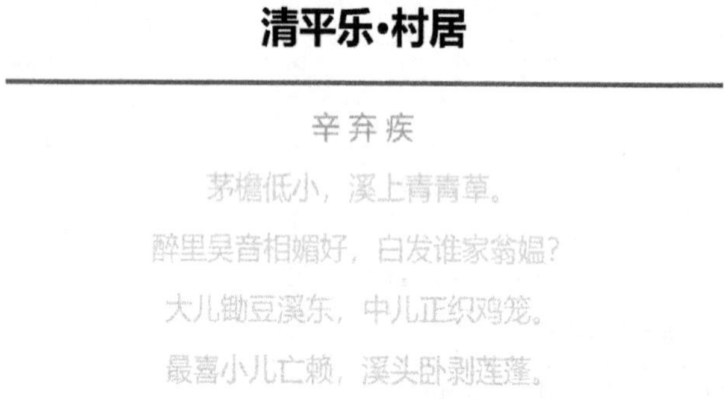

清平乐·村居

辛 弃 疾

茅檐低小，溪上青青草。

醉里吴音相媚好，白发谁家翁媪？

大儿锄豆溪东，中儿正织鸡笼。

最喜小儿亡赖，溪头卧剥莲蓬。

图 2-7　古诗"清平乐·村居"效果图

2．操作提示

（1）"清平乐·村居"设置为 h1 标题；
（2）水平线宽度为 50%，水平线颜色为"绿色"；
（3）字体"+2"；
（4）段落"居中对齐"。

二、制作"大学"网页

制作"大学"网页，如图 2-8 所示。

1．训练要点

（1）页眉标元素；
（2）文章 article 元素；
（3）区块 section 元素；
（4）页脚 footer 元素。

2．操作提示

（1）页眉元素；
（2）nav 元素；
（3）文章 article 元素；
（4）区块 section 元素；
（5）页脚 footer 元素。

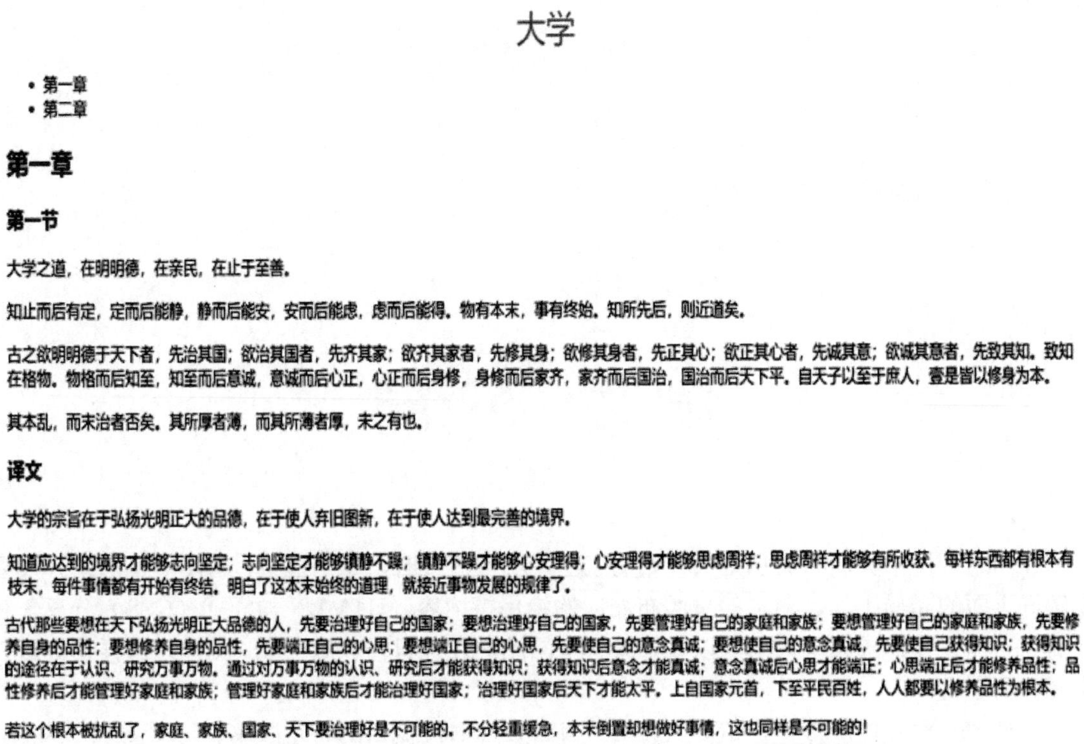

大学

- 第一章
- 第二章

第一章

第一节

大学之道，在明明德，在亲民，在止于至善。

知止而后有定，定而后能静，静而后能安，安而后能虑，虑而后能得。物有本末，事有终始。知所先后，则近道矣。

古之欲明明德于天下者，先治其国；欲治其国者，先齐其家；欲齐其家者，先修其身；欲修其身者，先正其心；欲正其心者，先诚其意；欲诚其意者，先致其知。致知在格物。物格而后知至，知至而后意诚，意诚而后心正，心正而后身修，身修而后家齐，家齐而后国治，国治而后天下平。自天子以至于庶人，壹是皆以修身为本。

其本乱，而末治者否矣。其所厚者薄，而其所薄者厚，未之有也。

译文

大学的宗旨在于弘扬光明正大的品德，在于使人弃旧图新，在于使人达到最完善的境界。

知道应达到的境界才能够志向坚定；志向坚定才能够镇静不躁；镇静不躁才能够心安理得；心安理得才能够思虑周详；思虑周详才能够有所收获。每样东西都有根本有枝末，每件事情都有开始有终结。明白了这本末始终的道理，就接近事物发展的规律了。

古代那些要想在天下弘扬光明正大品德的人，先要治理好自己的国家；要想治理好自己的国家，先要管理好自己的家庭和家族；要想管理好自己的家庭和家族，先要修养自身的品性；要想修养自身的品性，先要端正自己的心思；要想端正自己的心思，先要使自己的意念真诚；要想使自己的意念真诚，先要使自己获得知识；获得知识的途径在于认识、研究万事万物。通过对万事万物的认识、研究后才能获得知识；获得知识后意念才能真诚；意念真诚后心思才能端正；心思端正后才能修养品性；品性修养后才能管理好家庭和家族；管理好家庭和家族后才能治理好国家；治理好国家后天下才能太平。上自国家元首，下至平民百姓，人人都要以修养品性为根本。

若这个根本被扰乱了，家庭、家族、国家、天下要治理好是不可能的。不分轻重缓急，本末倒置却想做好事情，这也同样是不可能的！

图 2-8　大学页面效果图

第 3 章

网页布局

在网站开发中页面布局总是最开始的工作，就像盖楼时，先搭框架，再填砖，网站开发要先做好页面的布局工作。网页的页面布局应始终保持内容（HTML）与样式（CSS）分离。相同的布局和整体样式就可共享，以后修改整个网站的设计只需修改 CSS 文件，这样使修改工作变得更容易。

另外，在为页面布局书写 CSS 文件时，有必要针对浏览器的特定版本编写 CSS 样式规则，以适应浏览器的更换，针对一些效果无法实现的问题。

【本章任务】
◇ 掌握 CSS 常用方法。
◇ 通过常见网站首页认识 7 种布局结构。
◇ 掌握 3 种布局方法的 CSS 样式设置方法。
◇ 掌握块级元素和行内元素的不同属性。
◇ 理解网页元素的盒模型特征及 CSS 属性。
◇ 掌握实现布局 CSS 相关属性的设置方法。

案例 1　荷花网站整体布局

案例分析

在浏览网页时，基本不会遇到和浏览器窗口同样宽的页面，如果网页与浏览器同宽，网页宽高比例失调，显示会特别拥挤。通常网页会把页面内容的宽度控制在一个适当的范围内，一般不超过 1000px，并将整个页面内容水平居中放置，内容区域之外的两侧则显示网页背景颜色或背景图片。

在布局网页时，采用内容（HTML）与表现（CSS）分离的方法时，CSS 外部样式表（CSS 格式的文件）文件应用在网站内的所有网页，在修改站点内页面的布局和外观时，只需修改 CSS 外部样式表文件即可以，这样可极大地提高工作效率。

 相关知识

1. 认识页面布局

通过浏览不同的网站发现，页面的布局都是大同小异，总结下来大概有以下几种：

（1）"同"字形布局

"同"字形布局就是指页面顶部为"网站标志+广告条+主菜单"，下方左侧和右侧为二级栏目条或链接栏目条，屏幕中间显示具体内容的布局，如图3-1所示。这也称为三列布局，荷花网站的首页就是一个"同"字形结构的布局方式。

图3-1　"同"字形布局

（2）"国"字形布局

"国"字形布局是建立在"同"字形布局的基础上的，在保留"同"字形的同时，最下面是一横条状的菜单、广告或网站的基本信息、联系方式和版权声明等，如图3-2所示。

（3）"T"字形布局

"T"字形布局是指页面的顶部为"网站标志+广告条"，主菜单放在页面的左侧（或右侧），右侧（或左侧）是主要内容。因其页面结构清晰、主次分明，也是一种常用的布局结构（二列布局），如图3-3所示。

图 3-2 "国"字形布局

图 3-3 "T"字形布局

(4)"三"字形布局

"三"字形布局是在页面上有横向两条或多条色块,将页面分割为3部分(或更多),色块中一般放广告条、更新和版权提示(单列布局),如图3-4所示。

图3-4 "三"字形布局

(5)对比布局

对比布局是采取左右或上下对比的方式:一半深色,一半浅色,如图3-5所示。

图3-5 对比布局

(6) pop 布局

pop 布局是指页面布局像一张宣传海报，一般将一张精美图片作为页面的设计中心，如图 3-6 所示。

图 3-6　pop 布局

(7) flash 布局

flash 布局是指整个或大部分网页本身就是一个 flash 动画，它本身就是动态的，画面一般比较绚丽、有趣，是一种比较新潮的布局方式，如图 3-7 所示。

图 3-7　flash 布局

2. 网页结构

初学者在制作网页时，最常用的网页布局方式是"国"字形布局。"国"字形布局内容区域显示在浏览器窗口的中间，将整个网页分成页眉、中间的主体部分和页脚，而中间的主体部分又分为左、中、右三栏，如图3-8所示。

图3-8 "国"字形布局组成

在实现"国"字形布局结构时，需要完成页面内容区、页眉导航栏、左侧边栏、中间栏、右侧边栏、页脚的设置。主体部分需要用<div>标记嵌套实现。

<div>标记是文档中的一个分隔区块或一个区域部分使用<div>标记。<div>标记常用于组合块级元素，以便通过CSS来对这些元素进行格式化。<div>元素与CSS一起使用，用来网页布局。

3. 网页尺寸

网页尺寸的设计没有硬性规定，为了兼容大多数浏览器一般设置为960px，随着现在浏览器分辨率的变化，有的网页会设置1000px或1200px宽度，如淘宝（1000px）、京东商城（1200px）。本章所用的荷花网站的网页，因内容较少，网页尺寸的宽度设置为800px，高度设置为auto，高度会随网页中内容大小来自动调整。一般在制作网页时，会把网页中的各模块的宽和高做划分如图3-9所示。

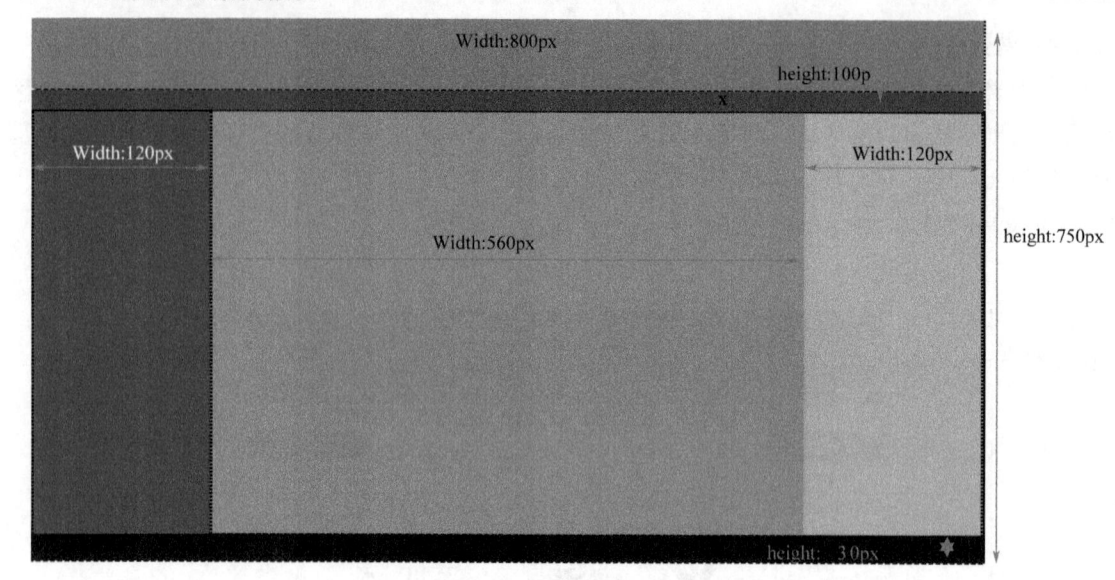

```
                    Width:800px
                                            height:100px
Width:120px                         Width:120px
              Width:560px                              height:750px


                                        height:30px
```

图 3-9　网页宽和高划分

4．CSS 相关知识

（1）CSS 指层叠样式表

CSS 指层叠样式表（Cascading Style Sheets），样式定义如何显示 HTML 元素，多个样式定义可层叠在同一个 HTML 元素上，通常存储在样式表中。

（2）CSS 种类

① 内联样式表

内联样式表是直接在标记内部定义，使用 style 属性，作用范围是标记中的内容。

格式：<标记 style="符合 CSS 语法结构的 CSS 语句">

例如：

<p style="text-indent:24px;">段落内容</p>

<p></p>标记中的内容缩进 24px。

② 内部样式表

内部样式表是写在 HTML 的<head></head>标记里，内部样式表作用范围是所在的网页。

格式：

<style type="text/CSS">

选择器 1{

……

}

选择器 2{

……

}

……

选择器 n{

……

}
</style>
选择器格式:
选择器{
属性1:属性值;
属性2:属性值;
……
属性n:属性值;
}
代码如下,如图3-10所示。

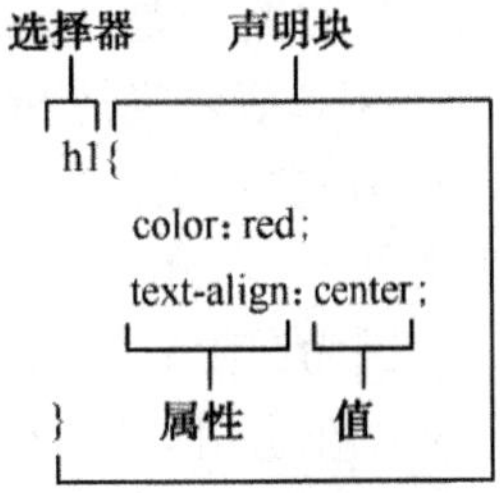

图3-10 选择器

```
<HTML>
<head>
<style type="text/CSS">
h1.mylayout {
border-width:1;
border:solid;
text-align:center;
color:red;
}
</style>
</head>
<body>
<h1 class="mylayout">这个标题使用了style。</h1>
<h1>这个标题没有使用style。</h1>
</body>
</HTML>
```

③ 外部样式表

外部样式表文件,即 CSS 文件与网页文件(HTML)是分离开来的,以独立的 CSS 格式的文本文件存在,在 CSS 文件中书写了若干个选择器。外部样式表作用范围是在整个站点中的所有网页。若让某一个网页调用一个外部 CSS 文件,你需要在网页的<head>部分插入以下内容:

格式:

<head>

<link rel="stylesheet" type="text/CSS" href="文件位置/CSS 文件名.CSS" />/*文件位置*/ /*就是所处在的文件夹相对与当前网页的相对路径*/

</head>

★提示:

html 页面引用 CSS 外部样式表文件时,应注意路径问题,如果设置不当,会引用不到这些外部文件,样式文件也不会在 html 页面中生效。

外部样式表文件的路径有绝对路径和相对路径两种。

绝对路径是文件在计算机存储的物理路径,如:CSS 文件 ys.css,存储在 D 盘 index 文件目录下的 CSS 文件目录中。那么(绝对路径)应该是"file:///D|/index/css/ys.css",因为是通过

浏览器打开的本机物理地址，所以用到前缀 file 3。

相对路径是 html 文件在引用外部样式表文件时所要走的路径，如："../ common/css/ys1.css"，表示当前 html 文件通过 "../" 回到上一级目录，再打开 common 文件夹，接着打开 CSS 文件夹，就可以应用 ys1.css 样式表文件了。

因为在同一站点下，html 文件和外部样式表文件的相对位置不变，在引用 CSS 文件时要采用相对路径。

（3）创建 CSS 外部样式文件

因外部样式表文件可在整个站点中应用，且可实现样式与内容的完全分离，在网站开发中需要创建外部 CSS 样式文件。

首先，在站点文件夹下新建文件夹 "common"，该文件夹用于保存通用于整个站点的文件。在 "common" 文件夹中新建 "CSS" 文件夹，用于保存所有 CSS 样式文件。站点目录结构如图 3-11 所示。

图 3-11 站点目录结构

在 Dreamweaver CS6 窗口中，选择 "文件" 菜单中的 "新建" 命令，弹出 "新建文档" 对话框，如图 3-12 所示。

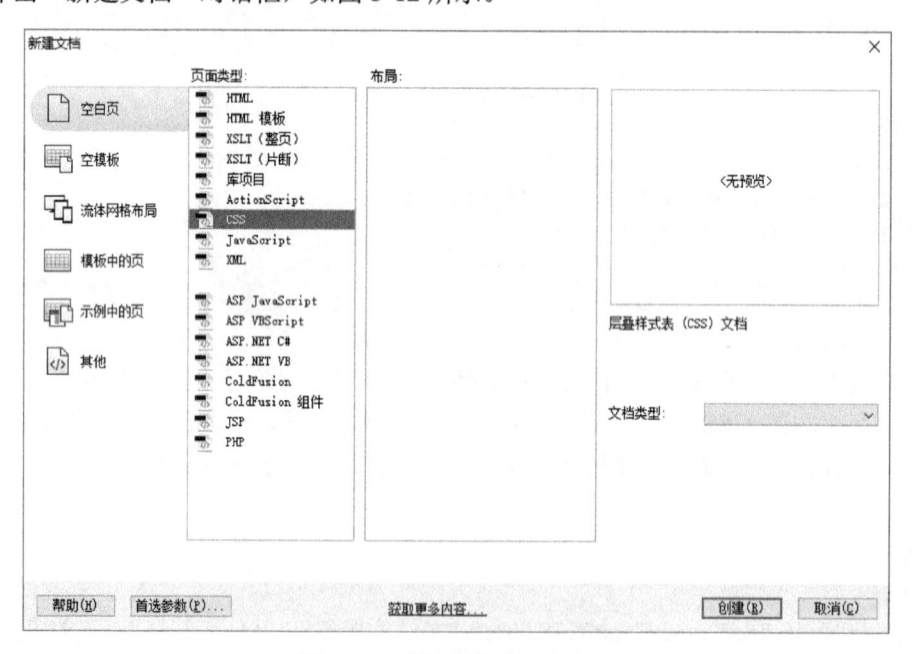

图 3-12 "新建文档" 对话框

在 "新建文档" 对话框 "页面类型" 列表中选择 "CSS"，单击右下角的 "创建" 按钮，新建一个 CSS 样式文件，并保存 CSS 样式文件，文件名为 ys1.css，选择文件保存位置在 CSS 文件夹中。

（4）链接 CSS 外部样式文件

在 Dreamweaver CS6 中打开荷花网站首页文件，并切换到代码视图下，在首页文件 HTML 代码的<header></header>标记的最下面，输出<link />标记，目的是为了实现荷花网站首页文件与 CSS 样式文件 ys1.css 链接，以便于 CSS 样式文件 ys1.css 中所编写的格式在荷花网站首页文件中生效。该标记的 rel 属性设置为 "stylesheet"，style 属性设置为 "text/CSS"，href 属性设置为"../ common/CSS/ys1.CSS"。

<link />标记的完整信息内容为：

<link rel="stylesheet" style="text/css" href="../ common/css/ys1.css"/>

完成以上<link />标记的输入后，如图 3-13 所示，荷花网站首页文件与 CSS 样式文件 ys1.css 链接成功。

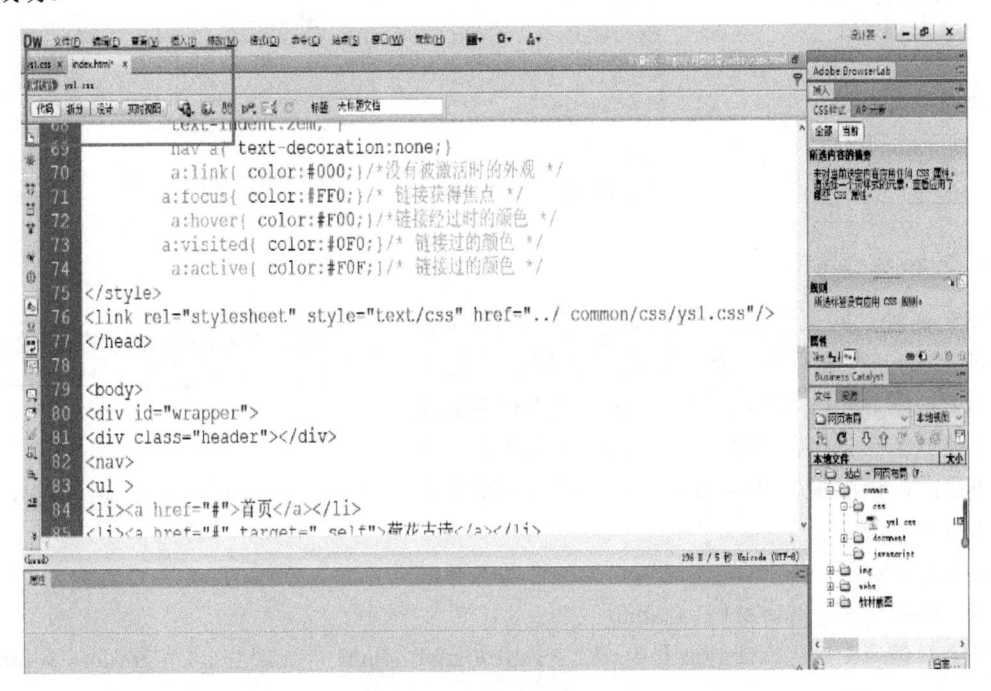

图 3-13　外部文件链接成功

★提示：

如果图 3-13 中框线部分的提示内容没有出现，则外部链接不成功。需要用户再次书写<link/>标记，以实现链接。一定要正确应用 CSS 样式文件的相对路径，有时回到上一级目录需要写多次，href 属性中要出现多个"../"。

（5）CSS 样式选择器

CSS 样式选择器用于选择元素实现样式的模式，见表 3-1。

表 3-1　CSS 样式选择器

作　用	选择器示例	示 例 说 明
按元素的类名 class 选择元素	.text{属性:属性值;}	选择所有 class="text"的元素
按元素的 id 选择元素	#wrapper{	选择 id="wrapper"的元素
通配符*代表任何元素名称	*{属性:属性值;}	选择所有元素
按标记名称选择元素	p{属性:属性值;}	选择所有<p>元素
选择多个元素	div,p{属性:属性值;}	选择所有<div>元素和<p>元素
按祖先元素选择元素	div p{属性:属性值;}	选择<div>元素内的所有<p>元素
按父元素选择元素	div>p{属性:属性值;}	选择所有父级是<div>元素的<p>元素
按相邻同胞元素选择元素	div+p{属性:属性值;}	选择所有紧接着<div>元素之后的<p>元素

续表

作 用	选择器示例	示 例 说 明

按状态选择链接元素
如：
a:link,a:visited {
    text-decoration: none;
    color: #FFF;
}
a:active,a:hover{
    text-decoration: none;
    color: #00F;
}
	a:link{属性:属性值;}	选择所有未访问链接

	a:visited{ 属性:属性值;}	选择所有访问过的链接
	a:active{ 属性:属性值;}	选择活动链接
	a:hover{ 属性:属性值;}	选择光标在链接上面时
	a:focus{ 属性:属性值;}	选择具有焦点的输入元素

5．CSS 盒模型

CSS 在处理网页进行页面布局时，它认为每个元素都包含在一个盒子里，盒子有内容区域、内边距 Padding、边框 Border 和外边距 Margin，这被称为盒模型。这类似于带框架的油画，其中衬边是内边距，框架是边框，而该画框与相邻画框之间的距离则是外边距，如图 3-14 所示。

真实占有宽度 =左 margin+左 border+左 padding+ width+右 padding+右 border+右 margin

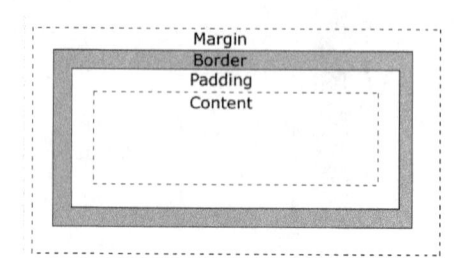

图 3-14　盒模型

真实占有高度 =上 margin+上 border +上 padding+ height+下 padding+下 border+下 margin

6．<div>标记的属性

常用属性见表 3-2。

表 3-2　常用属性

属 性 名	属 性 值	说　　明	示　　例
height	像素值	设置元素的高度	div{height:600px;} div 的高度设置为 600px
width	像素值	设置元素的宽度	div{width:980px;} div 的宽度设置为 980px
color	rgb 值或颜色名称	设置元素的字体颜色	div{ color:#f00;} div 的文字颜色设置为红色
font-family	文本字体	设置元素字体	div{ font-family:"微软雅黑";} div 的文本字体设置为微软雅黑
font-size	像素值	设置文字大小	div{ font- size:10px;} div 的文字大小 10px
font-style	normal（正常） Italic（斜体） oblique（斜体）	设置文字是否显示斜体	div{ font- style: italic;} div 的文字斜体
font-weight	normal（正常） bold（粗体） bolder（更粗） lighter（更细）	设置文字是否加粗	div{ font- weight:bolder;} div 的文字更粗

续表

属性名	属性值	说明	示例
text-indent	px、em 为单位的长度值或百分比	设置文字的缩进	p{ text-indent:2em;} 段落缩进 2 字符位
text-align	left（左边） right（右边） center（中间） justify（两端）	设置文字对齐方式	p{ text- align:center;} 段落居中对齐

div 的浮动属性 float，设置 div 在页面上的流向，见表 3-3。

表 3-3 div 的浮动属性 float

属性名	属性值	说明	示例
float	left	靠左显示	div{float:left;}
	right	靠右显示	div{float:right;}
	none	无浮动	div{float:none;}

div 的背景样式属性见表 3-4。

表 3-4 div 的背景样式属性

属性名	属性值	说明	示例
background 或 background-color	RGB 值或颜色名称	设置 div 的背景颜色	div{ background:blue;}
background-image	背景图片 URL	设置背景图片	div{ background-image:url(../img/bg.jpg);}
background-repeat	norepeat repeatx repeaty	设置背景图像的平铺方式无平铺、水平平铺、垂直平铺	div{ background-repeat:url(../img/bg.jpg);}

div 的 position 属性见表 3-5。

表 3-5 div 的 position 属性

属性名	属性值	说明	示例
position	relative	相对定位：所定位的元素的位置相对于在文件中所分配的位置	div { position:relative; left: 40px; top: 10px ;}

	absolute	绝对定位：精确地定位元素在页面的独立位置	div{
			width: 150px;
			position: absolute;
			left: 200px;
			top: 40px;
			}

	static	静止定位：默认值，普通 HTML 中的定位方法，不能附加特殊的定位设置	
	fixed	固定定位：元素在浏览器窗口的固定位置	div { position: fixed; right: 20px; top: 40px; width: 50px; height:20px; }

display 属性见表 3-6。

表 3-6 display 属性

属性名	属性值	说　明	示　例
display	inline	块级元素设置为行级元素，height 属性失效	li{ display: inline; }列表中的列表项水平排列
	block	行级元素设置块为级元素	div{ display: block ;}

★提示：

如果导航条菜单的 HTML 代码是用<ul></ul>标记实现的，在制作导航条时，为导航条内的<li></li>元素设置"li{ display: inline; }"样式，<li></li>元素的排列方向不再是从上到下的，而是从左向右的水平方向。清除项目符号，使用"text-align:center;"，就完成了导航条菜单的基本设置。

修饰属性 text-decoration 见表 3-7，以及项目符号属性见表 3-8。

表 3-7 修饰属性 text-decoration

属性名	属性值	说　明	示　例
text-decoration	None（正常）	设置文字的修饰	a{ text-decoration: none; }清除超链接文字的下画线
	underline（下画线）		
	overline（上画线）		

表 3-8 项目符号属性

属性名	属性值	说　明	示　例
list-style-type	none	无符号	nav li{ list-style-type: none ;} 导航栏列表项不显示符号
	decimal	阿拉伯数字	
	lower-roman	小写罗马数字	
	upper-roman	大写罗马数字	
	lower-alpha	小写英文字母	
	upper-alpha	大写英文字母	
	disc	实心圆形符号	
	circle	空心圆形符号	
	square	实心方形符号	.right li{ list-style-type: square;} 右侧边栏的列表项符号显示实心方形
list-style-image	url（/dot.gif）	图片式符号	.left li{ list-style-image: url(/dot.gif);} 左侧边栏的列表项符号显示为图片
list-style-position	outside	符号显示在列表外	.left li{ list-style-position: url(/dot.gif);} 左侧边栏的列表项符号显示在列表外
	inside	符号显示在列表内	

★提示：

无序列表标记 <ul></ul>和有序列表标记<ol></ol>中的列表项<li></li>元素属性相同，<li></li>设置为有序的符号，也可以在无序列表标记<ul></ul>中显示，反之<li></li>设置为无序的符号，也可以在有序列表标记<ol></ol>中显示。

案例实施

1. 制作带有导航条的"国"字形布局

实现带有导航条的"国"字形布局效果，如图 3-15 所示。

图 3-15 "国"字形布局效果

HTML 部分的嵌套关系如下：

```html
<div class="wrapper">
<div class="header">
</div>
<div class="daohang">
<nav>
</nav>
</div>
<div class="article">
<div class="left">
</div>
<div class="center">
</div>
<div class="right">
</div>
</div>
<div class="footer"></div>
</div>
```

CSS 代码部分如下：

```css
<style type="text/CSS">
*{ padding:0px;margin:0px;}
.wrapper {
    height: 905px;
```

```css
    width: 800px;
    margin:0px auto;//上下外边距0px,为自动左右外边距为自动。由浏览器窗口减去内容区域宽度值后平均分给左右外边距。
}
.header{
    height: 120px;
    width: 800px;
    background:#C69;
}
.daohang {
    height: 35px;
    width: 800px;
    text-align: center;
    background:#93C;
}
nav ul {
    list-style-type: none;
    padding-top: 6px;
}
.right {
    float: right;
    height: 704px;
    width: 148px;
    border-left-width: 1px;
    border-left-style: dotted;
    border-left-color: #666;
    text-align: center;
    background:#6F9;
}
nav ul li {
    display: inline;
    background-color: #000;
    padding-right: 10px;
    padding-left: 10px;
    margin-right: 10px;
    margin-left: 10px;
    border-radius: 10px;
    color: #FFF;
}
.article {
    height: 704px;
    width: 798px;
    border: 1px dotted #666;
}
.left {
    height: 706px;
    width: 148px;
    float: left;
```

```
        border-right-width: 1px;
        border-right-style: dotted;
        border-top-color: #D6D6D6;
        border-right-color: #666;
        background:#06F;
    }
    .center {
        float: left;
        height: 704px;
        width: 500px;
        text-align: center;
        background:#C90;
    }
    .footer {
        clear: both;
        height: 29px;
        width: 800px;
        background-color: #000;
        text-align: center;
        padding-top: 15px;
        color: #FFF;
        font-weight: bold;
    }
</style>
```

页面容器的 HTML 部分：

```
<div id="wrapper"></div>
```

页眉的 CSS 样式部分代码：

```
*{
Margin:0px;
Padding:0px;
}
#wrapper{
width:800px;
height:auto;
margin:0 auto;
}
```

2. 页眉背景图片的制作

页眉背景图片的制作，效果如图 3-16 所示。

图 3-16 页眉

页眉的 HTML 部分：

```
<div class="header"></div>
```

页眉的 CSS 样式部分代码：

```
.header{
    width:800px;//页眉宽度
    height:200px;//页眉高度
    background-image:url(../../img/tou.jpg);  //页眉背景图片
}
```

3. 导航条的制作

导航条的 HTML 部分：

```
<nav>
<ul >
<li><a href="#">首页</a></li>
<li><a href="#">荷花古诗</a></li>
<li><a href="#">图片欣赏</a></li>
<li ><a href="#">荷花典故</a></li>
</ul>
</nav>
```

在浏览器中，我们会看到页首部分默认显示的内容，如图 3-17 所示。

- 首页
- 荷花古诗
- 图片欣赏
- 荷花典故

图 3-17 页首部分默认显示

导航条的 CSS 样式部分：

```
nav{
width:800px;
height:33px;
padding-top:7px;
font-size:24px;
background-color:#D6D2B7;
font-weight:bold;
}
nav ul{
list-style-type:none;      //隐藏列表项的项目符号
text-align:center;         //列表项的文本居中对齐
}
nav ul li{
display:inline;            //列表中的列表项水平排列
padding-left:15px;
padding-right:15px;
border-right:solid 1px #000;
}
nav a{
 text-decoration:none;     //去掉导航条中超链接文字下画线
}
```

导航条页面样式，如图 3-18 所示。

| 首页 | 荷花古诗 | 图片欣赏 | 荷花典故 |

图 3-18 导航条页面样式

4. 左侧边栏的制作

左侧边栏的制作，效果如图 3-19 所示。

（1）左栏内容 HTML 部分：

```html
<div id ="leftbar">
<ul>
<li><img src="../img/荷花苞.jpg">景区新闻</li>
<li><img src="../img/荷花苞.jpg">媒体报道</li>
<li><img src="../img/荷花苞.jpg">最新公告</li>
</ul>
</div>
```

（2）左栏 CSS 样式部分：

页面内容区域左栏内容 CSS 样式部分：

```css
#leftbar ul{
list-style-type:none;        //不显示列表项目符号
text-align:center;
padding-top:60px;
}
#leftbar ul li{
padding-bottom:60px;
}
```

图 3-19　左侧边栏

5. 中间栏的制作

中间栏的制作，效果如图 3-20 所示。

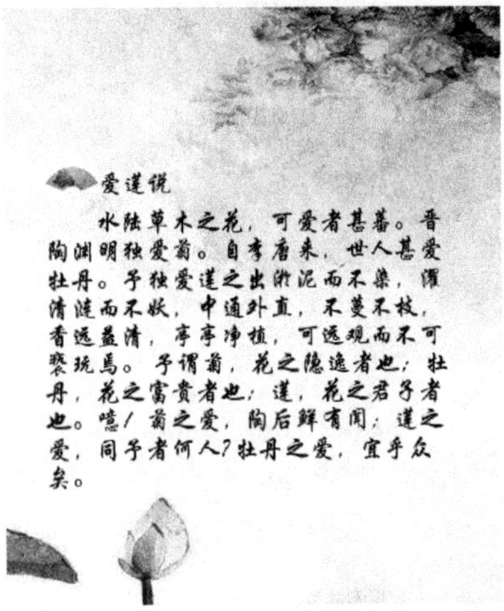

中间栏的 HTML 部分：

```html
<div id ="center">
<div class="ailian">
<img src="../img/扇子.jpg">爱莲说
</div>
<div class="shuo">
    水陆草木之花，可爱者甚蕃。晋陶渊明独爱菊。自李唐来，世人甚爱牡丹。予独爱莲之出淤泥而不染，濯清涟而不妖，中通外直，不蔓不枝，香远益清，亭亭净植，可远观而不可亵玩焉。
    予谓菊，花之隐逸者也；牡丹，花之富贵者也；莲，花之君子者也。噫！菊之爱，陶后鲜有闻；莲之爱，同予者何人？牡丹之爱，宜乎众矣。
</div>
</div>
```

图 3-20　中间栏

中间栏 CSS 样式部分：

```css
.center{
    width:560px;
    height:600px;
    float:left;
    background:#CF6;
}
.ailian{
width:400px;
font-size:24px;
position:relative;
top:200px;
left:100px;
```

```
font-family:"华文行楷";
}
.shuo{
width:400px;
font-size:24px;
position:relative;
top:210px;
left:100px;
font-family:"华文行楷";
text-indent:2em;
 }
```

6. 右侧边栏的制作

右侧边栏的制作，效果如图 3-21 所示。

右侧边栏 HTML 部分代码如下：

```
<div id ="rightbar">
<ul>
<li><img src="../img/荷花苞.jpg"><a href="http://www.baidu.com">游客工具</a></li>
<li><img src="../img/荷花苞.jpg">电话咨询</li>
<li><img src="../img/荷花苞.jpg">交通指南</li>
<li><img src="../img/荷花苞.jpg"><a href="../img/荷花种类.rar">游园指南</a></li>
</ul>
</div>
```

右侧边栏 CSS 部分代码如下：

```
.right ul{
list-style-type:none;
text-align:center;
padding-top:450px;
}
.right ul li{
padding-bottom:60px;
}
```

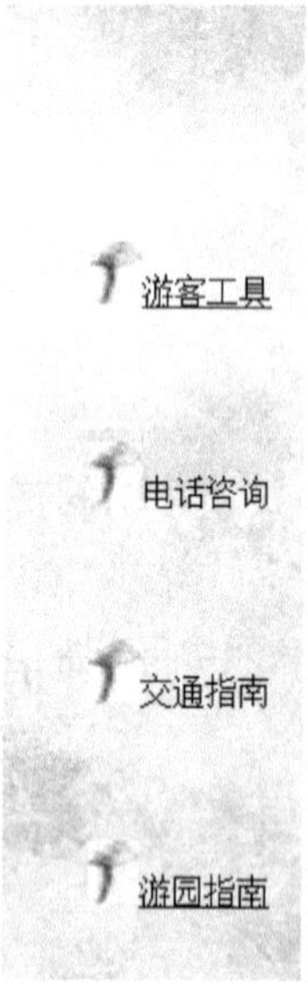

图 3-21 右侧边栏

7. 页脚的制作

页脚的制作

页脚 HTML 部分代码如下：

```
<div class="footer">版权所有</div>
```

页脚 CSS 部分代码如下：

```
.footer {
    clear: both;//清除左右浮动元素
    height: 29px;
    width: 800px;
    background-color: #000;
    text-align: center;
    padding-top: 15px;
    color: #FFF;
    font-weight: bold;
}
```

第 3 章　网页布局

> ★提示：
>
> 页脚部分也是一个独立的 div 区块，一般页脚所占的高度较小，30px 左右。如果在制作时要在页脚处添加更多的内容，比如制作"友情链接"或页脚导航菜单，超过了一行。设置时不要让页脚的高度过大，否则页面的比例会失去平衡。

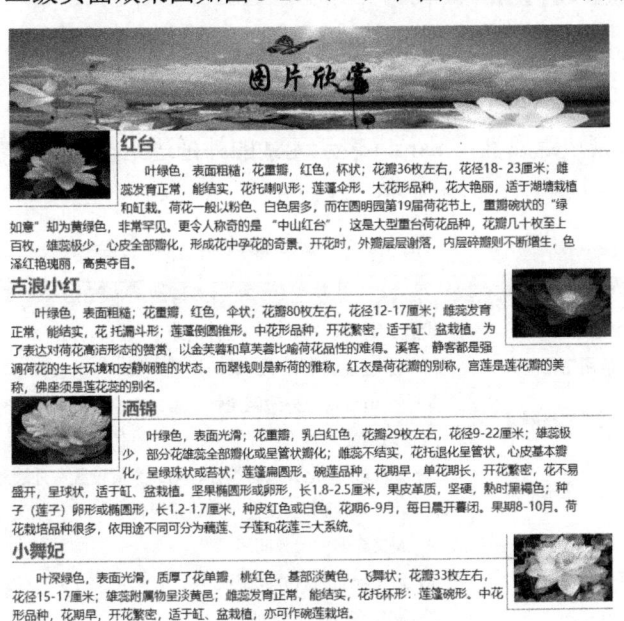

案例 2　荷花图片欣赏网页

案例分析

完成荷花图片欣赏网页页面布局，采用了"三"形布局结构，这种结构适合于艺术类、收藏类和展示类网站。"三"形布局往往采用简单的图像和线条代替拥挤的文字，给浏览者以强烈的视觉冲击，使其感觉进入了一幅完整的画面，而不是一个分门别类的"超市"。网站标志非常醒目。

荷花图片欣赏网页的 HTML，需要从上到下排列的 div 元素。

（1）\<div id="wrapper"\>\</div\>用于包含页面中所有内容；

（2）\<div class="header"\>\</div\>用于包含页面中页首的内容；

（3）\<div class="article"\>\</div\>用于包含页面中主要的大量内容。

相关知识

1. 常见的二级页面

荷花图片欣赏网页如图 3-22 所示。它是网站结构中的二级页面，需要在一级页面通过链接才能被访问到。从首页的页面与二级页面的对比来看，我们将要制作的荷花图片欣赏网页的页面结构较为简单。二级页面效果图如图 3-23（一）和图 3-24（二）所示。

图 3-22　荷花图片欣赏网页

045

图 3-23 二级页面（一）

图 3-24 二级页面（二）

2. 在 CSS 中实现间距的属性

<div>盒模型的外延边距属性：margin 表示元素的外延边距，是到父容器的距离。外边距属性见表 3-9。

表 3-9 外边距属性

属性名	属性值	说　　明
margin	1 个像素值	设置元素上、右、下、左外间距
	2 个像素值用空格隔开	第一个值设置上、下外边距属性，第二个值设置右、左外边距属性
	3 个像素值用空格隔开	第一个值设置上外边距属性，第二个值设置右、左外边距属性，第三个值设置下外边距属性
	4 个像素值用空格隔开	第一个值设置上外边距属性，第二个值设置右外边距属性，第三个值设置下边距属性，第四个值设置下外边距属性
margin-top	1 个像素值	div 到父容器的上外间距
margin-right	1 个像素值	div 到父容器的右外间距
margin-bottom	1 个像素值	div 到父容器的下外间距
margin-left	1 个像素值	div 到父容器的左外间距

div 的边框属性见表 3-10、表 3-11、表 3-12。

表 3-10 border 属性

属 性 名	属 性 值	说　　明
border	border-width 属性值、border-style 属性值、border-color 属性值用空格分隔	设置元素的边框线条粗细、线型和边框色
	两组属性值用逗号分隔	第一组设置元素的上、下边框 第二组设置元素的右、左边框
	三组属性值用逗号分隔	第一组设置元素的上边框 第二组设置元素的右、左边框 第三组设置元素的下边框
	四组属性值用逗号分隔	第一组设置元素的上边框 第二组设置元素的右边框 第三组设置元素的下边框 第四组设置元素的左边框

表 3-11 单独地为各边边框设置属性

属 性 名	属 性 值	说　　明
border-top	border-top-width	元素上边框粗细
	border-top-style	元素上边框线型
	border-top-color	元素上边框颜色
border-right	border- right -width	元素右边框粗细
	border- right -style	元素右边框线型
	border- right -color	元素右边框颜色
border-bottom	border- bottom -width	元素下边框粗细
	border- bottom -style	元素下边框线型
	border- bottom -color	元素下边框颜色
border-left	border- left -width	元素左边框粗细
	border- left -style	元素左边框线型
	border- left -color	元素左边框颜色

★提示：

只有当边框样式不是 none 时才起作用。如果边框样式是 none，边框宽度实际上会重置为 0，不允许指定负长度值。

表 3-12 border-width 属性

属 性 名	属 性 值	说　　明	示　　例
border-width	thin	定义细的边框	border-width: thin;
	medium	默认。定义中等的边框	border-width: medium;
	thick	定义粗的边框	border-width: thick;
	length	允许自定义边框的宽度	border-width:1px;
	inherit	规定应该从父元素继承边框宽度	border-width:inherit;

设置元素边框的样式属性：border-style，只有当这个值不是 none 时边框才会出现，见表 3-13。

表 3-13 border-style 属性

属性名	属性值	说明	示例
border-style	none	定义无边框	border-style: none;
	hidden	与"none"相同。不过应用于表时除外，对于表，hidden 用于解决边框冲突	border-style: hidden;
	dotted	定义点状边框。在大多数浏览器中呈现为实线	border-style: dotted;
	dashed	定义虚线。在大多数浏览器中呈现为实线	border-style: dashed;
	solid	定义实线	border-style: solid;
	double	定义双线。双线的宽度等于 border-width 的值	border-style: double;
	groove	定义 3D 凹槽边框。其效果取决于 border-color 的值	border-style: groove;
	ridge	定义 3D 垄状边框。其效果取决于 border-color 的值	border-style: ridge;
	inset	定义 3D inset 边框。其效果取决于 border-color 的值	border-style: inset;
	outset	定义 3D outset 边框。其效果取决于 border-color 的值	border-style: outset;
	inherit	规定应该从父元素继承边框样式	border-style: inherit;

设置边框颜色的属性 border-color：颜色值常用 RGB 值或颜色名称。

★提示：

盒子的边框包括边框粗细、细型和颜色。如果设置边框时，CSS 样式文件里书写了"border:1px solid;"边框默认显示为黑色。

盒模型的内边距属性 padding：设置元素所有的内边距，而内边距不会影响元素的行高计算，元素的背景会延伸穿过内边距，不允许指定负内边距值，见表 3-14。

表 3-14 内边距属性

属性名	属性值	说明	示例
padding	1、2、3 或 4 个像素值	盒模型上、右、下、左四个方向的内间距	div{ padding:10px 5px 15px 20px;}
padding-top	1 个像素值	盒模型上边的内间距	div{ padding-top:10px;}
padding-right	1 个像素值	盒模型上边的内间距	div{ padding-right:5px;}
padding-bottom	1 个像素值	盒模型上边的内间距	div{padding-bottom: 20px;}
padding-left	1 个像素值	盒模型上边的内间距	div{ padding-left:20px;}

★提示：

CSS 样式文件为了清除所有元素边界的作用，让后面的 CSS 样式的效果设置更清楚，会将所有元素的内间距和外间距均设置为 0px。

```
*{
padding:0px;
margin:0px;
}
```

案例实施

1．荷花图片欣赏网页的布局制作

荷花图片欣赏网页是"三"字形的布局方式，如图 3-25 所示。

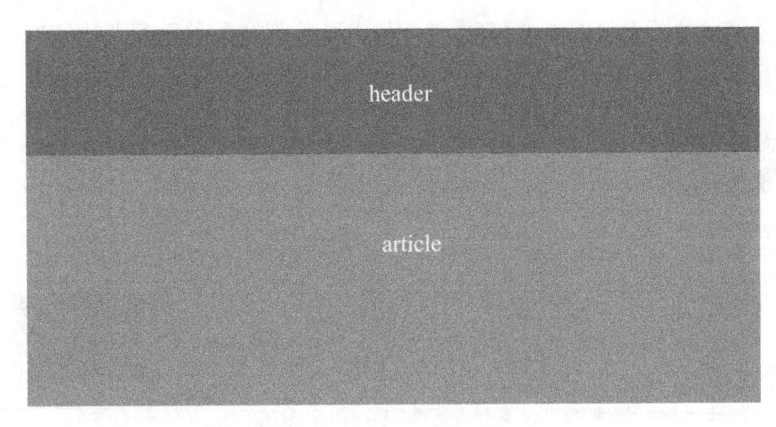

图 3-25 荷花图片欣赏网页的布局

HTML 部分如下：

```
<div id="wrapper">
<div class="header"></div>
<div class="article"></div>
</div>
```

CSS 部分如下：

```
<style type="text/css">
*{
padding:0px;
margin:0px;
}
#wrapper{
width:900px;
height:auto;
margin:0 auto;
}
.header{
width:900px;
height:150px;
background:#900;
}
.article{
width:900px;
height:300px;
background:#C99;
}
</style>
```

2．荷花图片欣赏网页的图文混排

（3）在荷花图片欣赏网页中实现，如图 3-26 所示。
- 二级标题字体大小为 26px，字体颜色 RGB 值为#66F，标题所在的盒子显示下边框线。
- 图片嵌入到文字中，图片出现在左侧，可用"float:left;"实现；图片出现在右侧，可用"float:right;"实现，且图片周围留有外间距和内间距，位于左侧的图片显示右、下边框线，位于右侧的图片显示上、左边框线。

➢ 每个段落字体大小为 18px，行高为 1.5 倍，与所在的盒子元素上边留有外间距为 10px，段落所在的盒子元素右侧留有 50px 的内间距，段落中的文字首行缩进两个字符。

图 3-26 图文混排效果

HTML 代码如下：

```
<img class="hongtai" src="../img/荷花种类/红台.jpg">
<h2>红台</h2>
    <p>叶绿色，表面粗糙；花重瓣，红色，杯状；花瓣36枚左右，花径18-23厘米；雌蕊发育正常，能结实，花托喇叭形；莲蓬伞形。大花形品种，花大艳丽，适于湖塘栽植和缸栽。荷花一般以粉色、白色居多，而在圆明园第19届荷花节上，重瓣碗状的"绿如意"却为黄绿色，非常罕见。更令人称奇的是"中山红台"，这是大型重台荷花品种，花瓣几十枚至上百枚，雄蕊极少，心皮全部瓣化，形成花中孕花的奇景。开花时，外瓣层层谢落，内层碎瓣则不断增生，色泽红艳瑰丽，高贵夺目。</p>
```

CSS 代码如下。

二级标题的 CSS 样式为：

```
h2{
font-size:26px;
color:#66F;
border-bottom:dotted 1px #000000;
}
```

左侧图片的 CSS 样式为：

```
.hongtai{
float:left;//图片向左浮动
padding-right:10px;
padding-bottom:10px;
border-bottom:dotted 1px #000000;
margin-bottom:5px;
border-right:dotted 1px #000000;
margin-right:5px;
}
```

右侧图片的 CSS 样式为：

```
.hongtai1{
float:right;//图片向右浮动
padding-left:10px;
padding-bottom:10px;
border-bottom:dotted 1px #000000;
margin-bottom:5px;
border-left:dotted 1px #000000;
margin-left:5px;
}
```

段落的 CSS 样式为：

```
p{
font-size:18px;
text-indent:2em;//段落文字缩进2字符
line-height:1.5em;//行高1.5倍
margin-top:10px;
padding-right:50px;
}
```

3. 荷花图片欣赏网页的实现

该页面<body></body>间的 HTML 内容如下：

```
<body>
<div id="wrapper">
<div class="header">
<h1>图片欣赏</h1>
</div>
<div class="article">
<img class="hongtai" src="../img/荷花种类/红台.jpg">
<h2>红台</h2>
<p>叶绿色，表面粗糙；花重瓣，红色，杯状；花瓣36枚左右，花径18-23厘米；雌蕊发育正常，能结实，花托喇叭形；莲蓬伞形。大花形品种，花大艳丽，适于湖塘栽植和缸栽。荷花一般以粉色、白色居多，而在圆明园第19届荷花节上，重瓣碗状的"绿如意"却为黄绿色，非常罕见。更令人称奇的是"中山红台"，这是大型重台荷花品种，花瓣几十枚至上百枚，雄蕊极少，心皮全部瓣化，形成花中孕花的奇景。开花时，外瓣层层谢落，内层碎瓣则不断增生，色泽红艳瑰丽，高贵夺目。</p>
<img class="hongtai1" src="../img/荷花种类/古浪小红.jpg">
<h2>古浪小红</h2>
<p>叶绿色，表面粗糙；花重瓣，红色，伞状；花瓣80枚左右，花径12-17厘米；雌蕊发育正常，能结实，花托漏斗形；莲蓬倒圆锥形。中花形品种，开花繁密，适于缸、盆栽植。为了表达对荷花高洁形态的赞赏，以金芙蓉和草芙蓉比喻荷花品性的难得。溪客、静客都是强调荷花的生长环境和安静娴雅的状态。而翠钱则是新荷的雅称，红衣是荷花瓣的别称，宫莲是莲花瓣的美称，佛座须是莲花蕊的别名。</p>
<img class="hongtai" src="../img/荷花种类/洒锦.jpg">
<h2>洒锦</h2>
<p>叶绿色，表面光滑；花重瓣，乳白红色，花瓣29枚左右，花径9-22厘米；雌蕊极少，部分花雄蕊全部瓣化或呈管状瓣化；雌蕊不结实，花托退化呈管状，心皮基本瓣化，呈绿珠状或苔状；莲蓬扁圆形。碗莲品种，花期早，单花期长，开花繁密，花不易盛开，呈球状，适于缸、盆栽植。坚果椭圆形或卵形，长1.8-2.5厘米，果皮革质，坚硬，熟时黑褐色；种子（莲子）卵形或椭圆形，长1.2-1.7厘米，种皮红色或白色。花期6-9月，每日晨开暮闭。果期8-10月。荷花栽培品种很多，依用途不同可分为藕莲、子莲和花莲三大系统。</p>
<img class="hongtai1" src="../img/荷花种类/小舞妃.jpg">
```

```
      <h2>小舞妃</h2>
      <p>叶深绿色，表面光滑，质厚了花单瓣，桃红色，基部淡黄色，飞舞状；花瓣33枚左右，花径15-17厘米；雄蕊附属物呈淡黄邑；雌蕊发育正常，能结实，花托杯形：莲篷碗形。中花形品种，花期早，开花繁密，适于缸、盆栽植，亦可作碗莲栽培。</p>
    </div>
  </div>
</body>
```

CSS 部分代码以下：

```
<style type="text/CSS">
*{
padding:0px;
margin:0px;
}
#wrapper{
width:900px;
height:auto;
margin:0 auto;
}
.header{
width:900px;
height:150px;
text-align:center;
font-family:"华文行楷";
font-size:24px;
background-image:url(../img/荷花种类.jpg);
}
h1{
padding-top:50px;
}
.article{
width:900px;
height:700px;
}
h2{
font-size:26px;
color:#66F;
border-bottom:dotted 1px #000000;
}
.hongtai{
float:left;
padding-right:10px;
padding-bottom:10px;
border-bottom:dotted 1px #000000;
margin-bottom:5px;
border-right:dotted 1px #000000;
margin-right:5px;
}
p{
font-size:18px;
```

```
text-indent:2em;
line-height:1.5em;
margin-top:10px;
padding-right:50px;
}
.hongtai1{
float:right;
padding-left:10px;
padding-bottom:10px;
border-bottom:dotted 1px #000000;
margin-bottom:5px;
border-left:dotted 1px #000000;
margin-left:5px;
}
</style>
```

案例 3　荷花故事网页

案例分析

首先分析荷花故事网页 HTML 部分，包含一个在浏览器中所有内容的 div，内部又包含了一个显示页首内容的 div，页首 div 下面是一个显示主体内容的 div，里边含左栏、中间栏和右栏 3 个 div，最下面是页脚部分的 div。荷花故事网页采用了"国"字形布局结构，在实现时，要完成页面布局，如图 3-27 所示。

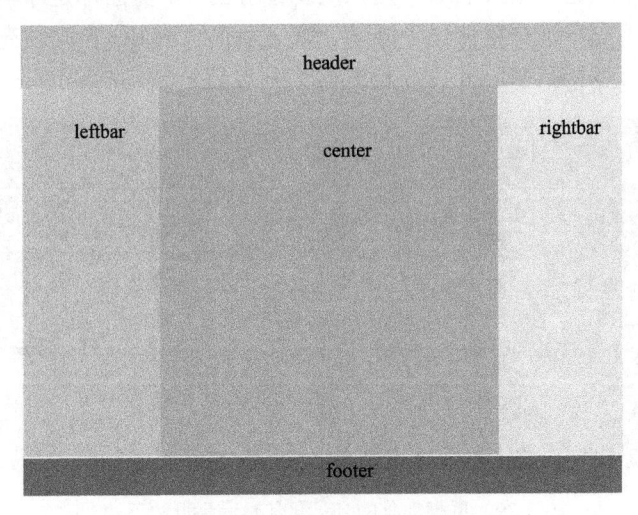

图 3-27　荷花故事页面布局

相关知识

1. CSS 中属性

clear：用于清除 HTML 元素的左、右的浮动对象，见表 3-15。

表 3-15　clear 属性

属　性	属　性　值	说　明	示　例
clear	both	左右两侧都不允许有浮动元素	.footer{ clear:both; }
	left	左侧不允许有浮动元素	.footer{ clear: left; }
	right	右侧不允许有浮动元素	.footer{ clear: right; }

在页面布局时会用到多个 div，div 是块级元素，在页面中独占一行。为了实现"国"字形布局结构，编写 CSS 样式文件时，会为页面中间的左栏、中间栏、右栏这 3 个栏添加 float 属性，设置为"float:left;"，即让三个 div 依次向左浮动，实现水平排列的效果如图 3-28 所示。

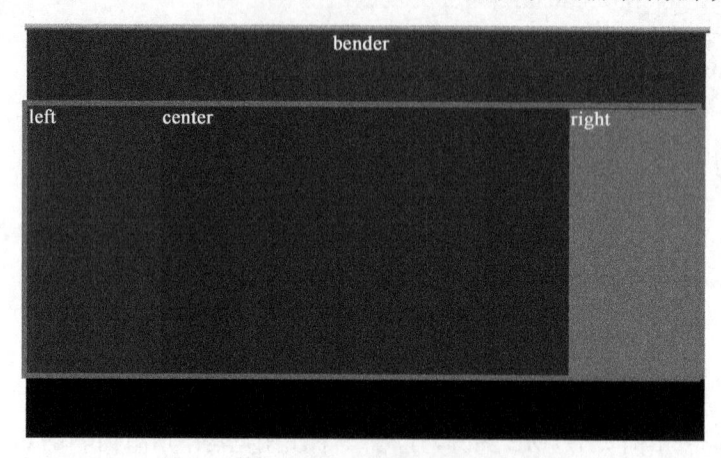

图 3-28　"国"字形布局

如果设置的 CSS 样式不当，所实现的布局效果如图 3-29 所示，很显然，页脚部分的 div 浮动到页面的上面。出现这种效果的原因是在页脚部分的 div 前面都是浮动的元素，它们的位置都与物理上的位置不同，这样就使位于浮动元素之后的页脚 div 自动填充到前面。为了完成"国"字形的布局方式，对 HTML 和 CSS 样式做如下设置：

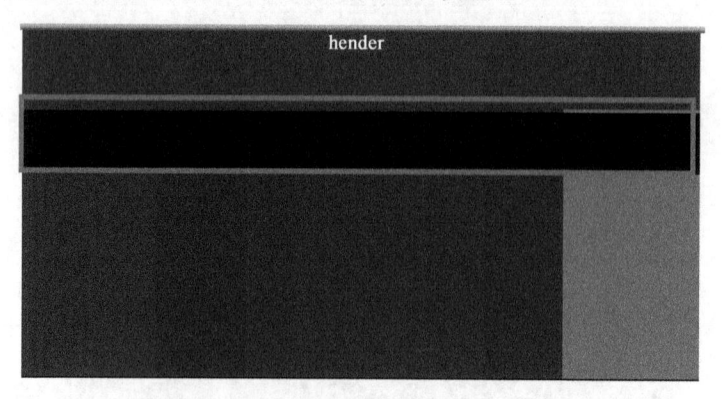

图 3-29　页脚部分的 div 没有显示到页面下边

HTML 部分代码如下：

```
<div id="wrapper">
<div class="header">
</div>
<div class="article">
<div class="zhongjian">
```

```html
    <div class="left">
    </div>
    <div class="center">
    </div>
    </div>
    <div class="right">
    </div>
    </div>
    <div class="footer">
    </div>
    </div>
    </div>
```

CSS 部分代码如下:

```css
*{
padding:0px;
margin:0px;
}
#wrapper{
width:600px;
height:auto;
margin:0 auto;
}
.header{
width:600px;
height:100px;
text-align:center;
background:#63C;
}
.article{
width:600px;
height:350px;
background:#3FC;
}
.left{
width:120px;
height:350px;
float:left;
background:#03F;
}
.right{
width:120px;
height:350px;
float:left;
background:#693;
}
.center{
width:360px;
height:350px;
```

```
float:left;
background:#30F;
}
.footer{
width:600px;
height:80px;
clear:both;//清除左右浮动对象
background:#303;
}
```

★提示：

左、中、右三栏水平排列后，它们所占宽度之和，包含所有的边框、外间距和内间距应与所在的 div 宽度完全相等。周围元素使用了 float 属性后，位于浮动元素后的 div 设置 clear 属性是很有必要的。

2. 内容溢出控制属性 overflow

overflow 属性见表 3-16。

表 3-16 overflow 属性

属性名	属性值	说明	示例

overflow	scroll（始终显示滚动条）
	visible（不显示滚动条，但超出部分可见）
		div 在页面上溢出的控制	div{
			overflow:scroll;
			}

	auto（内容超出时显示滚动条）	div 在水平方向的溢出显示方式控制	div{
			overflow-x: auto;
			}

	hidden（超出时隐藏内容）
	inherit（从父元素继承 overflow 属性的值）
		div 在垂直方向的溢出显示方式控制	div{
			overflow-y: hidden;
			}

★提示：

中间栏内容较多时，为中间栏的 CSS 样式添加"overflow:auto;"，当栏中的内容太多超出了栏的高度时，自动显示滚动条，用户通过滑动滚动条来阅读内容。

3. z-index 属性

z-index 属性指定一个元素的堆叠顺序，常用于 div 元素上，如果 div 元素相互重叠，可以指定它们的叠放次序（z-index）属性来调整它们的显示效果，见表 3-17。

表 3-17 z-index 属性

属性名	属性值	说明	示例
z-index	auto	默认，堆叠顺序与父元素相等	
	number	设置元素的堆叠顺序	div{z-index:1;}
	inherit	规定应该从父元素继承 z-index 属性的值	

按物理次序排列的 3 张图片如图 3-30 所示。

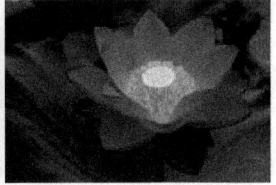

图 3-30　3 张图片

HTML 代码为：

```
<img class="img1" src="../img/荷花种类/洒锦.jpg"/>
<img class="img2" src="../img/荷花种类/红台.jpg"/>
<img class="img3" src="../img/荷花种类/古浪小红.jpg"/>
```

添加 CSS 代码后，如图 3-31 所示，第一张图片显示在最下面，第三张图显示在最上面。

```
.img1{
    position:absolute;
    top:20px;
    left:20px;
}
.img2{
    position:absolute;
    top:80px;
    left:80px;
}
.img3{
    position:absolute;
    top:140px;
    left:140px;
}
```

图 3-31　绝对定位实现图片叠放

修改 CSS 样式后，如图 3-32 所示，第一张图片显示在最上面，第三张图显示在最下面。

```
.img1{
    position:absolute;
    top:20px;
    left:20px;
    z-index:3;
}
.img2{
position:absolute;
```

```
            top:80px;
            left:80px;
            z-index:2;
            }
    .img3{
            position:absolute;
            top:140px;
            left:140px;
            z-index:1;
            }
```

图 3-32　实现图片叠放

★提示：

对比修改前的 CSS 样式和修改后的 CSS 样式，z-index 属性的值越大，显示的位置越靠上，即堆叠顺序高的元素处于堆叠顺序低的元素前面。

案例实施

荷花故事页面布局的最终效果如图 3-33 所示。

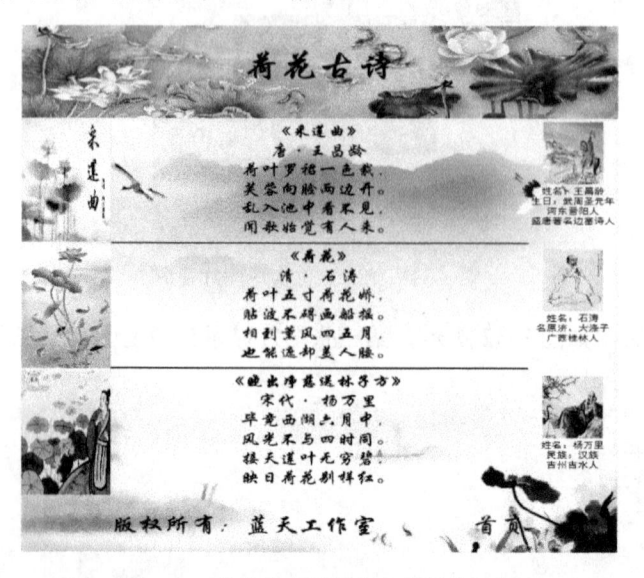

图 3-33　荷花故事页面布局的最终效果

2. HTML 部分的嵌套关系如下

```
<div id="wrapper">
<div class="header">
</div>
<div class="article">
<div class="zhongjian">
<div class="left">
</div>
<div class="center">
</div>
<div class="right">
</div>
</div>
<div class="footer">
</div>
</div>
</div>
```

2. CSS 样式部分所做的必要设置

所用到 div 的 id 属性依次设置为：wrapper、header、article、left、center、right 和 footer。网页<body></body>间 HTML 代码如下：

```
<body>
<div id="wrapper">
<div class="header">
<h1 class="wenzi">荷花古诗</h1>
</div>
<div class="article">
<div class="zhongjian">
<div class="left">
<div>
<img src="../img/诗词/cailian.jpg" width="120" height="200">
<img src="../img/诗词/xiaochi.jpg">
<img src="../img/诗词/送林子方.jpg">
</div>
</div>
<div class="center">
<div class="top">
<top>
<h2>《采莲曲》</h2>
<p>唐&middot;王昌龄</p>
<p>荷叶罗裙一色裁，</p>
<p>芙蓉向脸两边开。</p>
<p>乱入池中看不见，</p>
<p>闻歌始觉有人来。</p>
</top>
</div>
<div class="zhong">
<zhong>
```

```
<h2>《荷花》</h2>
<p>清&middot；石涛</p>
<p>荷叶五寸荷花娇，</p>
<p>贴波不碍画船摇。</p>
<p>相到薰风四五月，</p>
<p>也能遮却美人腰。</p>
</zhong>
</div>
<div class="xia">
<xia>
<h2>《晓出净慈送林子方》</h2>
<p>宋代&middot；杨万里</p>
<p>毕竟西湖六月中，</p>
<p>风光不与四时同。</p>
<p>接天莲叶无穷碧，</p>
<p>映日荷花别样红。</p>
</xia>
</div>
</div>
<div class="right">
<div class="top1">
<img src="../img/诗词/王昌龄.jpg">
<p>姓名：王昌龄</p>
<p>生日：武周圣元年</p>
<p>河东晋阳人</p>
<p>盛唐著名边塞诗人</p>
</div>
<div class="center1">
<img src="../img/诗词/清．石涛.jpg">
<p>姓名：石涛</p>
<p>名原济、大涤子</p>
<p>广西桂林人</p>
</div>
<div class="bottom1">
<img src="../img/诗词/杨万里.jpg">
<p>姓名：杨万里</p>
<p>民族：汉族</p>
<p>吉州吉水人</p>
</div>
</div>
</div>
<div class="footer">
版权所有：蓝天工作室       
<a href="index.HTML">首页</a>
</div>
</div>
</div>
</body>
```

为网页创建 CSS 样式 ys3.CSS，在 HTML ys3.CSS 文件代码如下：

```css
*{
padding:0px;
margin:0px;
}
#wrapper{
width:800px;
height:auto;
margin:0 auto;
}
.wenzi{
font-family:"华文行楷";
font-size:50px;
padding-top:40px;
}
.header{
width:800px;
height:150px;
text-align:center;
background-image:url(../img/%E8%AF%97%E8%AF%8D/tou1.jpg);
}
.article{
width:800px;
height:700px;
background-image:url(../img/%E8%AF%97%E8%AF%8D/be1.jpg);
}
.left{
width:120px;
height:600px;
float:left;
}
.right{
width:120px;
height:600px;
float:right;
}
.center{
width:560px;
height:600px;
float:left;
}
.footer{
width:800px;
height:100px;
clear:both;
text-align:center;
font-family:"华文行楷";
padding-top:40px;
```

```css
font-size:36px;
}
.top{
width:560px;
height:200px;
border-bottom:solid 2px #000000;
}
.zhong{
width:560px;
height:200px;
border-bottom:solid 2px #000000;
}
.xia{
width:560px;
height:200px;
}
top{
line-height:1.5em;
}
top p{
text-align:center;
font-family:"华文行楷";
font-size:26px;
padding-top:7px;
}
zhong{
line-height:1.5em;
}
zhong p{
text-align:center;
font-family:"华文行楷";
font-size:26px;
padding-top:7px;
}
xia{
line-height:1.5em;
}
xia p{
text-align:center;
font-family:"华文行楷";
font-size:26px;
padding-top:7px;
}
h2{
text-align:center;
font-family:"华文行楷";
padding-top:10px;
}
```

```css
.top1{
width:120px;
height:200px;
font-size:14px;
font-family:"黑体";
text-align:center;
padding-top:5px;
}
.center1{
width:120px;
height:200px;
font-size:14px;
font-family:"黑体";
text-align:center;
padding-top:5px;
}
.bottom1{
width:120px;
height:200px;
font-size:14px;
font-family:"黑体";
text-align:center;
padding-top:5px;
 }
.zhongjian{
width:800px;
height:600px;
}
a{
text-decoration:none;
}
```

拓 展 练 习

制作"vivo 手机销售"页面

使用 div+css,制作"vivo 手机销售"页面,如图 3-34 所示。

1. 训练要点

(1) HTML 代码中使用合理的 div 嵌套关系;
(2) 页眉部分导航栏的制作;
(3) 页眉部分列表与所在盒子外间距和列表项中内间距设置合理;
(4) 图片的 CSS 样式要编写合理;
(5) 制作页脚。

2. 操作提示

CSS 部分代码：

```css
.header1 {
    background-image: url(prc08.jpg);
    background-repeat: no-repeat;
}
.logo {
    background-image: url(20180421102536.png);
    background-repeat: no-repeat;
    margin-left: 50px;
}
.Y66idatu {
    margin: 0px;
    padding-top: 5px;
}
.jingpinshouji {
    font-family: "黑体";
    font-size: 24px;
    font-weight: 400;
    color: #00F;
    text-align: center;
    display: inline;
    margin-left: 400px;
}
.gengduojinhpinshouji {
    font-family: "黑体";
    font-size: 18px;
    font-weight: 400;
    color: #666;
    text-align: center;
    text-decoration: none;
}
.gengduoshoujipeijian {
    font-family: "黑体";
    font-size: 18px;
    font-weight: bold;
    color: #666;
    text-decoration: none;
}
.remenlianjie {
    font-family: "黑体";
    font-size: 16px;
    font-weight: 400;
    color: #000;
    text-decoration: none;
    text-align: left;
}
.footer {text-align: center; text-decoration: none;}
```

```
.banquan {text-align: center; text-decoration: none; font-family: 华文宋体;}
```
<body></body>内HTML部分代码：
```html
<body class="Y66idatu">
<table width="1347" border="0" cellpadding="0" cellspacing="0">
<tr>
<td colspan="16" class="header1">
<img src="../images/prc08.jpg" width="1347" height="44">
</td>
</tr>
<tr>
<td height="365" colspan="16">
<img src="../images/prc12.jpg" alt="" width="1347" height="400" />
</td>
</tr>
<tr>
<td width="449" height="295" colspan="5">
<p>
<img src="../images/prc01.jpg" alt="" width="449" height="512"/>
</p>
<p> </p>
</td>
<td width="449" colspan="5">
<img src="../images/prc02.jpg" alt="" width="449" height="512"/>
</td>
<td width="449" colspan="5">
<img src="../images/prc03.jpg" alt="" width="449" height="512"/>
</td>
<td> </td>
</tr>
<tr>
<td colspan="15" rowspan="2">
<img src="../images/prc04.jpg" alt="" width="449" height="512"/>
<img src="../images/prc05.png" alt="" width="449" height="512"/>
<img src="../images/prc06.png" alt="" width="449" height="512"/>
</td>
<td height="512"> </td>
</tr>
<tr>
<td> </td>
</tr>
<tr>
<td height="50" colspan="5"> </td>
<td height="50" colspan="5" class="gengduojinhpinshouji">
<span class="gengduojinhpinshouji">
<span class="gengduojinhpinshouji">
<a href="demo01/jingpinshouji.html" class="gengduojinhpinshouji">
更多精品手机&gt;&gt;</a>
</span>
```

```
            </span>
          </td>
          <td height="50" colspan="5"> </td>
          <td> </td>
        </tr>
        <tr>
          <td width="449" height="380" colspan="5">
          <img src="../images/peijian01.jpg" alt="" width="336" height="380" usemap="#Map10"/>
          </td>
          <td height="50" colspan="5"><img src="../images/peijian02.jpg" alt="" width="336" height="380"/>
          </td>
          <td colspan="5">
          <img src="../images/peijian03.jpg" alt="" width="336" height="380"/>
          </td>
          <td> </td>
        </tr>
        <tr>
          <td colspan="5">
          <img src="../images/peijian04.jpg" alt="" width="337" height="380"/>
          </td>
          <td colspan="5">
          <img src="../images/peijian05.jpg" alt="" width="336" height="380" />
          </td>
          <td height="50" colspan="5">
          <img src="../images/peijian05.png" alt="" width="336" height="380" />
          </td>
          <td> </td>
        </tr>
        <tr>
          <td colspan="5"> </td>
          <td colspan="5" align="center" valign="middle">
          <a href="demo01/shoujipeijian.html" class="gengduojinhpinshouji">
          <span class="gengduoshoujipeijian">更多手机配件&gt;&gt;</span>
          </a>
          </td>
          <td height="50" colspan="5"> </td>
          <td> </td>
        </tr>
        <tr>
          <td colspan="5" align="left" valign="middle">
          <strong class="remenlianjie">热门链接：</strong>
          </td>
          <td colspan="5"> </td>
          <td height="50" colspan="5"> </td>
          <td> </td>
        </tr>
```

```html
<tr>
<td><a href="demo01/vivox20plus.html" class="footer">
<font color="#000000" face="华文宋体" size="+1">vivox20plus</font>
</a>
</td>
<td>
<a href="demo01/vivox20.html" class="footer">
<font color="#000000" face="华文宋体" size="+1">vivox20</font>
</a>
</td>
<td>
<a href="demo01/chazhaoshouji.html" class="footer">
<font color="#000000" face="华文宋体" size="+1">查找手机</font>
</a>
</td>
<td>
<a href="demo01/changjianwenti.html" class="footer">
<font color="#000000" face="华文宋体" size="+1">常见问题</font>
</a>
</td>
<td>
<a href="demo01/guangfangshangcheng.html" class="footer">
<font color="#000000" face="华文宋体" size="+1">官方商城</font>
</a>
</td>
<td>
<a href="demo01/xuangoushouji.html" class="footer">
<font color="#000000" face="华文宋体" size="+1">选购手机</font>
</a>
</td>
<td>
<a href="demo01/xuangoupeijian.html" class="footer">
<font color="#000000" face="华文宋体" size="+1">选购配件</font>
</a>
</td>
<td>
<a href="demo01/xuangousuipingbao.html" class="footer">
<font color="#000000" face="华文宋体" size="+1">选购碎屏保</font>
</a>
</td>
<td>
<a href="demo01/fuwubaozhang.html" class="footer">
<font color="#000000" face="华文宋体" size="+1">服务保障</font>
</a>
</td>
<td>
<a href="demo01/fuwushouye.html" class="footer">
<font color="#000000" face="华文宋体" size="+1">服务首页</font>
```

```html
        </a>
      </td>
      <td height="50">
        <a href="demo01/fuwuwangdianchaxun.html" class="footer">
        <font color="#000000" face="华文宋体" size="+1">服务网点查询</font>
        </a>
      </td>
      <td>
        <a href="demo01/fuwuzhengce.html" class="footer">
        <font color="#000000" face="华文宋体" size="+1">服务政策</font>
        </a>
      </td>
      <td>
        <a href="demo01/zhenweichaxun.html" class="footer">
        <font color="#000000" face="华文宋体" size="+1">真伪查询</font>
        </a>
      </td>
      <td>
        <a href="demo01/shouhoufuwu.html" class="footer">
        <font color="#000000" face="华文宋体" size="+1">售后服务</font>
        </a>
      </td>
      <td>
        <a href="demo01/dianzibaoxiu.html" class="footer">
        <font color="#000000" face="华文宋体" size="+1">电子保修</font></a></td>
      <td> </td>
    </tr>
    <tr>
      <td height="50" colspan="15">
        <br/>
        <!--客服热线-->
        <aside>
        <font size="+2" >
        <a href="#" class="footer">
        <h4 align="center">在线客服:400-678-9688</h4>
        </a>
        </font>
        </aside>
        <!--页脚-->
        <footer class="banquan"> CopyRight2011-2018 广东步步高电子工业有限公司版权所有<br/>
        <font color="#666666" size="+1"><small>新创意工作室 D G T</small>
        <address>
        河南省郑州市郑州电力职业技术学院新创意工作室出品
        </address>
        </font>
        </footer>
      </td>
      <td> </td>
```

```
        </tr>
    </table>
</body>
```

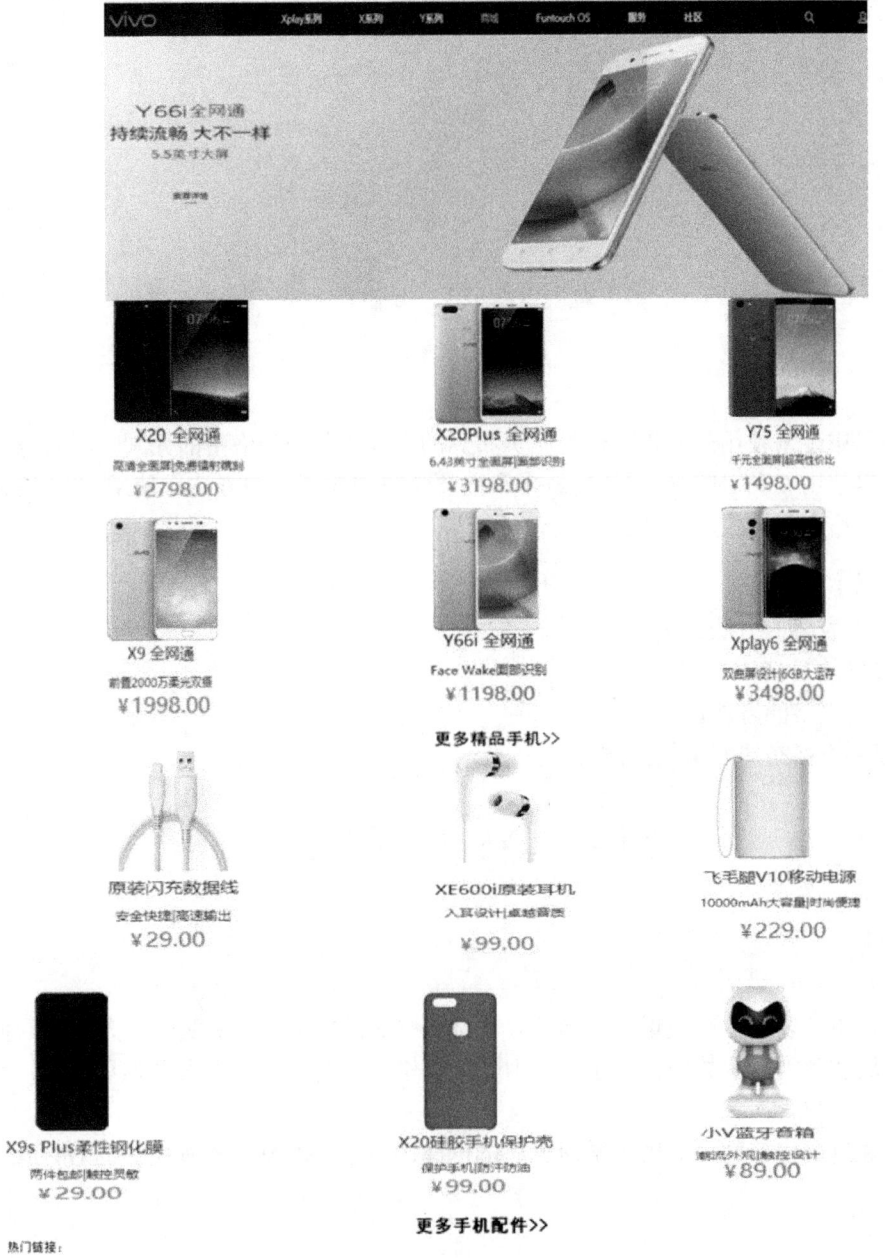

图 3-34 "vivo 手机销售"页面

第 4 章

表　　格

表格是网页中经常使用的元素，也是网页布局的重要工具。表格中的元素，同其他 HTML 标签一样，可以使用 CSS 对其进行美化。本章主要学习创建表格的方法、使用 CSS 美化表格的方法及使用表格布局网页的方法。

【本章任务】
- ✧ 掌握创建表格的方法。
- ✧ 了解表格的 HTML 标签。
- ✧ 掌握编辑表格的方法。
- ✧ 掌握使用表格布局网页的方法。

案例 1　植物种类表

案例分析

在网页设计中，表格占有很重要的地位。在 Div+CSS 布局方式出现前，大部分网页都是用表格进行布局和分类显示数据的。在网页中使用表格，不仅可以使数据更容易阅读，而且还可以让整个页面美观合理。

本案例将通过制作植物种类表来学习表格的创建的方法，以及与表格相关的 HTML 标签。

相关知识

1. 表格属性

表格是由一个或多个单元格构成的集合，水平的多个单元格称为行，垂直的多个单元格称为列。行与列的交叉区域称为单元格。网页中的元素就放置在这些单元格中。表格参数可以使用表格"属性"面板来调整。表格"属性"面板如图 4-1 所示。

- ◆ 行数：表格的行数目。
- ◆ 列数：表格的列数目。

第 4 章 表格

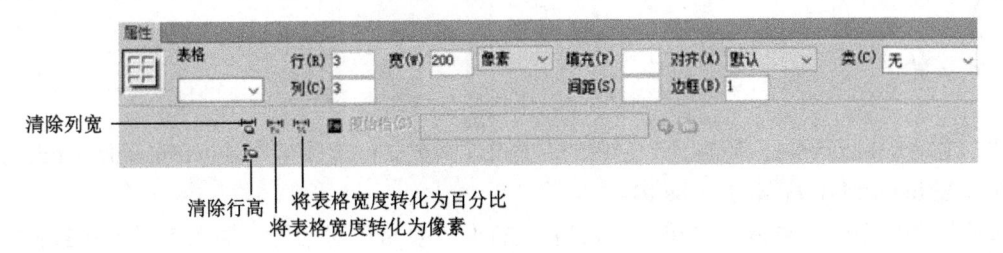

图 4-1 表格"属性"面板

（清除列宽／清除行高／将表格宽度转化为百分比／将表格宽度转化为像素）

◆ 表格宽度：以像素为单位或按以窗口宽度的百分比来指定表格的宽度。
◆ 边框粗细：表格边框的宽度。
◆ 单元格边距（也叫填充）：单元格边框和单元格内容之间的距离，单位是像素。
◆ 间距（也叫单元格间距）：单元格之间的距离，单位是像素。

2．单元格属性

单元格属性面板如图 4-2 所示。

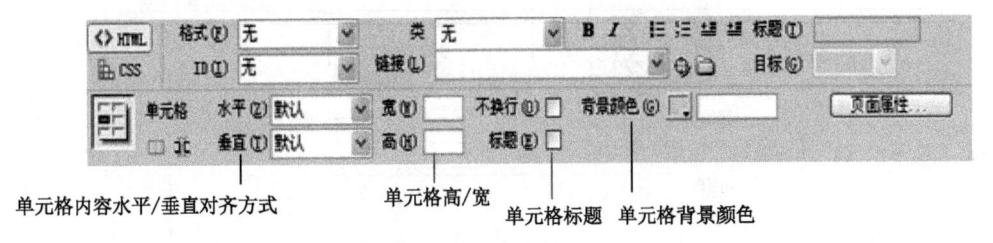

（单元格内容水平/垂直对齐方式　单元格高/宽　单元格标题　单元格背景颜色）

图 4-2 单元格"属性"面板

◆ ：拆分单元格，拆分为多行或多列。
◆ ：合并单元格。

3．表格的 HTML 标签

（1）主体标签<table>

<table></table>标签对为表格的主体标签。

（2）行标签<tr>

<tr></tr>标签对为表格的行标签。表格有多少行，就有多少个<tr></tr>标签对，在每行中可以包含多个单元格。

（3）单元格标签<td>

<td></td>标签对为表格的单元格标签，该标签包含在<tr></tr>标签对中。单元格用于存放表格要显示的内容，可以是任意的 HTML 内容，在表格的每一行中可以包含多个单元格。

（4）表头标签<th>

<th></th>标签对为表格特有的表头标签，表头内显示的文字自动加粗。

（5）标题标签<caption>

<caption></caption>标签对不需要合并，该标签对为表格的标题标签，它本身就只有一列，与<th>标签不同的是，<caption>标签的位置是默认居中的，并且<caption></caption>标签对内的文字是没有边框的。

案例实施

创建本地站点 biaoge4-1，新建一个空白的 HTML5 网页文件，保存为 zhiwuzhonglei.html，把该网页保存在 biaoge4-1 站点的 webs 内。

在设计视图中单击"插入"菜单→"表格"，打开"表格"对话框，插入 5 行 5 列的表格，然后设置参数，最后单击"确定"按钮，如图 4-3 所示。

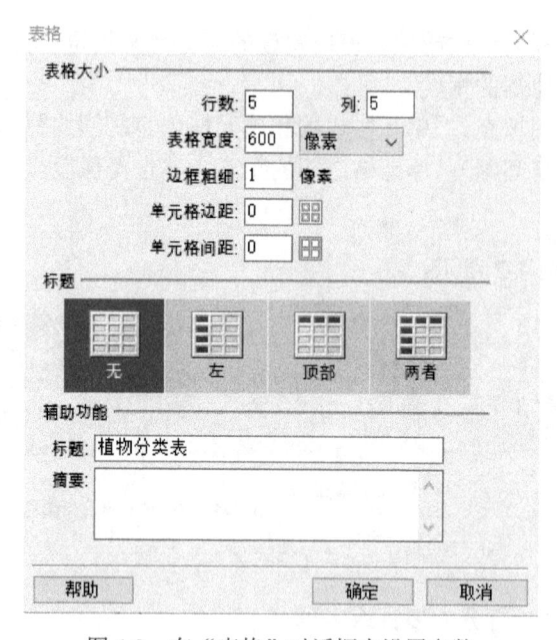

图 4-3 在"表格"对话框中设置参数

选择表格，右键单击"对齐"，选择"居中对齐"，使表格位于页面的中间位置，如图 4-4 所示。

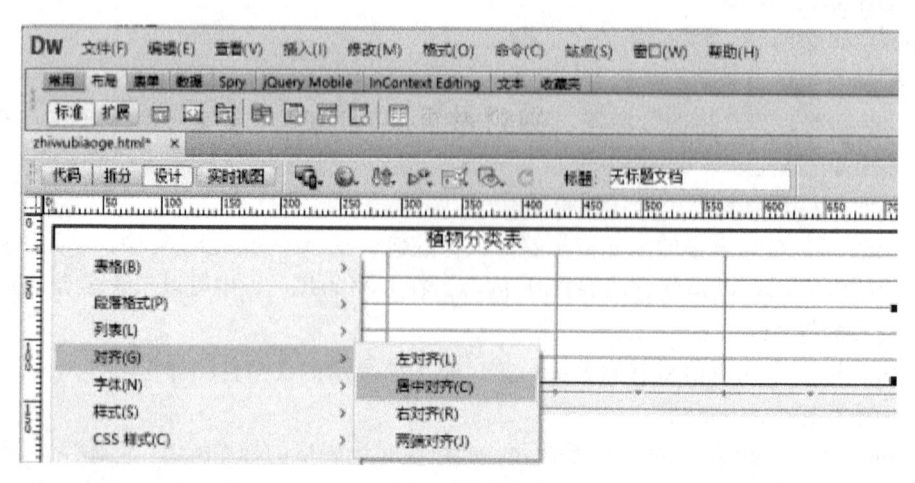

图 4-4 居中对齐

单击表格中的每个单元格，在表格中输入如图 4-5 所示文字。

根据案例效果调整表格的宽度和高度。选择表格，把鼠标放在表格右下角，当出现斜箭头时，将表格拖动到合适大小。

图 4-5 输入文字

单击"单元格属性面板"，单击"垂直"方式右侧下拉按钮，选择"居中"对齐，单击"水平"方式右侧下拉按钮，选择"居中对齐"。

选择第一行单元格,选择单元格"属性"面板中的"背景颜色",设置背景颜色为：#99CC33，其效果如图 4-6 所示。

图 4-6 设置背景颜色

本案例的 HTML 代码如下：

```
<!doctype html>
<html>
<head>
<meta charset="utf-8">
<title>植物分类表</title>
</head>
<body>
<div align="center">
<table width="62%" height="343" border="1" cellpadding="0" cellspacing="0">
<caption>
植物分类表
</caption>
<tr >
<td align="center" valign="middle" bgcolor="#99CC33">藻门植物</td>
<td align="center" valign="middle" bgcolor="#99CC33">种子植物</td>
<td align="center" valign="middle" bgcolor="#99CC33">被子植物</td>
<td align="center" valign="middle" bgcolor="#99CC33">蔷薇属</td>
<td align="center" valign="middle" bgcolor="#99CC33">单子叶植物亚纲</td>
</tr>
<tr>
<td align="center" valign="middle" >隐藻门</td>
<td align="center" valign="middle" >银杏属</td>
<td align="center" valign="middle" >杜鹃花</td>
```

```html
            <td align="center" valign="middle">单叶蔷薇</td>
            <td align="center" valign="middle" >小麦</td>
        </tr>
        <tr >
            <td align="center" valign="middle" >金黄藻门</td>
            <td align="center" valign="middle" >金钱松属</td>
            <td align="center" valign="middle" >菊花</td>
            <td align="center" valign="middle" >蔷薇亚属</td>
            <td align="center" valign="middle" >水稻</td>
        </tr>
        <tr >
            <td align="center" valign="middle" >眼虫藻门</td>
            <td align="center" valign="middle" >白都杉属</td>
            <td align="center" valign="middle" >玉兰花</td>
            <td align="center" valign="middle" >芹叶组</td>
            <td align="center" valign="middle" >大豆</td>
        </tr>
        <tr >
            <td align="center" valign="middle" >狐尾藻</td>
            <td align="center" valign="middle" >水松属</td>
            <td align="center" valign="middle" >兰花</td>
            <td align="center" valign="middle" >金樱子组</td>
            <td align="center" valign="middle" >花生</td>
        </tr>
    </table>
    </div>
    </body>
    </html>
```

案例 2　网页实训分组表

案例分析

本案例通过制作"网页实训分组表"讲解表格的编辑与表格中 CSS 样式的设置。

相关知识

1．插入和删除行/列

（1）插入行/列

① 更改列宽和行高。选定相应的行或列，通过"属性"面板设定行高或列宽值，从而改变行高和列宽。也可以用鼠标拖动行、列的边框来更改行高或列宽。

② 添加行和列。将光标置于表格中的适当位置，单击菜单"修改"→"表格"→"插入行"命令，可在当前行的上方插入一行。也可单击菜单"修改"→"表格"→"插入列"命令，在当前列的左侧插入一列。

（2）删除行/列

将光标置于要删除的行/列中的任意单元格，单击菜单"修改"→"表格"→"删除行"或"删除列"命令，则可删除当前行/列。也可单击鼠标右键，在弹出的快捷菜单中单击"表格"→"删除行"或"删除列"命令，删除当前行/列。

2．合并/拆分单元格

拆分单元格只能在一个单元格中进行，合并单元格应在多于一个单元格中进行。

（1）合并单元格

选择要合并的相邻的几个单元格，单击"属性"面板的合并按钮 进行合并。或者单击菜单"修改"→"表格"→"合并单元格"命令进行相应操作。

（2）拆分单元格

选择要拆分的单元格，单击"属性"面板的拆分按钮 进行拆分。或者单击菜单"修改"→"表格"→"拆分单元格"命令，弹出"拆分单元格"对话框，设定拆分的行/列和数值，单击"确定"按钮。

3．表格的 CSS 样式设置

在表格中设置 CSS 样式时，除表格边框的属性外，还增加了是否合并边框的属性，如表 4-1 所示。

表 4-1 border 属性

属　　　性	值　描　述
border（表格边框）	solid（实线边框）
	dashed（虚线边框）
	double（双线边框）
	hidden（隐藏边框。IE 不支持）
	dotted（点线）
	none（无边框，与任何指定的 border-width 值无关）
border-collaspe（表格边框是否合并）	separate（边框分开）
	collapse（合并成单一边框）
	inhert（继承父元素的值）

案例实施

新建一个空白的 HTML5 网页文件，保存为 wangyeshixunbiao.html，把该网页保存在 biaoge4-1 站点的 webs 内。

在设计视图中单击"插入"菜单→"表格"，打开"表格"对话框，插入 7 行 7 列的表格。参数设置完成，单击"确定"按钮，如图 4-7 所示。

选择表格，右键单击"对齐"，选择"居中对齐"，使表格位于页面的中间位置，如图 4-8 所示。

把光标定位在第一行第二列单元格，向右拖动鼠标至最后一列。选择这几个单元格，右键单击"表格"，选择"合并表格"，使这些单元格合并为一个单元格，如图 4-9 所示。

分别单击表格中除第一行第二列合并单元格外的每个单元格，调整单元格的"高度"为 50，"宽度"为 100。在表格中输入如图 4-10 所示文字。

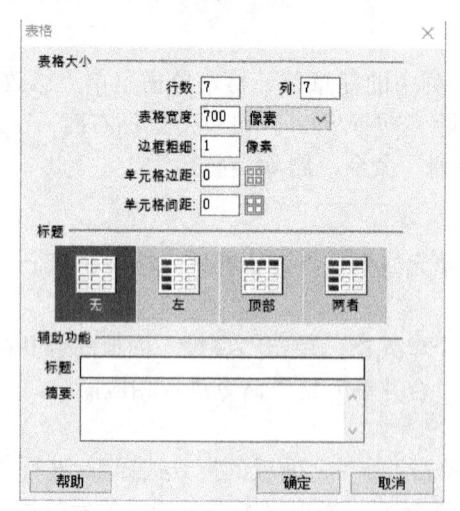

图 4-7 在"表格"对话框中设置参数

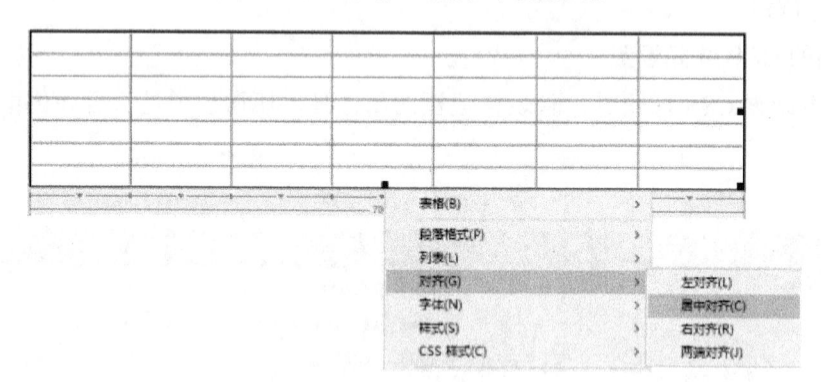

图 4-8 居中对齐

图 4-9 合并表格

组名	姓名				
第一组	曹静雯	李胜男	王紫月	刘凯月	唐真真	魏丽丹
第二组	崔召	董杰	豆嘉迪	高英晃	郭嘉辰	黄云飞
第三组	刘洋	李桦	李振松	李梦阳	金帅旗	姜浩
第四组	卢豪杰	孟德辰	牛光辉	牛松	桑栋浩	宋鑫
第五组	薛建成	魏朝阳	王筠超	王世宽	陶梦圆	王康慧
第六组	张超阳	张世龙	张珂	王赫	罗照智	翟有缘

图 4-10 设置表格"高度"和"宽度"

选择所有单元格，单击"水平"方式右侧的下拉按钮，选择"居中对齐"。单击"垂直"方式右侧的下拉按钮，选择"居中"对齐，如图4-11所示。

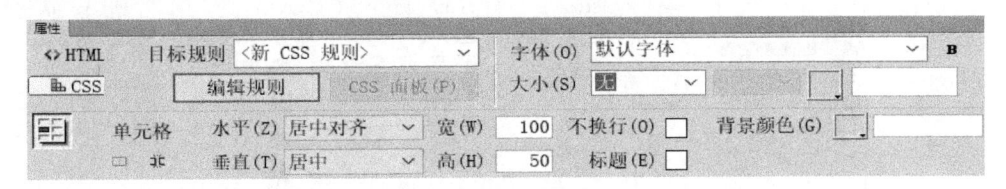

图 4-11 设置单元格对齐方式

设置第一行的背景色为"#99cccc"，并选择第一行为标题，如图4-12所示。选择从第二行开始的第一列，然后向下拖动鼠标至最后一行。单击"CSS 样式设置"，在"目标规则"中选择"新建 CSS 规则"，单击"编辑规则"，弹出"新建 CSS 规则"对话框，在"选择器类型"的下拉列表框中选择"类"，在"选择器名称"的下拉列表框中输入"bk"，单击"确定"按钮，如图4-13所示。

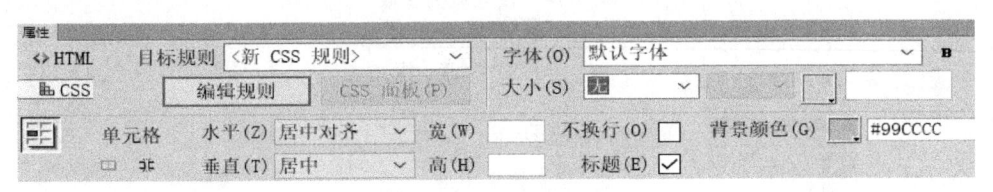

图 4-12 设置背景颜色

图 4-13 设置选择器类型及名称

弹出".bk 的 CSS 规则定义"对话框，设置如图4-14所示"边框"参数和如图4-15所示"背景"参数，单击"确定"按钮。

"网页实训分组表"最终效果，如图4-16所示。

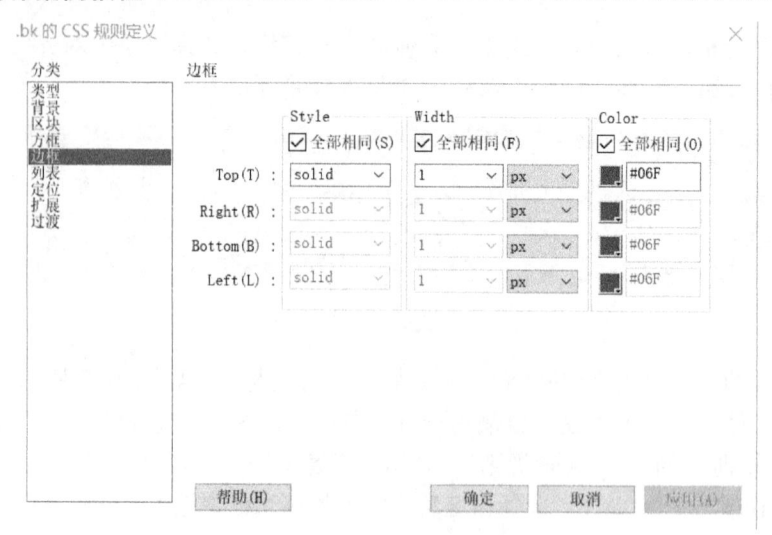

图 4-14 设置边框参数

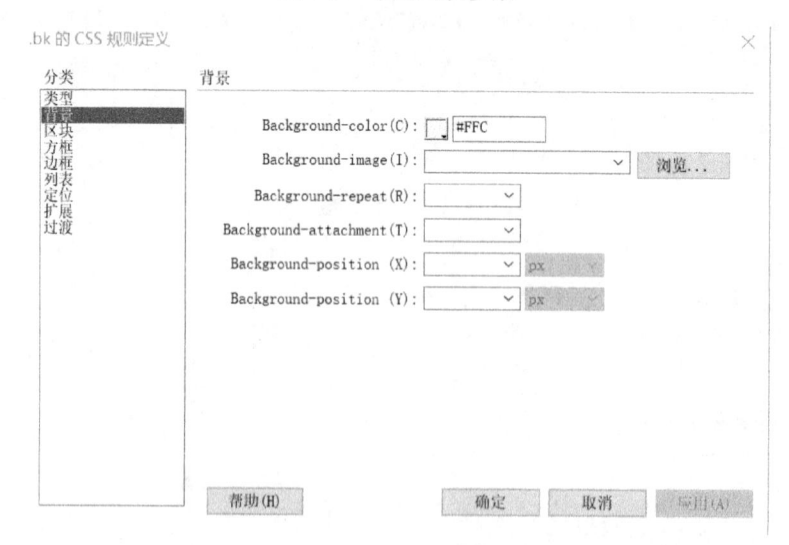

图 4-15 设置背景色

组名	姓名				
第一组	曹静雯	李胜男	王紫月	刘凯月	唐真真	魏丽丹
第二组	崔召	董杰	豆嘉迪	高英晁	郭嘉辰	黄云飞
第三组	刘洋	李桦	李振松	李梦阳	金帅旗	姜浩
第四组	卢豪杰	孟德辰	牛光辉	牛松	桑栋浩	宋鑫
第五组	薛建成	魏朝阳	王筠超	王世宽	陶梦圆	王康慧
第六组	张超阳	张世龙	张珂	王赫	罗照智	翟有缘

图 4-16 "网页实训分组表"最终效果

本案例的 HTML 代码如下:

```html
<!doctype HTML>
<HTML>
<head>
<meta charset="utf-8">
<title>无标题文档</title>
<style type="text/css">
.bk {
    border: 1px solid #06F;
    background-color: #FFC;
}
</style></head>
<body>
<div align="center">
<table width="700" border="1" cellspacing="0" cellpadding="0">
<tr>
<th width="100" height="50" align="center" valign="middle" bgcolor="#99CCCC">组名</th>
<th colspan="6" align="center" valign="middle" bgcolor="#99CCCC">姓名</th>
</tr>
<tr align="center" valign="middle">
<td width="100" height="50" bgcolor="#CCCCFF" class="bk">第一组</td>
<td width="100" height="50">曹静雯</td>
<td width="100" height="50">李胜男</td>
<td width="100" height="50">王紫月</td>
<td width="100" height="50">刘凯月</td>
<td width="100" height="50">唐真真</td>
<td width="100" height="50">魏丽丹</td>
</tr>
<tr align="center" valign="middle">
<td width="100" height="50" bgcolor="#CCCCFF" class="bk">第二组</td>
<td width="100" height="50">崔召</td>
<td width="100" height="50">董杰</td>
<td width="100" height="50">豆嘉迪</td>
<td width="100" height="50">高英昴</td>
<td width="100" height="50">郭嘉辰</td>
<td width="100" height="50">黄云飞</td>
</tr>
<tr align="center" valign="middle">
<td width="100" height="50" bgcolor="#CCCCFF" class="bk">第三组</td>
<td width="100" height="50">刘洋</td>
<td width="100" height="50">李桦</td>
<td width="100" height="50">李振松</td>
<td width="100" height="50">李梦阳</td>
<td width="100" height="50">金帅旗</td>
<td width="100" height="50">姜浩</td>
</tr>
<tr align="center" valign="middle">
```

```html
<td width="100" height="50" bgcolor="#FFFFFF" class="bk">第四组</td>
<td width="100" height="50">卢豪杰</td>
<td width="100" height="50">孟德辰</td>
<td width="100" height="50">牛光辉</td>
<td width="100" height="50">牛松</td>
<td width="100" height="50">桑栋浩</td>
<td width="100" height="50">宋鑫</td>
</tr>
<tr align="center" valign="middle">
<td width="100" height="50" bgcolor="#CCCCFF" class="bk">第五组</td>
<td width="100" height="50">薛建成</td>
<td width="100" height="50">魏朝阳</td>
<td width="100" height="50">王筠超</td>
<td width="100" height="50">王世宽</td>
<td width="100" height="50">陶梦圆</td>
<td width="100" height="50">王康慧</td>
</tr>
<tr align="center" valign="middle">
<td width="100" height="50" bgcolor="#CCCCFF" class="bk">第六组</td>
<td width="100" height="50">张超阳</td>
<td width="100" height="50">张世龙</td>
<td width="100" height="50">张珂</td>
<td width="100" height="50">王赫</td>
<td width="100" height="50">罗照智</td>
<td width="100" height="50">翟有缘</td>
</tr>
</table>
</div>
</body>
</HTML>
```

案例3 服装品牌网页

案例分析

本案例主要介绍如何使用表格布局网页，以及在使用表格布局网页时使用的 CSS 样式。

相关知识

表格嵌套

设计一个版式精美的网站时，只凭借表格的单元格合并和拆分，不仅要精确计算单元格行/列数，而且往往还会受到行/列冲突和浏览下载速度的影响，因此是很难制作出结构完美和合理的网页的。为了使网页布局更具灵活性，常利用表格的单元格合并与拆分及表格的嵌套技术。

表格嵌套就是总表格负责整体的排版，由嵌套的表格负责内部排版，并插入到总表格的相应位置。在设置总表格和嵌套表格的宽度和高度时需要注意。总表格设置的是网页整体的排版。

第 4 章 表格

为了使网页在不同分辨率显示器下保持统一外观，总表格的宽度一般使用像素。为了使嵌套表格的宽度和高度不和总表格发生冲突，嵌套表格一般使用百分比设置宽度和高度。Dreamweaver CS6 对表格的嵌套没有特别限制，可以有多层嵌套，但是多层嵌套后会影响浏览速度，因此表格嵌套层数不宜过多。

案例实施

1."红人馆"导航栏

新建站点文件夹 biaoge4-2，在站点文件夹内新建 webs 和 images 文件夹。启动 Dreamweaver CS6 后，单击"Dreamweave 站点"→选择"biaoge4-2"文件夹，新建一个空白的 HTML5 网页文件，保存为 fuzhuangpinpai.html，把该网页保存在 biaoge4-2 站点的 webs 内，如图 4-17 所示。

在设计视图中单击"插入"菜单→"表格"，打开"表格"对话框。插入 6 行 3 列的表格。设置参数如图 4-18 所示。

图 4-17 fuzhuang 站点 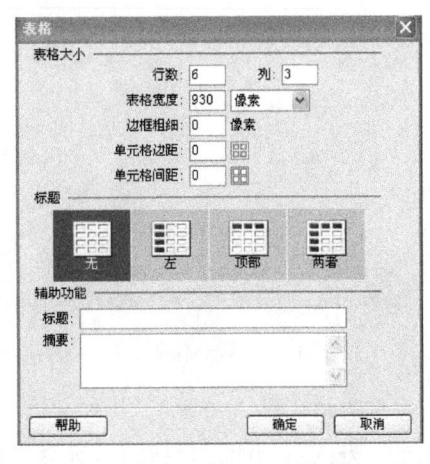　　　　图 4-18 在"表格"对话框设置参数

选择表格，右键单击"对齐"，选择"居中对齐"，将表格位于页面的中间位置，如图 4-19 所示。

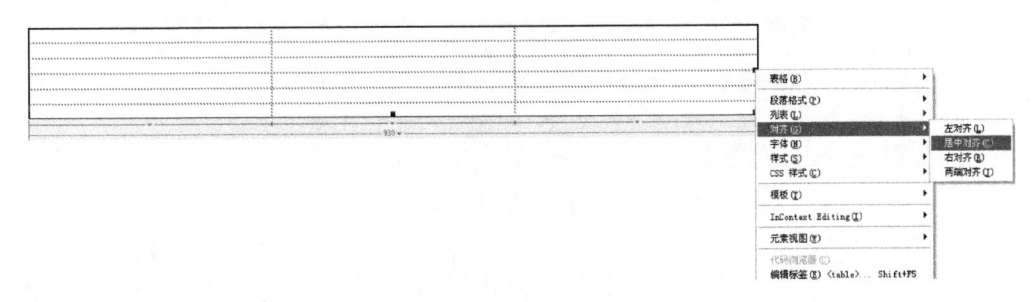

图 4-19 表格居中对齐

把光标定位在第一行单元格，然后向右拖动鼠标至最后一列。选择这几个单元格，右键单击"表格"，选择"合并表格"，使这些单元格合并为一个单元格，效果如图 4-20 所示。设置第一行单元格"高"为"30"，如图 4-21 所示。

081

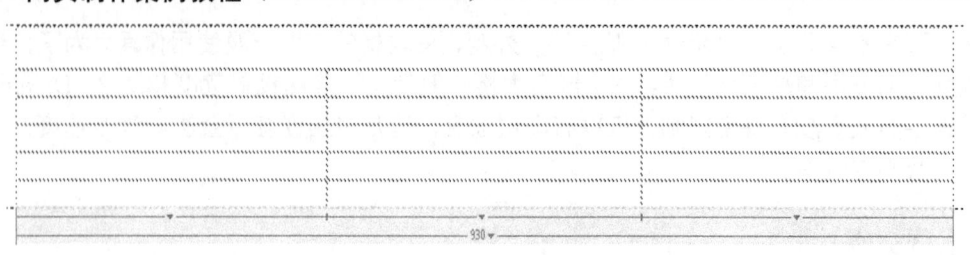

图 4-20　合并后的单元格

把光标定位在第一行单元格，单击"插入"菜单→"表格"，打开"表格"对话框。插入 1 行 4 列的表格。嵌套的表格宽度和总表格宽度相同，设置参数如图 4-22 所示。单击"确定"按钮，选择第一行嵌套表格，设置嵌套表格的"高"为"30"。

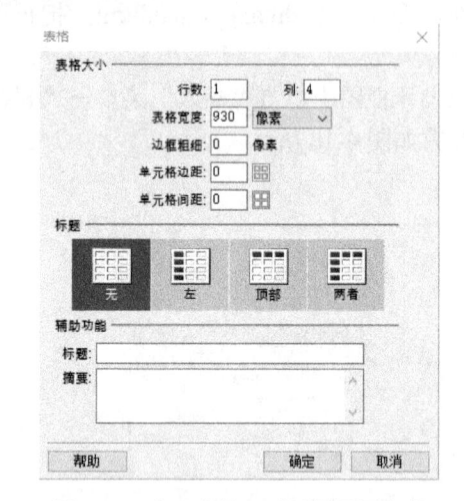

图 4-21　单元格高度

图 4-22　在"表格"对话框设置参数

在嵌套表格中输入"首页""红人馆"等文字。选择"首页"单元格，单击"属性"面板中"水平"方式右侧的下拉按钮，选择"居中对齐"。单击"垂直"方式右侧的下拉按钮，选择"居中"对齐。设置"首页"单元格的宽度为"100"，如图 4-23 所示。用同样的方法设置"红人馆"和"优店推荐"单元格格式。选择"招商入口"单元格，单击"属性"面板中"水平"方式右侧的下拉按钮，选择"右对齐"，效果如图 4-24 所示。

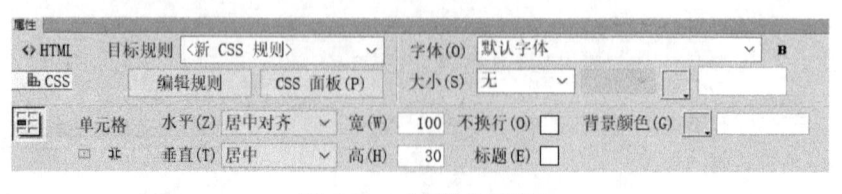

图 4-23　"属性"面板

图 4-24　嵌套表格显示效果

单击"属性面板",在"目标规则"里选择"新建 CSS 规则"。单击"编辑规则"按钮,弹出"新建 CSS 规则"对话框,在"选择器类型"下拉列表中选择"类"选择器,在"选择器名称"列表框中输入选择器名称"wenzi",单击"确定"按钮,如图 4-25 所示。

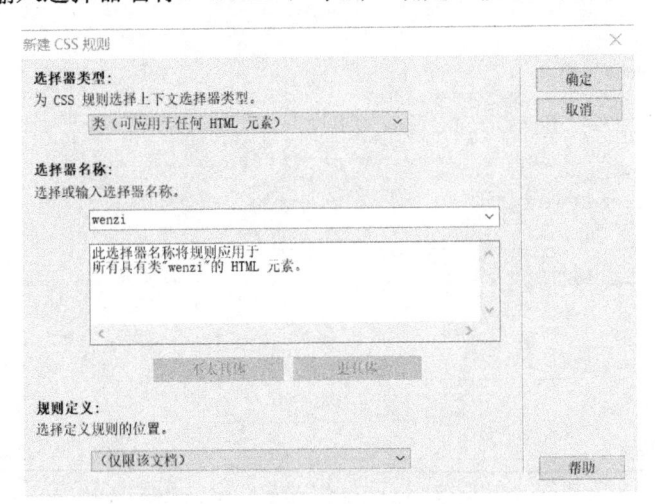

图 4-25 "新建 CSS 规则"对话框

弹出".wenzi 的 CSS 规则定义"对话框,单击"类型"选项,在 Font-family 右侧下拉列表中选择"宋体",即设置字体为"宋体"。在 Font-size 右侧下拉列表中选择"28",即设置字体大小为"28",单击"确定"按钮,如图 4-26 所示。

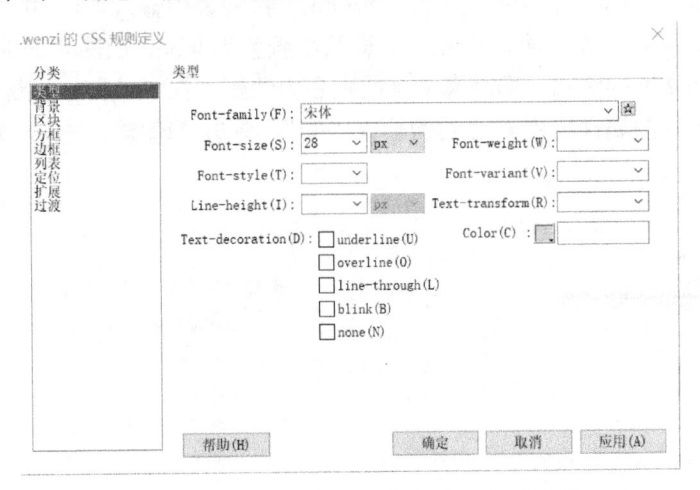

图 4-26 ".wenzi 的 CSS 规则定义"对话框

选择"首页"文字,单击"目标规则"右侧下拉列表选择".wenzi"规则,如图 4-27 所示,用同样的方法设置"红人馆""优店推荐""招商入口"文字的样式。

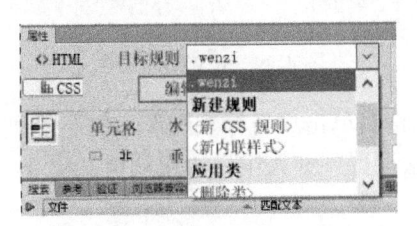

图 4-27 选择"wenzi"规则

单击"属性面板",在"目标规则"里选择"新建 CSS 规则"。单击"编辑规则"按钮,弹出"新建 CSS 规则"对话框,在"选择器类型"下拉列表中选择"类"选择器,在"选择器名称"列表框中输入选择器名称"biankuang",单击"确定"按钮,如图 4-28 所示。

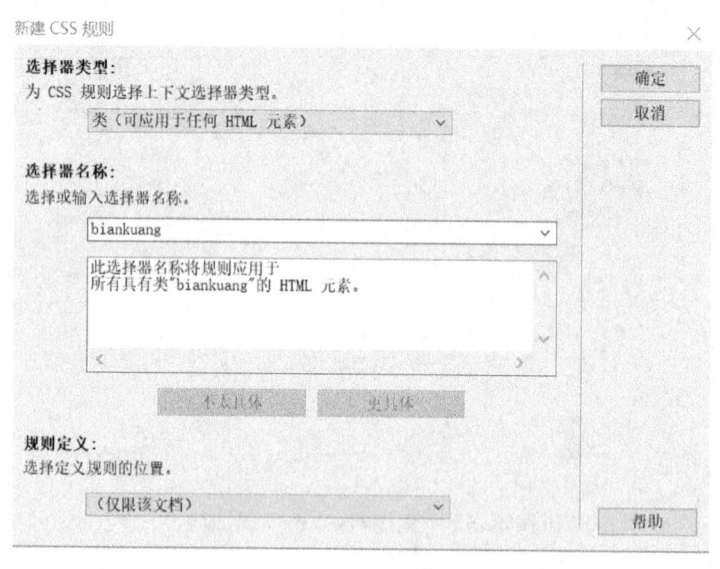

图 4-28 "新建 CSS 规则"对话框

弹出".biankuang 的 CSS 规则定义"对话框,单击"边框"选项,在 Right 右侧 Style 下拉列表中选择"solid",即设置右边框为实线。Width 下拉列表中输入"1"并选择"px",即边框粗细为 1px,Color 下拉列表中输入"#666",即边框颜色为#666,如图 4-29 所示。单击"方框"选项,设置边框和文字的距离,即距离文字的左右内边距。在 Padding 的属性组中 Right 右侧输入"60",Padding 的属性组中 Left 右侧输入"60",单击"确定"按钮,如图 4-30 所示。

图 4-29 设置边框参数

单击"首页"所在的单元格,单击"目标规则"右侧下拉列表,选择".biankuang"规则,如图 4-31 所示。用同样的方法设置"红人馆"的边框样式。

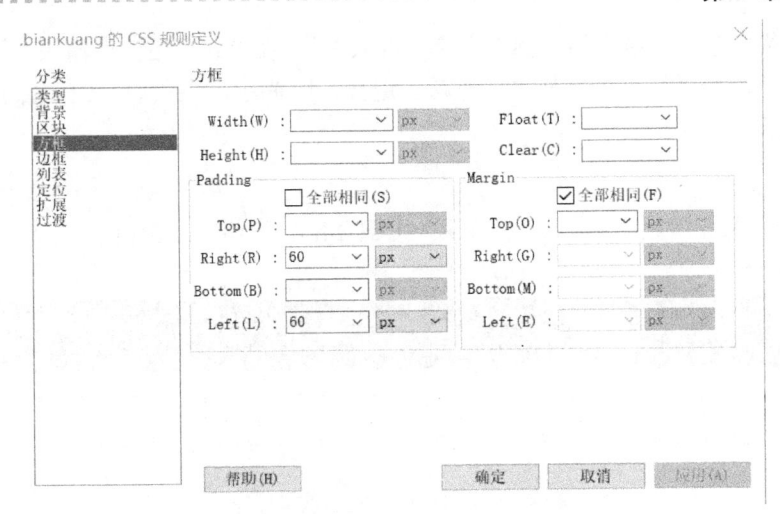

图 4-30　设置距离文字左右内边距

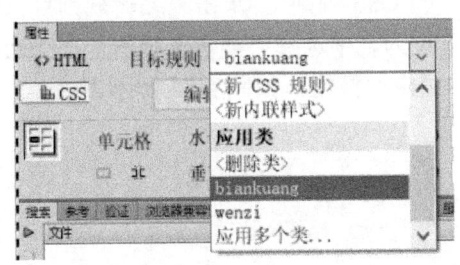

图 4-31　选择"目标规则"

2."红人馆"主题内容

把光标定位在第二行单元格，向右拖动鼠标至最后一列。选择这几个单元格，右键单击"表格"，选择"合并表格"，使这些单元格合并为一个单元格，其效果如图 4-32 所示。设置第二行单元格"高"度为"80"，背景颜色为"#666666"，如图 4-33 所示。

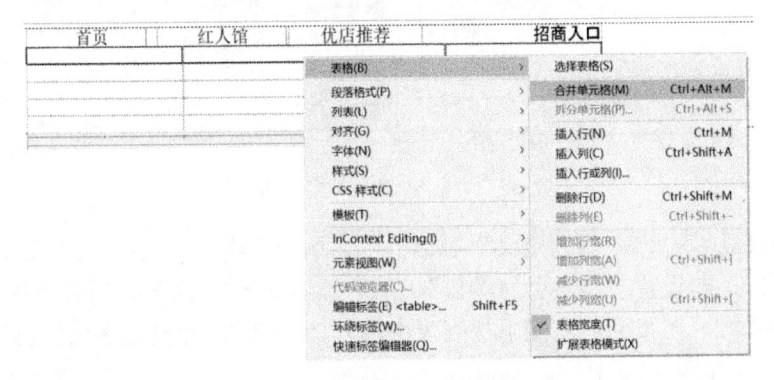

图 4-32　合并第二行单元格

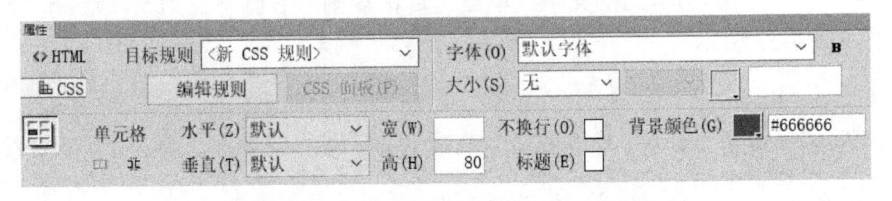

图 4-33　设置单元格"高"和背景颜色

把光标定位在第二行单元格,输入文字"红人馆"。在"红人馆"后输入"百万粉丝追捧,时尚潮流尖货。",在"红人馆"与"百万粉丝追捧,时尚潮流尖货。"文字之间插入空格,效果如图 4-34 所示。

★提示:

在"设计"视图中插入空格的方法是按"Ctrl+Shift+空格"组合键。

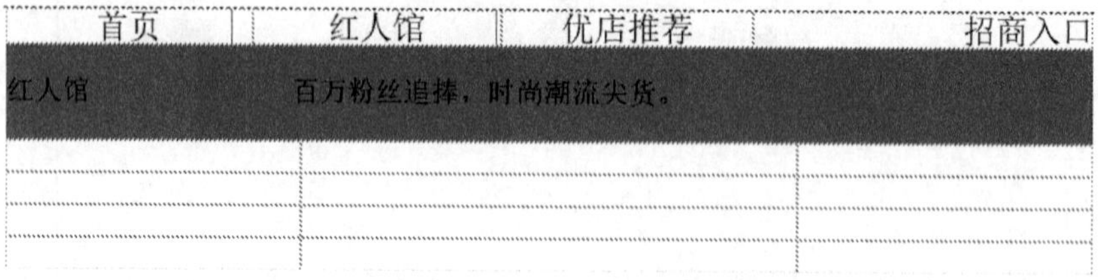

图 4-34 输入文字效果

在"目标规则"里选择"新 CSS 规则"。单击"编辑规则"按钮,弹出"新建 CSS 规则"对话框,在"选择器类型"下拉列表中选择"类"选择器,在"选择器名称"列表框中输入选择器名称".wenzi1",单击"确定"按钮,如图 4-35 所示。

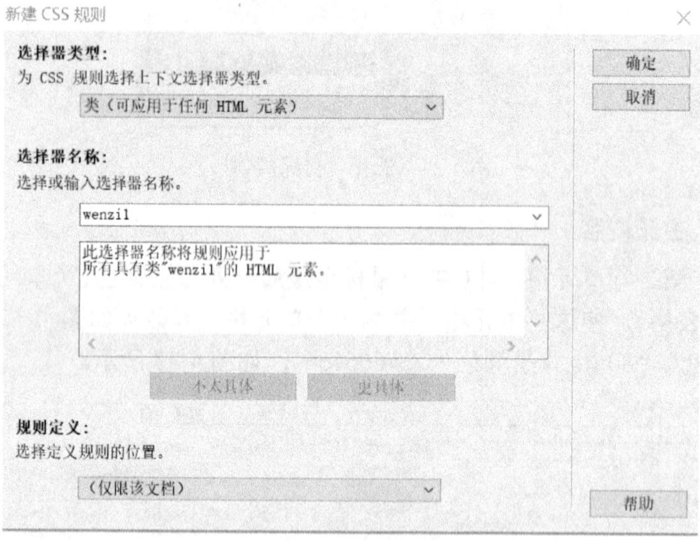

图 4-35 "新建 CSS 规则"对话框

在弹出".wenzi1 的 CSS 规则定义"对话框中,单击"类型"选项,在 Font-size 右侧下拉列表中选择"42",即设置字体大小为"42"。在 Font-weight 右侧下拉列表中选择"bold",即设置字体为"粗体"。在 Color 右侧下拉列表中输入"#FFF",即设置字体颜色为"白色",单击"确定"按钮,如图 4-36 所示。

选择"红人馆"所在的单元格文字,单击"目标规则"右侧下拉列表,选择".biankuang"规则,效果如图 4-37 所示。

★提示:

"红人馆"文字应用.wenzi1 样式时,只选择"红人馆"这几个文字。"百万粉丝追捧,时尚潮流尖货。"不应用.wenzi1 样式。

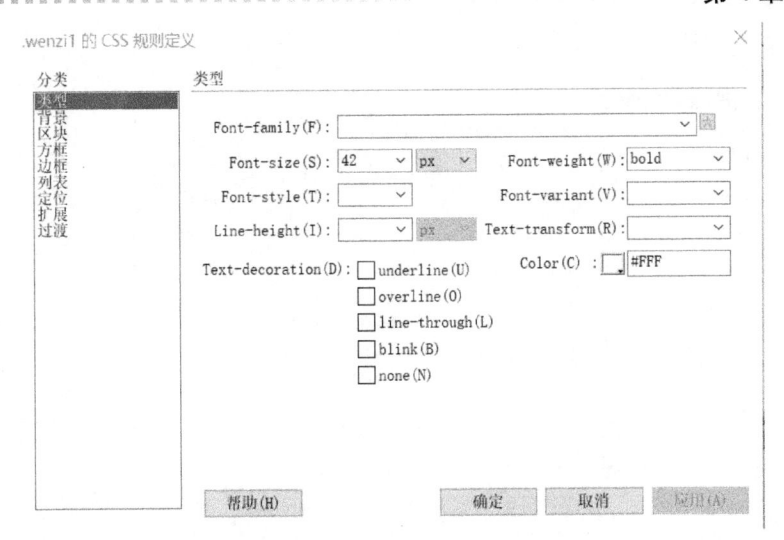

图 4-36 设置字体参数

图 4-37 应用 ".wenzi1" 规则

在"目标规则"里选择"新 CSS 规则"。单击"编辑规则"按钮，弹出"新建 CSS 规则"对话框，在"选择器类型"下拉列表中选择"类"选择器，在"选择器名称"列表框中输入选择器名称".wenzi2"，单击"确定"按钮，如图 4-38 所示。

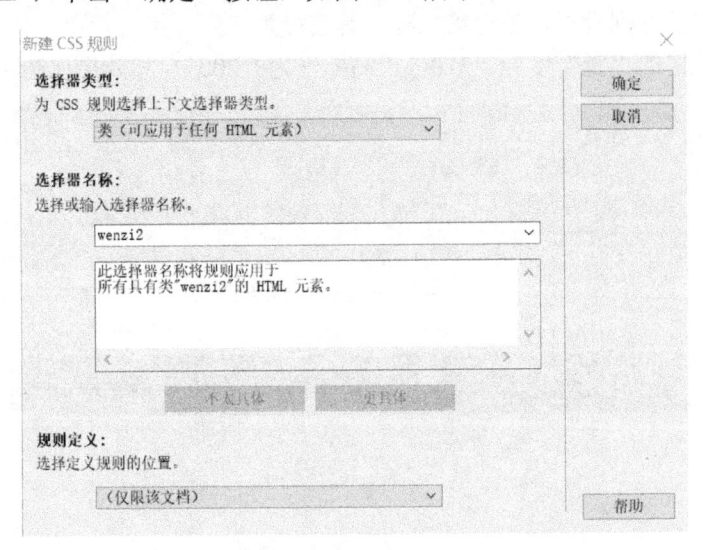

图 4-38 设置 CSS 规则

弹出".wenzi2 的 CSS 规则定义"对话框，单击"类型"选项，在 Font-size 右侧下拉列表中选择"28"，即设置字体大小为"28"。在 Color 右侧下拉列表中输入"#FFF"，即设置字体颜色为"白色"，单击"确定"按钮，如图 4-39 所示。

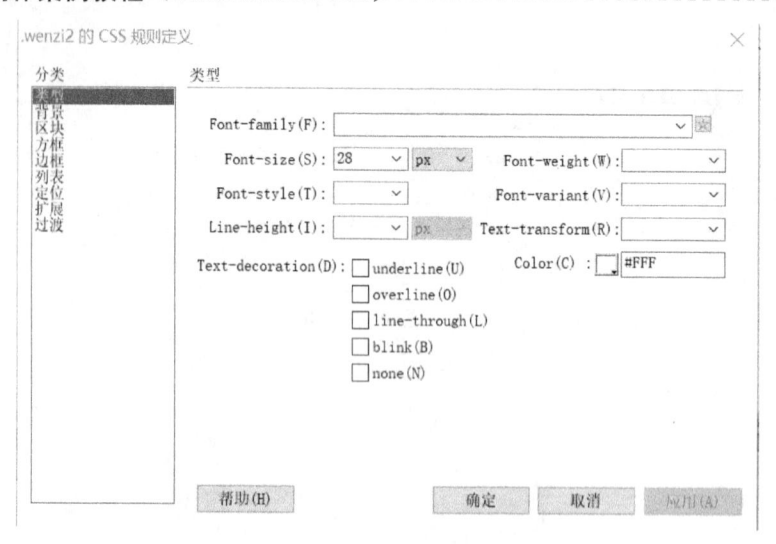

图 4-39 设置类型

选择"百万粉丝追捧,时尚潮流尖货。"所在的单元格,单击"目标规则"右侧下拉列表,选择".wenzi2"规则,效果如图 4-40 所示。

图 4-40 应用".wenzi2"规则

把光标定位在第三行第一列单元格,设置单元格宽度为"310",高度为"200",如图 4-41 所示。用同样的方法分别设置第三行第二列、第三行第三列、第五行第一列、第五行第二列、第五行第三列单元格的"宽"度为"310","高"度为"200",其效果如图 4-42 所示。

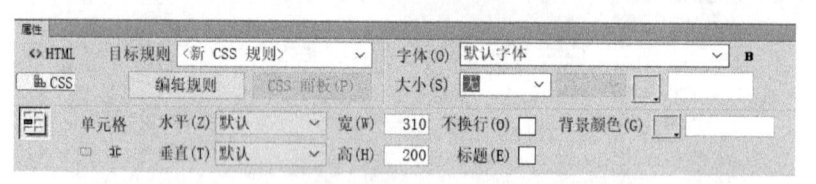

图 4-41 "属性"面板

图 4-42 设置宽度和高度效果

第 4 章　表格

在"目标规则"里选择"新 CSS 规则"。单击"编辑规则"按钮，弹出"新建 CSS 规则"对话框，在"选择器类型"下拉列表中选择"类选择器"，在"选择器名称"列表框中输入选择器名称".beijing1"，单击"确定"按钮。

在弹出的".beijing1 的 CSS 规则定义"对话框中，单击"背景"选项，如图 4-43 所示，在 Background-image 右侧单击"浏览"按钮，弹出"选择图像源文件"对话框，如图 4-44 所示。选择图片"1"，单击"确定"按钮，就可以将该图片作为背景插入。

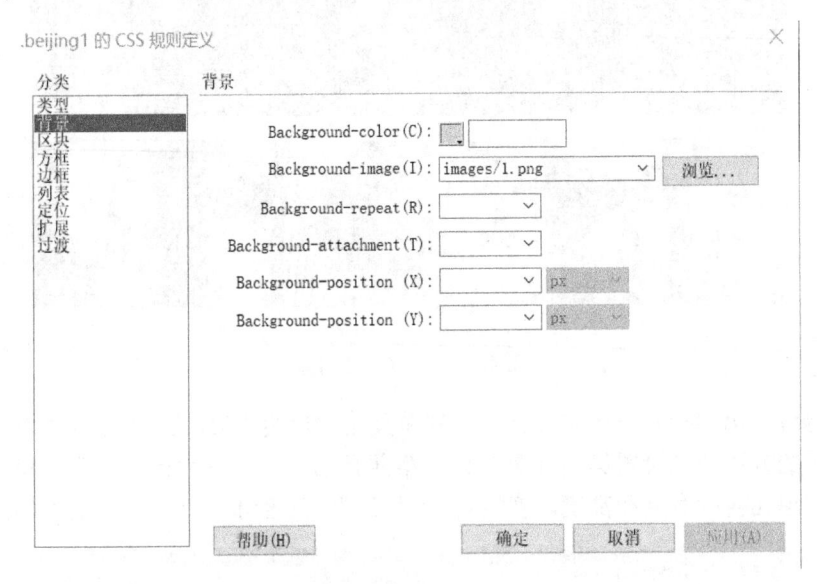

图 4-43　设置背景

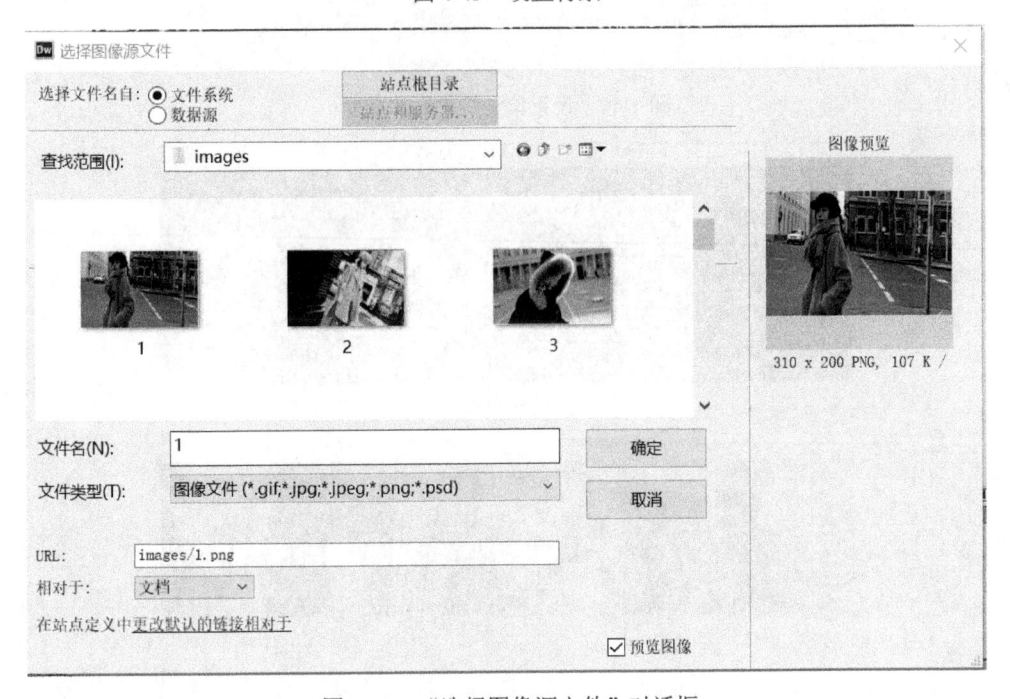

图 4-44　"选择图像源文件"对话框

用相同的方法新建".beijing2"".beijing3"".beijing4"".beijing5"和".beijing6"样式，把图片"2"作为第三行第二列的背景，图片"3"作为第三行第三列的背景。把图片"4"作为

089

第五行第一列的背景，图片"5"作为第五行第二列的背景，图片"6"作为第五行第三列的背景，效果如图4-45所示。

图4-45 设置图片背景

把光标定位在第四行第一列单元格，设置单元格宽度为"310"，高度为"100"，如图4-46所示。用同样的方法分别设置第四行第二列、第四行第三列、第六行第一列、第六行第二列、第六行第三列单元格的宽度和高度。宽度都为"310"，高度都为"100"，效果如图4-47所示。

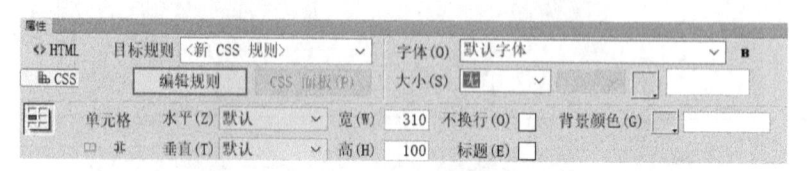

图4-46 设置单元格宽度和高度

图4-47 设置宽度和高度效果

选择第四行单元格，单击"属性"面板中"水平"方式右侧的下拉列表，选择"居中对齐"。

第 4 章　表格

单击"垂直"方式右侧的下拉列表，选择"居中"对齐。用同样的方法设置表格第六行。

　　把光标定位在第四行第一列单元格，单击"插入"菜单→"图像"，弹出"选择图像源文件"对话框，如图 4-48 所示。选择图片"7"，单击"确定"按钮。就可以将图片插入到单元格。用同样的方法把图片"8"、图片"9"、图片"10"、图片"11"和图片"12"，分别插入到第四行第二列、第四行第三列、第六行第一列、第六行第二列和第六行第三列。最终效果如图 4-49 所示。

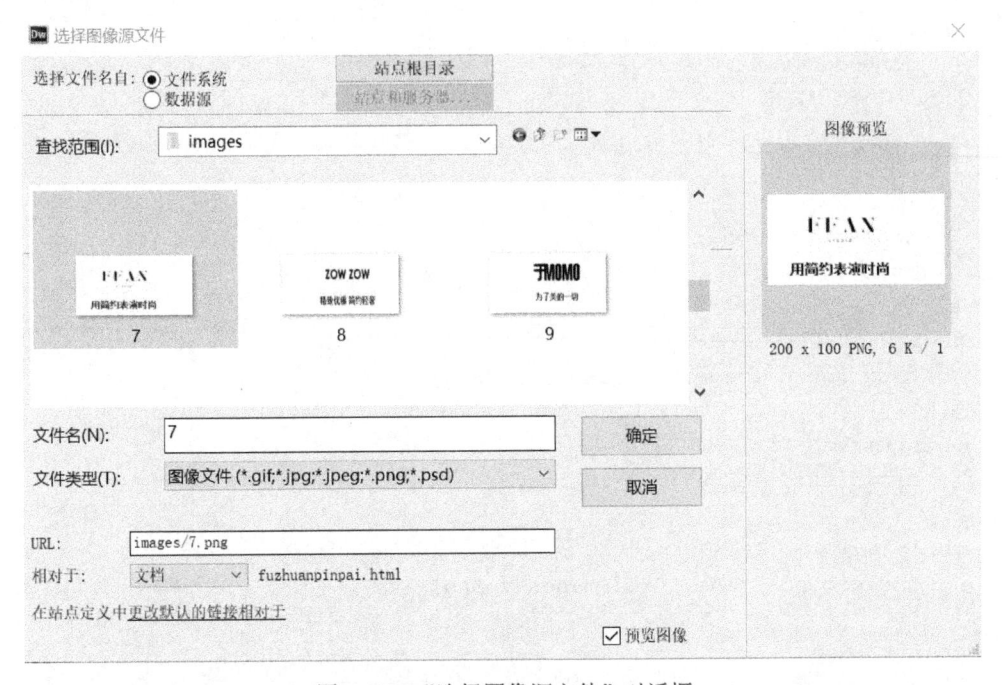

图 4-48　"选择图像源文件"对话框

图 4-49　网页效果图

091

3. 网页 HTML 代码

（1）网页 CSS 代码

```css
<style type="text/css">
.wenzi {
    font-size: 28px;
    font-family: "宋体";
}
.wenzi1 {
    font-size: 42px;
    color: #FFF;
    font-weight: bold;
}
.wenzi2 {
    font-size: 28px;
    color: #FFF;
}
.beijing1 {
    background-image: url(images/1.png);
}
.beijing3 {
    background-image: url(images/3.png);
}
.beijing4 {
    background-image: url(images/4.png);
}
.beijing5 {
    background-image: url(images/5.png);
}
.beijing6 {
    background-image: url(images/6.png);
}
.beijing2 {
    background-image: url(images/2.png);
}
.biankuang {
    border-right-width: 1px;
    border-right-style: solid;
    border-right-color: #666;
    padding-right: 60px;
    padding-left: 60px;
}
</style>
```

（2）网页 `<body></body>` 之间代码

```html
<div align="center">
  <table width="930" border="0" cellspacing="0" cellpadding="0">
    <tr>
      <td height="30" colspan="3"><table width="930" border="0" cellspacing="0" cellpadding="0">
```

```html
        <tr>
          <td width="100" height="30" align="center" valign="middle" class="wenzi" ><span class="biankuang">首页</span></td>
          <td width="100" height="30" align="center" valign="middle" class="wenzi" ><span class="biankuang">红人馆</span></td>
          <td width="100" height="30" align="center" valign="middle" class="wenzi">优店推荐</td>
          <td width="135" height="30" align="right" class="wenzi">招商入口</td>
        </tr>
      </table>
    </tr>
    <tr>
      <td height="80" colspan="3" bgcolor="#666666"><span class="wenzi1">红人馆                 </span>  <span class="wenzi2">百万粉丝追捧，时尚潮流尖货。</span></td>
    </tr>
    <tr>
      <td width="310" height="200" class="beijing1"> </td>
      <td width="310" height="200" class="beijing2"> </td>
      <td width="310" height="200" class="beijing3"> </td>
    </tr>
    <tr>
      <td width="310" height="100" align="center" valign="middle"><img src="images/7.png" width="200" height="100"></td>
      <td align="center" valign="middle"><img src="images/8.png" width="200" height="100"></td>
      <td align="center" valign="middle"><img src="images/9.png" width="200" height="100"></td>
    </tr>
    <tr>
      <td width="310" height="200" class="beijing4"> </td>
      <td class="beijing5"> </td>
      <td class="beijing6"> </td>
    </tr>
    <tr>
      <td width="310" height="100" align="center" valign="middle"><img src="images/10.png" width="200" height="100"></td>
      <td align="center" valign="middle"><img src="images/11.png" width="200" height="100"></td>
      <td height="100" align="center" valign="middle"><img src="images/12.png" width="200" height="100"></td>
    </tr>
  </table>
</div>
```

拓 展 练 习

使用表格布局制作"手机销售"网页

使用表格布局制作"手机销售"网面,如图 4-50 所示。

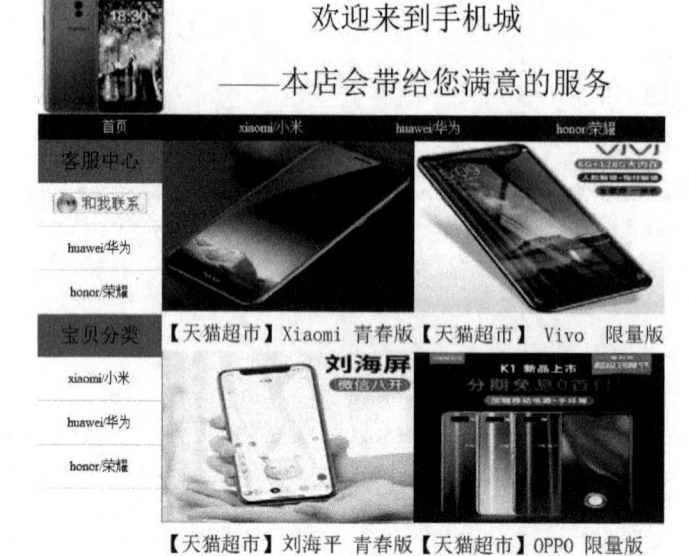

图 4-50 "手机销售"网页

1. 训练要点

(1) 表格的创建;
(2) 表格的编辑;
(3) 表格的 CSS 样式设置;
(4) 表格的网页布局。

2. 操作提示

CSS 部分代码如下:

```css
.beijing {
    background-image: url(../images/1.png);
}
.wenzi {
    font-size: 36px;
    font-weight: 400;
}
.wenzi1 {
    color: #A8F0FB;
}
.wenzi2 {
    color: #FFF;
}
```

```css
.biankuang {
    border-bottom-width: 1px;
    border-bottom-style: solid;
    border-bottom-color: #CCC;
}
.wenzi2 {
    font-size: 24px;
    color: #000;
    font-family: "宋体";
}
```

HTML 部分代码如下：

```html
<div align="center"><table width="750" border="0" cellspacing="0" cellpadding="0"><tr>
    <td height="150" colspan="3"><table width="750" border="0" cellspacing="0" cellpadding="0">
      <tr>
        <td width="155" height="150" class="beijing"> </td>
        <td width="595"><table width="595" border="0" cellspacing="0" cellpadding="0">
          <tr>
            <td height="75" align="center" valign="middle" class="wenzi">欢迎来到手机城</td>
          </tr>
          <tr>
            <td height="75" align="center" valign="middle" class="wenzi">—本店会带给您满意的服务</td>
          </tr>
        </table></td>
      </tr>
    </table></td>
  </tr>
  <tr>
    <td colspan="3" bgcolor="#333333"><table width="750" border="0" cellspacing="0" cellpadding="0">
      <tr>
        <td width="187" height="30" align="center" class="wenzi1">首页</td>
        <td width="187" align="center" class="wenzi1">xiaomi/小米</td>
        <td width="187" align="center" class="wenzi1">huawei/华为</td>
        <td align="center" class="wenzi1">honor/荣耀</td>
      </tr>
    </table></td>
  </tr>
  <tr>
    <td width="150" height="600" align="left" valign="top" bgcolor="#FFFFFF"><table width="150" border="0" cellspacing="0" cellpadding="0">
      <tr>
        <td height="200" bgcolor="#FFFFFF"><table width="150" border="0" cellspacing="0" cellpadding="0">
```

```html
            <tr>
              <td width="150" height="50" align="center" bgcolor="#666666" class="wenzi2"><span class="biankuang1">客服中心</span></td>
            </tr>
            <tr>
              <td height="50" align="center" bgcolor="#FFFFFF" class="biankuang"><span class="biankuang1"><img src="../images/ke.png" width="114" height="28"></span></td>
            </tr>
            <tr>
              <td height="50" align="center" class="biankuang" bgcolor="#FFFFFF">huawei/华为</td>
            </tr>
            <tr>
              <td height="50" align="center" class="biankuang" bgcolor="#FFFFFF">honor/荣耀</td>
            </tr>
          </table></td>
        </tr>
        <tr>
          <td width="150" height="400" valign="top" bgcolor="#FFFFFF"><table width="150" border="0" cellspacing="0" cellpadding="0">
            <tr>
              <td height="50" align="center" bgcolor="#666666" class="wenzi2"><span class="biankuang1">宝贝分类</span></td>
            </tr>
            <tr>
              <td height="50" align="center" bgcolor="#FFFFFF" class="biankuang"><span class="biankuang1">xiaomi/小米</span></td>
            </tr>
            <tr>
              <td height="50" align="center" bgcolor="#FFFFFF" class="biankuang"><span class="biankuang1">huawei/华为</span></td>
            </tr>
            <tr>
              <td height="50" align="center" bgcolor="#FFFFFF" class="biankuang"><span class="biankuang1">honor/荣耀</span></td>
            </tr>
          </table>
            <p class="biankuang1"> </p></td>
        </tr>
      </table></td>
      <td width="300" valign="top"><table width="300" border="0" cellspacing="0" cellpadding="0">
        <tr>
          <td height="200"><img src="../images/huawei.png" width="300" height="200"></td>
        </tr>
```

```
          <tr>
            <td height="40" align="center" class="wenzi2">【天猫超市】Xiaomi 青春版</td>
          </tr>
          <tr>
            <td height="200" valign="top"><img src="../images/liu.png" width="300" height="200"></td>
          </tr>
          <tr>
            <td height="40" align="left" class="wenzi2">【天猫超市】刘海平 青春版</td>
          </tr>
        </table></td>
        <td width="300" valign="top" class="wenzi2"><table width="300" border="0" cellspacing="0" cellpadding="0">
          <tr>
            <td height="200"><img src="../images/viv.png" width="300" height="200"></td>
          </tr>
          <tr>
            <td height="40" align="center" class="wenzi2"><span class="wenzi2">【天猫超市】 Vivo  限量版</span></td>
          </tr>
          <tr>
            <td height="200"><img src="../images/opp.png" width="300" height="200"></td>
          </tr>
          <tr>
            <td height="40" class="wenzi2"><span class="wenzi2">【天猫超市】OPPO 限量版</span></td>
          </tr>
        </table></td>
      </tr>
    </table>
  </div>
```

第 5 章

网页 AP Div 和行为特效

AP Div 是一种网页布局的方式，相比利用表格进行布局，使用 AP Div 更加灵活方便。在 Dreamweaver CS6 里，通过对 AP Div 的位置、层次关系、显示或隐藏等属性的控制，实现网页的精确布局。网页中的行为是指由 JavaScript 代码实现的网页特效，而行为是 Dreamweaver CS6 中一个非常强大的工具。利用行为，编程人员不用编写 JavaScript 代码便可实现多种动态网页特效。

【本章任务】
- 了解 AP Div 基本概念及特点。
- 了解 AP Div 相关属性及属性设置。
- 了解行为的概念及组成元素。
- 利用行为面板添加行为。

案例 1 咖啡网页的制作

案例分析

在本案例中将了解 AP Div 的基本概念、属性，并利用 AP Div 进行网页布局。

相关知识

1. 什么是 AP Div

AP Div 也称绝对定位元素，是组成 HTML 网页的一种元素，我们通常将其称为"层"。在 Dreamweaver CS6 中，可以利用 AP Div 来准确灵活地定位元素在网页中的位置。AP Div 具有两种功能，既可以作为层，放置文字、图像或其他可以在 HTML 文档正中放入的内容，还可以用于灵活定位。

有以下几种创建 AP Div 的方法。
- 插入 AP Div 元素：单击"插入"菜单→"布局对象"→"AP Div"命令，如图 5-1 所示。

第 5 章　网页 AP Div 和行为特效

> 绘制层：单击"插入"菜单→"布局"面板→"绘制 AP Div" ，如图 5-2 所示。

图 5-1　插入 AP Div

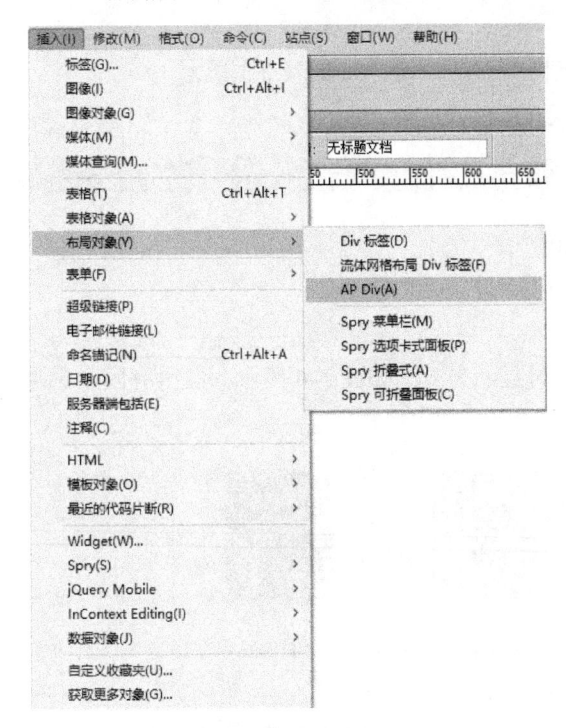

图 5-2　"布局"面板

2．AP Div 属性

在 Dreamweaver CS6 中，网页元素在布局过程中可以通过"属性"面板或"AP"面板来设置其属性，从而达到网页布局的效果。

（1）AP Div 属性面板

AP Div 属性面板，如图 5-3 所示。

图 5-3　"属性"面板

AP Div 的"属性"面板中各属性含义如下。

◆ CSS-P 元素：用来定义 AP Div 的 ID 名，该 ID 名是唯一的，且只能用使用字母和数字。
◆ 左：输入的数值代表 AP Div 的左边缘与网页左边缘之间的距离，单位一般为 px。
◆ 上：输入的数值代表 AP Div 的上边缘与网页上边缘之间的距离，单位一般为 px。
◆ 宽：输入的数值代表 AP Div 的宽度，单位一般为 px。
◆ 高：输入的数值代表 AP Div 的高度，单位一般为 px。
◆ Z 轴：输入的数值代表 AP Div 的堆叠的顺序，数值越大，则该层越靠上。我们可以通过设置 Z 轴的值，来修改各个层之间的堆叠顺序。
◆ 背景图像：AP Div 的背景图像。可以通过在文本框中直接输入背景图像的路径或利用"浏览"按钮选择本地图像来设置。

- 类：AP Div 设置的 CSS 样式。
- 背景颜色：AP Div 的背景颜色。
- 可见性：AP Div 的显示状态，下拉列表框中有四个选项，如表 5-1 所示。

表 5-1　AP Div 显示状态

值	描　　述
default	默认值，不指明当前的可见性属性
inherit	继承，继承父级 AP Div 的可见性属性
visible	可见，无条件显示 AP Div 及其中内容
hidden	隐藏，隐藏 AP Div 及其中内容

- 溢出：设置 AP Div 中的内容超出其大小时显示方式，如图 5-4 所示。溢出有四个选项，如表 5-2 所示。

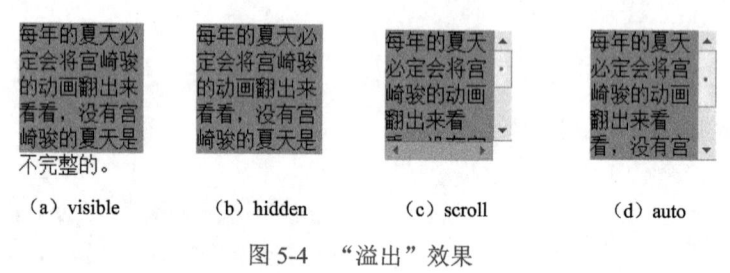

（a）visible　　　（b）hidden　　　（c）scroll　　　（d）auto

图 5-4　"溢出"效果

表 5-2　AP Div 溢出选择

值	描　　述
visible	可见，当 AP Div 中的内容超出其大小时，AP Div 会自动向右或向下扩展
hidden	隐藏，当 AP Div 中的内容超出其大小时，超出的部分将被隐藏而不显示
scroll	滚动，当 AP Div 中的内容超出其大小时，AP Div 的右侧和下侧将会出现滚动条
auto	表示自动，当 AP Div 中的内容超出其大小时，AP Div 的下侧会自动出现滚动条，其中的内容通过拖动滚动条显示

- 剪辑：通过剪辑可以设置 AP Div 中可见区域的大小，并可以指定 AP Div 可见区域上、下、左、右侧向对于 AP Div 边界的距离。

★提示：

在 100px×100px 的 AP Div 中，如果想上、下、左、右各剪辑 10px 得到可区域，则我们在剪辑时需要左、上各剪辑 10px，右、下各剪辑 90px，才能得到想要的效果。

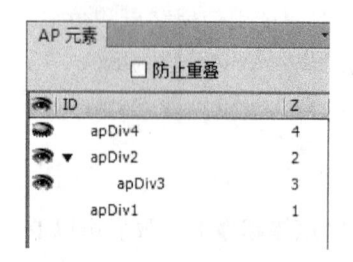

图 5-5　"AP 元素"面板

（2）AP 元素面板

单击"窗口"→"AP 元素"命令或直接按"F2"键可以打开"AP 元素"面板，如图 5-5 所示。"AP"元素面板各属性含义如下。

- ID 用来显示和编辑 AP Div 的名称；ID 的属性可见性有两种，如表 5-3 所示。
- Z 和属性面板中"Z 轴"的用法一致。
- 防止重叠，选择该选项可以使各个 AP Div 不重叠。

第 5 章　网页 AP Div 和行为特效

表 5-3　ZD 属性可见性

值	描述
👁	可见
◠	不可见

3．编辑 AP Div

（1）AP Div 的选择

➢ 将光标移动到需要选择的 AP Div 边框上，当光标指针变成"十字双向箭头"时，单击鼠标左键即可选择该 AP Div。

➢ 直接单击 AP Div 的内部，当出现显示 AP Div 的选择柄图标时，单击文档窗口左下角状态栏里的"<div#layer1>" AP Div 标签，也可选择 AP Div。

➢ 在"AP Div"面板中选择 AP Div 的名称，即可选择 AP Div；选择多 AP Div 时，可在按住"Shift"键的同时，单击要选择的 AP Div 的名称。

（2）AP Div 大小的调整

➢ 选择要调整的 AP Div，把光标悬放到 AP Div 边框的边框选择点上，当光标变成"双向箭头"时，按住鼠标左键拖动鼠标，调整到合适的大小后松开鼠标即可调整 AP Div 的大小了。

➢ 利用属性面板，设置参数。

（3）AP Div 的移动

选择要移动的 AP Div，把光标悬放到 AP Div 的边框，当光标变成"十字双向箭头"时，按住鼠标左键把 AP Div 拖动到合适的位置松开鼠标即可。

（4）AP Div 层的"首选参数"设置

单击"编辑"菜单→"首选参数"→"AP 元素"命令。

★提示：

利用"首选参数"→"AP 元素"调制可以绘制多个大小一致的 AP Div。

（5）对齐 AP Div

选择要对齐的所有 AP Div，单击"修改"菜单→"排列顺序"，选择"对齐"选项。

★提示：

所选择的对齐方式将遵循其他 AP Div 与最后一个选择的那个 AP Div 的边进行对齐的原则。

（6）AP Div 的嵌套

AP Div 嵌套是指在 AP Div 中插入子 AP Div，在已有的 AP Div 中利用"绘制 AP Div"命令创建出的新 AP Div 即为嵌套 APDiv。如果两个 AP Div 之间属于"父子关系"，如图 5-6 所示，则子 AP Div 可以和父 AP Div 一起移动，并确保子 AP Div 永远嵌入父 AP Div 中。

图 5-6　AP Div 嵌套结构图

四、AP Div 与表格之间的转换

在进行网页布局时，可以将 AP Div 布局的网页转换成表格布局；同样利用表格布局的网页也可以转换成 AP Div 布局。

网页制作案例教程（Dreamweaver CS6）

通过单击"修改"菜单→"转换"→"AP Div 到表格"命令，设置"将 AP Div 转换为表格"对话框中的参数来实现，如图 5-7 所示。

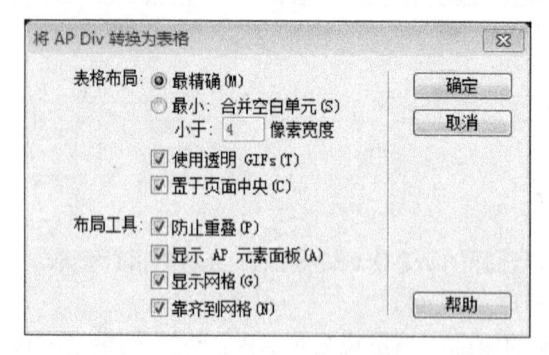

图 5-7 "将 AP Div 转换为表格"对话框

案例实施

创建本地站点 AP Div5-1，新建一个空白的 HTML5 网页文件，保存为 index.html，把该网页保存在 AP Div5-1 站点的 webs 内。

在设计视图中单击"插入"菜单→"布局对象"→"AP Div"命令，插入 ap Div1，在 ap Div1 属性面板中设置"左""上"为"0px"，"宽"为"1680px"，"高"为"150px"，"可见性"设置为"default"，插入"背景图像"为"header"，"溢出"显示设置为"hidden"，如图 5-8 所示。

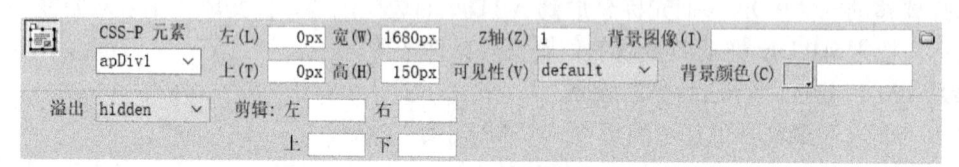

图 5-8 ap Div1 属性设置

将光标置于 ap Div1 中，单击"插入"菜单→"布局对象"→"AP Div"命令，插入嵌套的 ap Div2，设置"左"为"750px"，"上"为"20px"，"宽"为"360px"，"高"为"115px""可见性"设置为"inherit"，如图 5-9 所示。

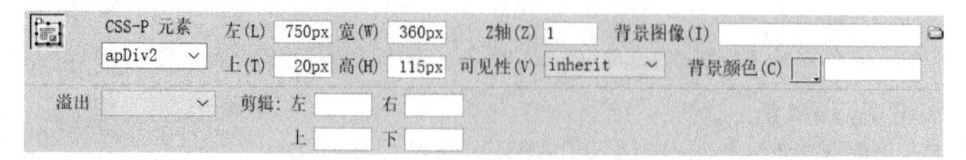

图 5-9 ap Div2 属性设置

在 ap Div2 中输入文字"有杯咖啡"，设置字体为"华文琥珀"，大小为"80"，颜色为"#351111"，效果如图 5-10 所示。

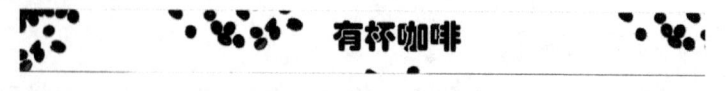

图 5-10 输入文字效果

单击"插入"菜单→"布局对象"→"AP Div"命令，插入 ap Div3，设置"左"为"0px"，"上"为"150px"，"宽"为"1680px"，"高"为"600px"，"可见性"设置为"default"，设置"背景图片""banner"，"溢出"设置为"hidden"，如图 5-11 所示。

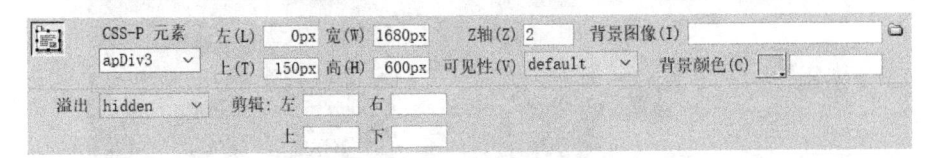

图 5-11　ap Div3 属性设置

在 ap Div2 中输入文字"了解咖啡文化，品位精致生活"，设置字体为"华文琥珀"，大小为"80"，颜色为"#351111"，效果如图 5-12 所示。

了解咖啡文化，品味精致生活

图 5-12　输入文字效果

单击"插入"菜单→"布局对象"→"AP Div"命令，插入 ap Div5，设置"左"为"0px"，"上"为"850px"，"宽"为"1680px"，"高"为"750px"，"可见性"设置为"default"，如图 5-13 所示。

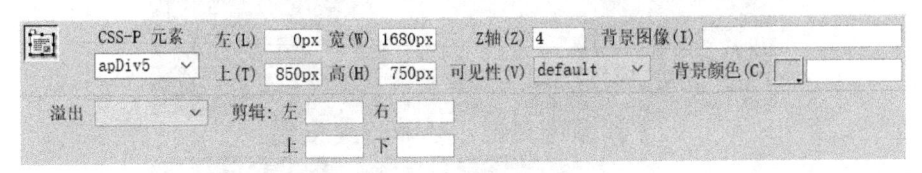

图 5-13　ap Div5 属性

在 ap Div5 中插入表格 2 行 3 列的表格，宽为 100%，设置表格水平"居中对齐"，"填充""间距""边框"分别为 0。选择整个表格中的单元格，在表格"属性"面板中，设置"水平"对齐方式为"居中对齐"，"垂直"对齐方式为"居中"，"宽"为"560"，如图 5-14 所示。分别将图片"g1"到"g6"插入对应单元格里，切换尺寸约束，设置图片宽为"560"，高为"375"，如图 5-15 所示，效果如图 5-16 所示。

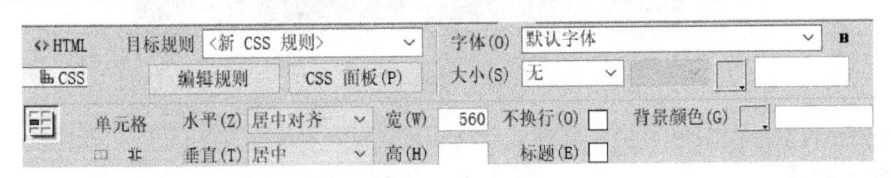

图 5-14　ap Div5 中表格单元格设置

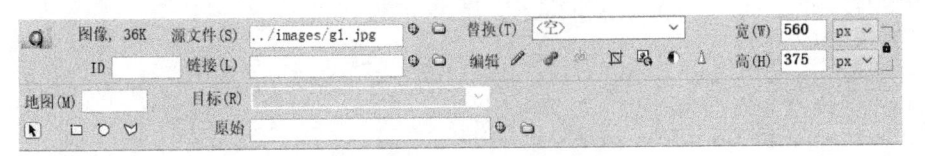

图 5-15　"属性"面板设置

图 5-16　插入图像效果

保存网页。最终效果如图 5-17 所示。

图 5-17　最终效果

本案例的 HTML 代码如下。

CSS 样式部分：

```
<!doctype html>
<html >
<head>
<meta charset="utf-8">
<title>有杯咖啡网</title>
<style type="text/css">
#apDiv1 {
    position: absolute;
    left: 0px;
    top: 0px;
```

```css
    width: 1680px;
    height: 150px;
    z-index: 1;
    overflow: hidden;
}
#apDiv3 {
    position: absolute;
    left: 0px;
    top: 150px;
    width: 1680px;
    height: 600px;
    z-index: 2;
    overflow: hidden;
}
#apDiv4 {
    position: absolute;
    left: 0px;
    top: 750px;
    width: 1680px;
    height: 100px;
    z-index: 3;
    text-align: center;
    font-size: 80px;
    font-family: "华文琥珀";
    color: #351111;
}
#apDiv5 {
    position: absolute;
    left: 0px;
    top: 850px;
    width: 1680px;
    height: 750px;
    z-index: 4;
}
#apDiv2 {
    position: absolute;
    width: 360px;
    height: 115px;
    z-index: 1;
    left: 750px;
    top: 20px;
    font-family: "华文琥珀";
    text-align: center;
    font-size: 80px;
    color: #351111;
    visibility: inherit;
}
</style>
</head>
```

HTML 部分：

```html
<body >
<div id="apDiv1">
  <div id="apDiv2">有杯咖啡</div>
<img src="../images/header.png" width="1680" height="200" /></div>
<div id="apDiv3"><img src="../images/banner.jpg" width="1680" height="900" /><img src="../images/g1.jpg" width="560" height="375" /></div>
<div id="apDiv4">了解咖啡文化，品味精致生活</div>
<div id="apDiv5">
  <table width="100%" border="0" align="center" cellpadding="0" cellspacing="0">
    <tr>
      <td width="560" align="center" valign="bottom"><img src="../images/g1.jpg" alt="" width="560" height="375" /></td>
      <td width="560" align="center" valign="middle"><img src="../images/g2.jpg" alt="" width="560" height="375" /></td>
      <td width="560" align="center" valign="middle"><img src="../images/g3.jpg" alt="" width="560" height="375" /></td>
    </tr>
    <tr>
      <td width="560" align="center" valign="middle"><img src="../images/g4.jpg" alt="" width="560" height="375" /></td>
      <td width="560" align="center" valign="middle"><img src="../images/g5.jpg" alt="" width="560" height="375" /></td>
      <td width="560" align="center" valign="middle"><img src="../images/g6.jpg" alt="" width="560" height="375" /></td>
    </tr>
  </table>
</div>
</body>
</html>
```

案例 2　花卉艺术网的制作

案例分析

通过本案例认识行为的基本概念，以及利用行为添加网页特效的方法。

相关知识

1. 什么是行为

网页中所使用的行为实际上就是通过 JavaScript 代码实现的网页特效。行为作为 Dreamweaver CS6 中最有特色的功能之一，可以制作出弹出窗口、交换图像等效果。

行为是由动作和引发该动作的事件产生的。因此，行为的基本要素包括动作和事件。添加行为步骤可以分为选择对象、添加动作和调整事件三个步骤。

在一个行为里，对象是接收动作的主体，如图片、文字、整个页面都可以作为对象。事件是引发动作的原因，它可以被附加在各种页面元素上，也可以附加到 HTML 标记中。常用的事件包括鼠标经过或单击鼠标等。动作其实是网页上的一段 JavaScript 代码，这些代码在特定事件中被激活，从而实现访问者与 Web 网页的交互。

例如，当访问者的鼠标经过一个图片时，浏览器就会为这个图片产生一个"onMouseOver"（鼠标经过）事件，而事件为该图片产生一段需要执行的代码，这样就产生了动作。

★提示：

一个单一的事件可以引发多个不同的动作，并且可以指定这些动作的顺序。

2．添加行为

在 Dreamweaver CS6 中，网页动态效果可以通过"行为"面板来设置。通常，我们可以通过"窗口"→"行为"菜单或利用"Shift+F4"组合键的方法打开行为面板。

(1)"行为"面板

"行为"面板，如图 5-18 所示。

"行为"面板各项说明如下。

- 标签 <body>：显示设置行为的标签。
- ≡≡：显示设置事件，即显示当前对象所设置的事件及对应动态效果。
- ≡≡：显示所有事件，按字母顺序显示所有的时间。
- +．：添加行为，即给选择的对象选择添加行为。
- －：删除事件，即从行为列表里删除所选的事件和动作。

图 5-18 "行为"面板

行为事件如表 5-4 所示。

表 5-4 行为事件

事件	描述
onBlur	事件会在对象失去焦点时发生
onClick	事件会发生在单击时
onDblclick	事件会发生在双击时
onError	出现错误时触发此事件
onFocus	事件在对象获得焦点时发生
onkeyDown	事件会在用户按下一个按键时发生
onkeyPress	事件会在键盘按键被按下并释放一个键时发生
onkeyUp	事件会在键盘按键被松开时发生
onLoad	事件会在网页打开时发生
onmouseDown	事件会生在鼠标按键被按下时
onmouseMove	事件会在鼠标指针移动时发生
onmouseOut	事件会在鼠标指针离开到指定的对象上时发生
onmouseOver	事件会在鼠标指针移动到指定的对象上时发生
onmouseUp	事件会在鼠标按键松下时发生
onUnload	事件会在网页被改变时发生

(2) 行为的添加

在"行为"面板中,单击 + 打开"添加行为"命令,打开内置行为菜单,选择需要添加的行为命令,即可添加行为。

3. 几种行为特效

创建本地站点 texiao,新建一个空白的 HTML5 网页文件,保存为 index5-0.html,将该网页保存在 texiao 站点的 webs 内,用 AP Div 创建网页,效果如图 5-19 所示。

图 5-19　index5-0.html 页面

(1) 晃动

给 index5-0.html 文件图片 1 添加晃动特效。

① 打开 index5-0.html 网页。

② 选择需要添加晃动效果的图片,设置图片 ID 为"P1",单击"行为"面板的"添加行为"→"效果"→"晃动",如图 5-20 所示。设置目标元素为"img 'P1'",单击"确定"按钮,如图 5-21 所示。

图 5-20　添加"晃动"行为　　　　　　　图 5-21　设置目标元素

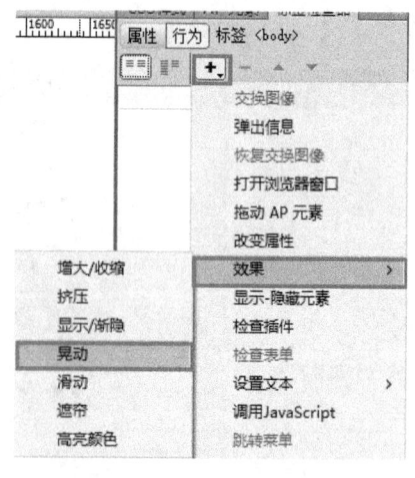

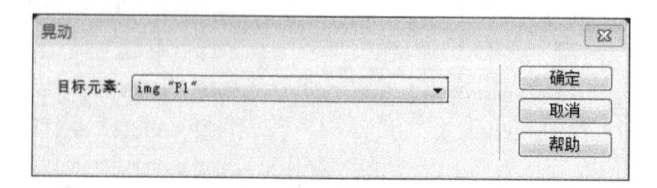

③ 选择"onMouseOver"事件,如图 5-22 所示。

④ 保存文件为 index5-1,按"F12"键查看文件执行效果。

(2) 放大缩小行为

为图片 2 添加"放大/缩小"行为。

① 打开"index5-1.html"网页。

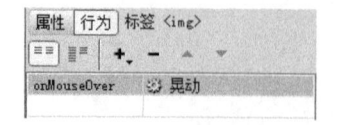

图 5-22　调整事件

② 选择需要添加晃动效果的图片，设置图片 ID 为 "p2"，单击 "行为" 面板的 "添加行为" → "效果" → "增大/收缩"，弹出 "增大/收缩" 对话框，设置 "目标元素" 为 "img 'p2'"，设置 "效果" 选项的 "增大" 或 "收缩"，单击 "确定" 按钮，如图 5-23 所示。

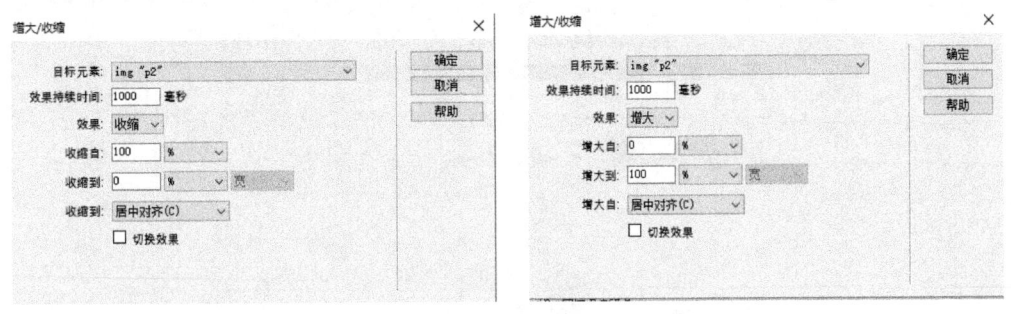

图 5-23　设置 "增大/收缩" 对话框

③ 选择 "onClick" 事件。
④ 保存文件为 index5-2，按 "F12" 键查看文件执行效果。

3．弹出窗口行为

① 网页弹出信息 "欢迎浏览本网页！"

在这个行为中，对象是网页正文部分，事件是 "onload" 页面打开，动作是 "弹出信息" 对话框。

打开 index5-2.html 文件。

选择状态栏中的 "<body>" 元素标签，执行 "行为" 面板的 "添加行为" → "弹出信息"，如图 5-24 所示。弹出 "弹出信息" 对话框，在 "消息" 框中输入 "欢迎浏览本网页！"，单击 "确定" 按钮，如图 5-25 所示。

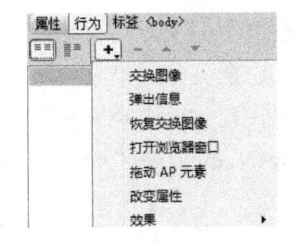

图 5-24　添加 "弹出信息" 行为　　　　图 5-25　"弹出信息" 对话框

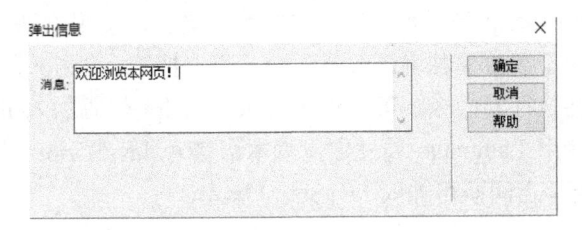

选择 "onLoad" 事件。

保存文件为 index5-3，按 "F12" 键查看文件执行效果。

② 网页弹出 "问卷调查" 窗口

利用 AP DIV 新建问卷调查窗口，设置文件名为 "chuangkou.html"，并打开 index.html 文件。

选择状态栏中的 "<body>" 元素标签，执行 "行为" 面板的 "添加行为" → "打开浏览器窗口"，单击 "浏览" 按钮设置选择文件后，单击 "确定" 按钮。

单击选择 "onLoad" 事件。

（4）显示隐藏行为

① 打开 index1.html 页面，设置 "ap div1" 的 id 为 "notice"，设置 "ap div2" 的 id 为 "note"。
② 选择 "notice"，执行 "行为" 面板的 "添加行为" → "显示" → "隐藏"，弹出 "显示-隐

藏元素"对话框，选择"div 'note'"并设置为"显示"，如图5-26所示。选择"onmouseOver"事件，单击"确定"按钮。

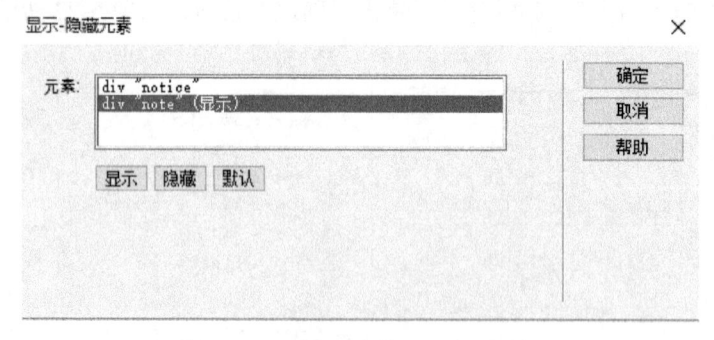

图5-26 "显示-隐藏"元素对话框

③ 再次选择"notice"，执行"行为"面板的"添加行为"→"显示"→"隐藏"，弹出"显示-隐藏元素"对话框，选择"div 'note'"并设置为"隐藏"，选择"onmouseOut"事件，单击"确定"按钮。

④ 在"属性"面板中设置"note"的可见性为"hidden"。

（5）拖动AP元素行为对网页上的"AP元素"进行拖动

① 打开index1.html页面，设置"ap div1"的id为"notice"。

② 选择"notice"的"ap div"以外的任意空白区域，执行"行为"面板的"添加行为"→"拖动AP元素"，选择AP元素"div 'notice'"，单击"确定"按钮。

③ 选择"onLoad"事件，单击"确定"按钮。

4．利用JavaScript代码添加网页特效

JavaScrip是一种比较简单的编程语言，使用方法是向Web页面的HTML文件增加一个脚本，而不需要单独编译解释。当一个支持JavaScript的浏览器打开这个页面时，它会读出一个脚本并执行其命令，可以直接将JavaScript代码加入HTML中。其中，<Script>表示脚本的开始，使用Language属性定义脚本语言为JavaScript，在标记<Script Language="JavaScript">与</Script>之间即可加入JavaScript脚本。

状态栏跑马灯

状态栏跑马灯代码

脚本说明：

将以下代码加入<head>区域中

```
<SCRIPT language="JavaScript">
<!--
functionscrollit(seed) {
var m1 = "HI：你好！              ";
var m2 = "欢迎访问＊＊网站         ";
var m3 = "请多提意见，谢谢！        ";
var m4 = "E→MAIL:***@***.com      ";
varmsg=m1+m2+m3+m4;
var out = " ";
var c = 1;
```

```
if (seed > 100) {
seed--;
cmd="scrollit("+seed+")";
timerTwo=window.setTimeout(cmd,100);
}
else if (seed <= 100 && seed > 0) {
for (c=0 ; c < seed ; c++) {
out+=" ";
}
out+=msg;
seed--;
window.status=out;
cmd="scrollit("+seed+")";
timerTwo=window.setTimeout(cmd,100);
}
else if (seed <= 0) {
if (-seed <msg.length) {
out+=msg.substring(-seed,msg.length);
seed--;
window.status=out;
cmd="scrollit("+seed+")";
timerTwo=window.setTimeout(cmd,100);
}
else {
window.status=" ";
timerTwo=window.setTimeout("scrollit(100)",75);
}
}
}
//-->
</SCRIPT>
```

将以下代码加入<body>区域中

```
<body onLoad="scrollit(100)">
```

案例实施

创建本地站点 flowerartweb，并在根目录下创建 images、common 和 webs 文件夹。打开 Dreamweaver CS6，单击菜单栏中的"站点"→"新建站点"，在打开的对话框"站点"选项卡中设置站点名称"花卉艺术网"，将刚创建的"站点根目录文件夹 flowerartweb"作为本地站点文件夹。在"高级设置"选项卡中，将根目录下的"images"作为默认图像文件夹，打开素材文件 index0.html。

在导航栏位置单击"插入"菜单→"图像对象"→"插入鼠标经过图像"，弹出"插入鼠标经过图像"对话框，设置对话框中的"原始图像"和"鼠标经过图像"，如图 5-27 所示。

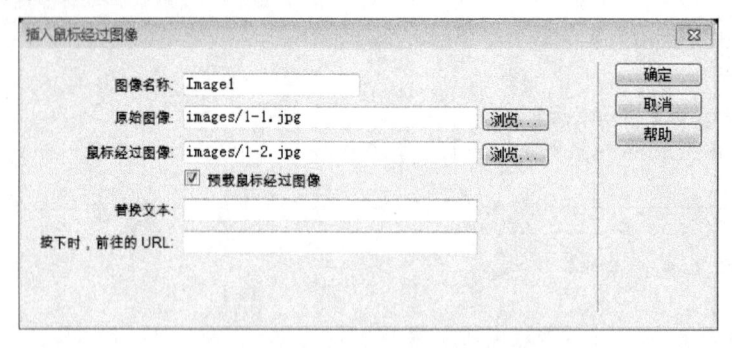

图 5-27 "插入鼠标经过图像"对话框

在"属性"面板中,将第三行图像的 ID 设置为"imgp1""imgp2"和"imgp3"。在右边的单元格中将图片"img-wrapper-big"的 ID 设置为"imgpm"。

选择图片"imgp1",在"行为"面板中执行"添加行为"→"交换图像",如图 5-28 所示。在"图像"中选择"图像 imgpm",从"浏览"中将图片"slide1-1big"设定为原始档,添加交换图片的动态效果。用同样的操作为图片"imgp2""imgp3"添加动态效果。

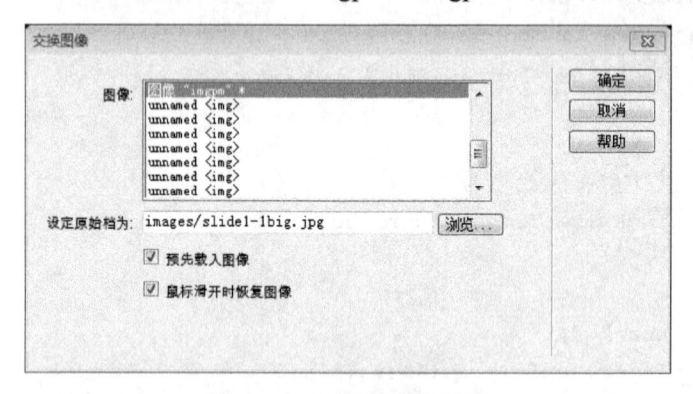

图 5-28 "交换图像"设置

将第 3 行第 2 个单元格内图片"1page→img"所在的"apDiv1",在"行为"面板中执行"添加行为"→"增大/收缩",设置"增大/收缩"选项,如图 5-29 所示,在"行为"面板中选择"onMouseOver"事件。

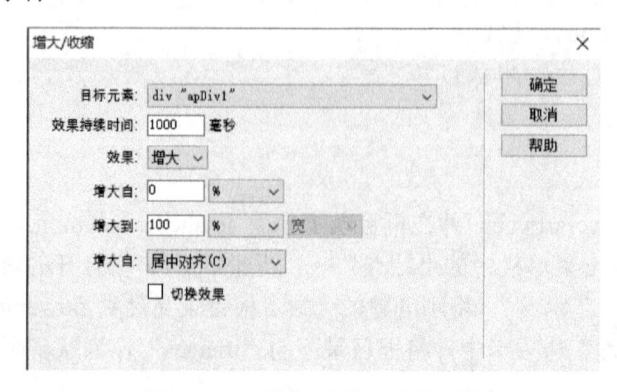

图 5-29 "增大/收缩"效果设置

选择状态栏中的"<body>"元素标签,在行为面板中单击"添加行为"→"弹出信息",在弹出的"弹出信息"对话框中输入文字"欢迎访问花卉艺术网",单击"确定"按钮。在"行为"面板中选择"onLoad"事件。

添加动态特效代码跑马灯,并增添状态栏跑马灯特效。

保存文件,查看 index.html 文件的执行效果,如图 5-30 所示。

图 5-30 最终效果图

本案例的 HTML 代码如下:

CSS 样式部分:

```
<!doctype html>
<html >
<head>
<meta charset="utf-8">
<title>无标题文档</title>
<style type="text/css">
a:link {
    color: #CCC;
    text-decoration: none;
}
a:visited {
    text-decoration: none;
    color: #FFF;
}
a:hover {
    text-decoration: none;
    color: #FF692E;
}
a:active {
    text-decoration: none;
}
.ys01 {
    font-family: "Lucida Sans Unicode", "Lucida Grande", sans-serif;
    color: #CCC;
}
.ys02 {
```

```css
            font-family: "Palatino Linotype", "Book Antiqua", Palatino, serif;
            font-size: 36px;
            color: #FFF;
        }
        #apDiv1 {
            position: absolute;
            left: 751px;
            top: 582px;
            width: 348px;
            height: 115px;
            z-index: 1;
        }
        .ys03 {
            font-family: "Lucida Sans Unicode", "Lucida Grande", sans-serif;
            font-size: 16px;
            color: #CCC;
        }
        body {
            background-image: url(../images/tail-top.jpg);
            margin-left: 0px;
            margin-top: 0px;
        }
        </style>
        <script src="../SpryAssets/SpryEffects.js" type="text/javascript"></script>
        <script type="text/javascript">
        function MM_swapImgRestore() { //v3.0
          var i,x,a=document.MM_sr; for(i=0;a&&i<a.length&&(x=a[i])&&x.oSrc;i++) x.src=x.oSrc;
        }
        function MM_preloadImages() { //v3.0
          var d=document; if(d.images){ if(!d.MM_p) d.MM_p=new Array();
            var i,j=d.MM_p.length,a=MM_preloadImages.arguments; for(i=0; i<a.length; i++)
            if (a[i].indexOf("#")!=0){ d.MM_p[j]=new Image; d.MM_p[j++].src=a[i];}}
        }

        function MM_findObj(n, d) { //v4.01
          var p,i,x;  if(!d) d=document; if((p=n.indexOf("?"))>0&&parent.frames.length) {
            d=parent.frames[n.substring(p+1)].document; n=n.substring(0,p);}
          if(!(x=d[n])&&d.all) x=d.all[n]; for (i=0;!x&&i<d.forms.length;i++) x=d.forms[i][n];
          for(i=0;!x&&d.layers&&i<d.layers.length;i++) x=MM_findObj(n,d.layers[i].document);
          if(!x && d.getElementById) x=d.getElementById(n); return x;
        }

        function MM_swapImage() { //v3.0
```

```
        var i,j=0,x,a=MM_swapImage.arguments; document.MM_sr=new Array;
for(i=0;i<(a.length-2);i+=3)
        if ((x=MM_findObj(a[i]))!=null){document.MM_sr[j++]=x; if(!x.oSrc)
x.oSrc=x.src; x.src=a[i+2];}
    }
    function MM_effectGrowShrink(targetElement, duration, from, to, toggle,
referHeight, growFromCenter)
    {
        Spry.Effect.DoGrow(targetElement, {duration: duration, from: from, to:
to, toggle: toggle, referHeight: referHeight, growCenter: growFromCenter});
    }
    function MM_popupMsg(msg) { //v1.0
      alert(msg);
    }
</script>
<SCRIPT language="JavaScript">
<!--
function scrollit(seed) {
var m1 = "HI：你 好!              ";
var m2 = "欢 迎 访 问 花 卉 艺 术 网        ";
var m3 = "请 多 提 意 见，谢谢!         ";
var msg=m1+m2+m3;
var out = " ";
var c = 1;
if (seed > 100) {
seed--;
cmd="scrollit("+seed+")";
timerTwo=window.setTimeout(cmd,100);
}
else if (seed <= 100 && seed > 0) {
for (c=0 ; c < seed ; c++) {
out+=" ";
}
out+=msg;
seed--;
window.status=out;
cmd="scrollit("+seed+")";
timerTwo=window.setTimeout(cmd,100);
}
else if (seed <= 0) {
if (-seed < msg.length) {
out+=msg.substring(-seed,msg.length);
seed--;
window.status=out;
cmd="scrollit("+seed+")";
timerTwo=window.setTimeout(cmd,100);
}
else {
window.status=" ";
```

```
            timerTwo=window.setTimeout("scrollit(100)",75);
        }
    }
}
//-->
</SCRIPT>
</head>
```

<body></body>部分：

```
<body onLoad="scrollit(100);MM_popupMsg('欢迎访问花卉艺术网！')">
    <div id="apDiv1"><img src="../images/1page-img.jpg" width="348" height="113" onmouseover="MM_effectGrowShrink(this, 1000, '0%', '100%', false, false, true)" /></div>
    <table width="970" border="0" align="center" cellpadding="0" cellspacing="0">
        <tr>
            <td><table width="100%" border="0" cellspacing="0" cellpadding="0">
                <tr>
                    <td width="165" align="center" valign="middle"><img src="../images/banner.jpg" width="165" height="84" /></td>
                    <td width="735"><table width="610" border="0" align="center" cellpadding="0" cellspacing="0">
                        <tr>
                            <td> </td>
                            <td><a href="#" onmouseout="MM_swapImgRestore()" onmouseover="MM_swapImage('Image1','','../images/1-2.jpg',1)"><img src="../images/1-1.jpg" width="90" height="84" id="Image1" /></a></td>
                            <td> </td>
                            <td><a href="#" onmouseout="MM_swapImgRestore()" onmouseover="MM_swapImage('Image2','','../images/2-2.jpg',1)"><img src="../images/2-1.jpg" width="90" height="84" id="Image2" /></a></td>
                            <td> </td>
                            <td><a href="#" onmouseout="MM_swapImgRestore()" onmouseover="MM_swapImage('Image3','','../images/3-2.jpg',1)"><img src="../images/3-1.jpg" width="90" height="84" id="Image3" /></a></td>
                            <td> </td>
                            <td><a href="#" onmouseout="MM_swapImgRestore()" onmouseover="MM_swapImage('Image4','','../images/4-2.jpg',1)"><img src="../images/4-1.jpg" width="90" height="84" id="Image4" /></a></td>
                            <td> </td>
                            <td><a href="#" onmouseout="MM_swapImgRestore()" onmouseover="MM_swapImage('Image5','','../images/5-2.jpg',1)"><img src="../images/5-1.jpg" width="90" height="84" id="Image5" /></a></td>
                            <td> </td>
                            <td><a href="#" onmouseout="MM_swapImgRestore()" onmouseover="MM_swapImage('Image6','','../images/6-2.jpg',1)"><img src="../images/6-1.jpg" width="90" height="84" id="Image6" /></a></td>
                            <td> </td>
                        </tr>
                    </table></td>
```

```html
            </tr>
          </table></td>
        </tr>
        <tr>
          <td><table width="100%" border="0" cellspacing="0" cellpadding="0">
            <tr>
              <td width="195"><table width="95%" border="0" align="center" cellpadding="0" cellspacing="0">
                <tr>
                  <td height="99" align="center" valign="middle" background="../images/img-wrapper-small.png"><img src="../images/slide1-1.jpg" name="imgp1" width="165" height="81" id="imgp1" onmouseover="MM_swapImage('imgpm','','../images/slide1-1big.jpg',1)" onmouseout="MM_swapImgRestore()" /> </td>
                </tr>
                <tr>
                  <td height="27" align="center" valign="middle"> </td>
                </tr>
                <tr>
                  <td height="99" align="center" valign="middle" background="../images/img-wrapper-small.png"><img src="../images/slide1-2.jpg" alt="" name="imgp2" width="165" height="81" id="imgp2" onmouseover="MM_swapImage('imgpm','','../images/slide1-2big.jpg',1)" onmouseout="MM_swapImgRestore()" /> </td>
                </tr>
                <tr>
                  <td height="27" align="center" valign="middle"> </td>
                </tr>
                <tr>
                  <td height="99" align="center" valign="middle" background="../images/img-wrapper-small.png"><img src="../images/slide1-3.jpg" name="imgp3" width="165" height="81" id="imgp3" onmouseover="MM_swapImage('imgpm','','../images/slide1-3big.jpg',1)" onmouseout="MM_swapImgRestore()" /> </td>
                </tr>
                <tr>
                  <td height="27"> </td>
                </tr>
              </table></td>
              <td width="775" align="center" valign="middle"><table width="653" border="0" cellspacing="0" cellpadding="0">
                <tr>
                  <td height="341" background="../images/img-wrapper-big.png"> <img src="../images/slide1-1big.jpg" name="imgpm" width="635" height="323" id="imgpm" /></td>
                </tr>
              </table></td>
            </tr>
```

```
            </table></td>
          </tr>
          <tr>
            <td><table width="100%" border="0" align="center" cellpadding="0" cellspacing="0">
              <tr>
                <td width="280"><table width="95%" border="0" align="center" cellpadding="0" cellspacing="0">
                  <tr>
                    <td height="40" align="left" valign="middle"><img src="../images/marker.gif" alt="" width="4" height="7" /><span class="ys01">拍出别致花卉五种技巧</span></td>
                  </tr>
                  <tr>
                    <td height="40" align="left" valign="middle"><img src="../images/marker.gif" alt="" width="4" height="7" /><a href="http://www.fsbus.com/sheyingjiaocheng/22345.html" class="ys01">利用多重曝光拍出不一样的荷花</a></td>
                  </tr>
                  <tr>
                    <td height="40" align="left" valign="middle"><img src="../images/marker.gif" alt="" width="4" height="7" /><span class="ys01">唯美菊花怎么拍</span></td>
                  </tr>
                  <tr>
                    <td height="40" align="left" valign="middle"><img src="../images/marker.gif" alt="" width="4" height="7" /><span class="ys01">15个花卉拍摄必学技巧</span></td>
                  </tr>
                  <tr>
                    <td height="40"> </td>
                  </tr>
                  <tr>
                    <td height="135" align="center" valign="middle"><img src="../images/extra-img.png" width="311" height="149" /></td>
                  </tr>
                </table></td>
                <td width="465" align="left" valign="top"><p> </p>
                  <p class="ys02">Welcome!</p>
                  <p class="ys02"> </p></td>
                <td align="center" valign="middle"><table width="95%" border="0" align="right" cellpadding="0" cellspacing="0">
                  <tr>
                    <td height="40" align="left" valign="middle"><img src="../images/marker1.gif" width="19" height="18" /><span class="ys01">教你如何插花</span></td>
                  </tr>
                  <tr>
                    <td height="40" align="left" valign="middle"><img
```

```html
src="../images/marker1.gif" alt="" width="19" height="18" /><span class="ys01">
干花制作工艺</span></td>
          </tr>
          <tr>
            <td height="40" align="left" valign="middle"><img
src="../images/marker1.gif" alt="" width="19" height="18" /><span class="ys01">
鲜花养护技巧</span></td>
          </tr>
          <tr>
            <td height="40" align="left" valign="middle"> </td>
          </tr>
          <tr>
            <td height="40" align="right" valign="middle"
class="ys01">More... </td>
          </tr>
          <tr>
            <td height="40" align="left" valign="middle"> </td>
          </tr>
        </table></td>
      </tr>
    </table></td>
  </tr>
  <tr>
    <td height="40" align="center" valign="middle" class="ys03">© Copyright
© 版权所有 花卉艺术网 更新日期2018年9月</td>
  </tr>
</table>
</body>
</html>
```

拓 展 练 习

一、制作巴黎之旅页面

综合使用 AP Div 和行为制作巴黎之旅页面，如图 5-31 所示。

1. 训练要点

（1）绘制 AP Div；

（2）插入嵌套 AP Div；

（3）添加"显示—隐藏元素"行为、"晃动"行为、"增大/缩小"行为、"弹出信息"栏行为，拖动 AP Div 行为；

（4）调整事件。

2. 操作提示

部分代码：

```html
<div id="apDiv1">
<table width="100%" border="0" cellspacing="0" cellpadding="0">
```

```html
    <tr>
      <td height="299" align="center" valign="middle"><img src="../images/blzl.jpg" width="248" height="299" onMouseOver="MM_effectGrowShrink(this, 1000, '0%', '100%', false, false, true)"></td>
    </tr>
    <tr>
      <td height="50" align="center" valign="middle" class="ys01">品味浪漫</td>
    </tr>
    <tr>
      <td height="50" align="center" valign="middle" class="ys01">尽在巴黎</td>
    </tr>
    <tr>
      <td height="299" align="center" valign="middle"><img src="../images/lx.jpg"width="300"height="188"></td>
    </tr>
    </table>
    </div>
    <div class="ys02" id="apDiv2"onMouseOver="MM_showHideLayers('apDiv3','','show')" onMouseOut="MM_showHideLayers('apDiv3','','hide')">
      <div id="apDiv3">埃菲尔铁塔</div>
      <img src="../images/tt.jpg" width="224" height="300"></div>
      <div class="ys02" id="apDiv4" nMouseOver="MM_showHideLayers('apDiv5','','show')" onMouseOut="MM_showHideLayers('apDiv5','','hide')">
      <div class="ys02" id="apDiv5">凯旋门</div>
      <img src="../images/kxm.jpg" width="300" height="202"></div>
      <div id="apDiv6" onMouseOver="MM_effectShake('apDiv6');MM_showHideLayers('apDiv7','','show')" onMouseOut="MM_showHideLayers('apDiv7','','hide')">
      <div class="ys02" id="apDiv7">卢浮宫</div>
      <img src="../images/lfg.jpeg" width="307" height="266"></div>
    <span class="ys02"></span>
    <div id="apDiv8">
      <div class="ys02" id="apDiv9">巴黎圣母院</div>
      <img src="../images/smy.jpg" width="309" height="206" onMouseOver="MM_effectGrowShrink(this, 3000, '0%', '100%', false, false, true);MM_showHideLayers('apDiv9','','show')" onMouseOut="MM_showHideLayers('apDiv9','','hide')"></div>
```

图 5-31 "巴黎之旅"页面

第 6 章

网页多媒体、超链接和框架页

本章任务伴随着网络的飞速发展，对网页设计也提出了更高的要求。网页中除可以加入文本和图片外，还可以添加声音、动画和视频等多媒体，从而创建出丰富多彩的效果。

网站是由多个页面和文件共同组成的，在浏览网页时，单击某些文本、图像或导航栏的某个菜单命令后，即可快速跳转到该网页其他位置进行查看，这需要对其创建超级链接，才能将网站中的每个页面连接起来。

在网页制作前，应对网页的结构进行布局，如果为每个页面都创建相同内容，会在增大工作量的同时，也浪费了宝贵的网络空间，使用框架页可以轻松解决这些问题。

【本章任务】
- 掌握在网页中插入多媒体对象。
- 掌握在网页中使用超链接。
- 了解框架集和框架的概念。
- 掌握框架集和框架的基本操作。

案例 1　"甜品网页"中使用多媒体对象

案例分析

本案例中，将了解在 Dreamweaver CS6 中，插入 Flash 动画文件和背景音乐的方法，并进行各种设置。

相关知识

1. 插入 SWF 格式的 Flash 文件

（1）通过"插入"浮动面板插入

① 执行"文件"菜单→"新建"命令，新建一个空白文档。

② 将光标置于要插入 Flash 的地方，在"插入"浮动面板的"常用"分类列表下单击"媒

体"→"Flash"选项,如图 6-1 所示。

图 6-1 通过"插入"浮动面板插入 Flash 文件

③ 在打开的对话框中找到并选择已经准备好的.SWF 格式的 Flash 文件。
④ 保存文件。
(2)使用菜单命令进行插入
① 单击"文件"菜单→"新建"命令,新建一个空白文档。
② 将光标置于要插入 Flash 的地方,单击"插入"菜单→"媒体"→"SWF"选项,如图 6-2 所示。

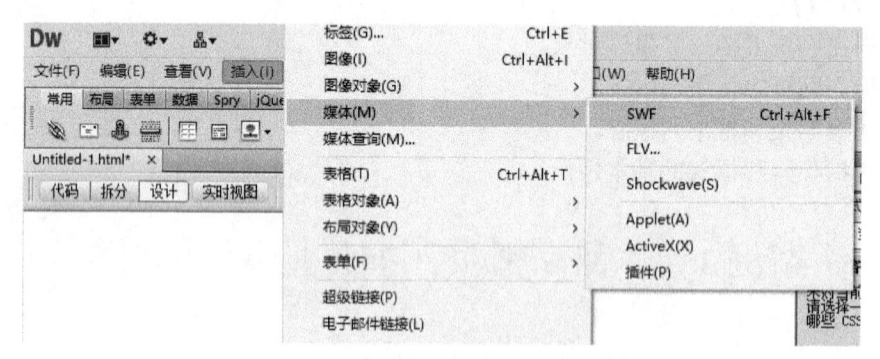

图 6-2 使用菜单命令插入 Flash 文件

③ 在打开的对话框中找到并选择已经准备好的.SWF 格式的 Flash 文件。
④ 保存文件。

2. 设置 Flash 对象属性

(1)调整 Flash 文件显示的大小
➢ 插入的 Flash 动画可以通过"SWF"的"属性"面板进行大小和相关属性的调整,如图 6-3 所示。
➢ 调整 Flash 大小的操作方法很简单,在网页编辑区选中目标对象,在"SWF"的"属性"面板的"宽""高"文本框中输入属性值,即可实现对 Flash 动画显示尺寸的调整。

第 6 章　网页多媒体、超链接和框架页

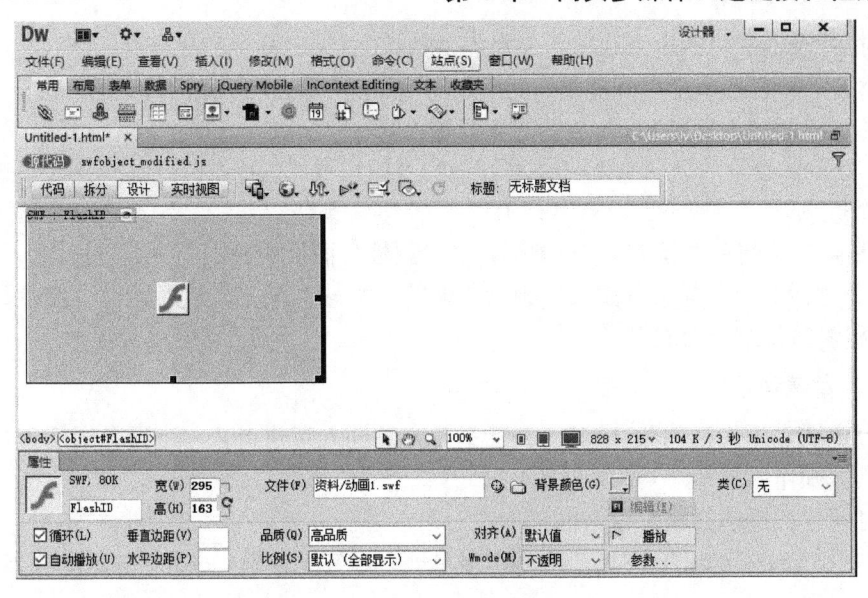

图 6-3　设置 Flash 显示的大小

➢ 选中目标 Flash 动画对象，其四周会出现选择控制器，将光标移动到这些选择控制器上，并实施拖动操作即可调整 Flash 动画的大小。

（2）Flash 相关信息设置

在网页中插入的 Flash 文件，不仅可以调整其显示文件的大小，还可以设置 Flash 相关项目的信息，如 "FlashID" "循环" "自动播放" "比例" 等，这些属性都可以通过 "SWF" 的 "属性" 面板进行设置，如图 6-4 所示。

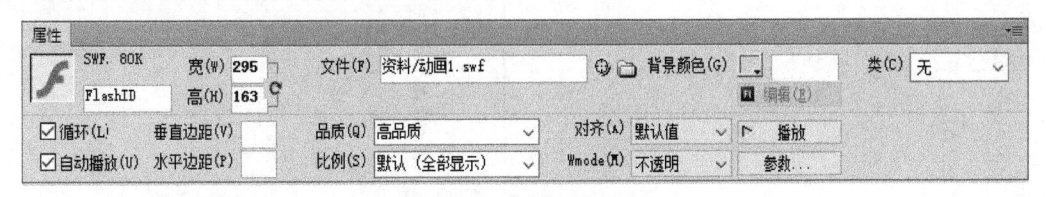

图 6-4　设置 Flash 的属性

◆ "FlashID"：设置当前 Flash 文件的 ID 号。
◆ "循环"：设置影片在预览网页时自动播放。
◆ "自动播放"：设置 Flash 文件在页面加载时就播放。
◆ "文件"：指定当前 Flash 文件路径信息。
◆ "类"：为当前 Flash 文件指定预定义的类。
◆ "播放"：在编辑窗口中预览选中的 Flash 文件。
◆ "参数"：打开 "参数" 对话框，为 Flash 文件设定一些特有的参数。
◆ "垂直边距"：设置 Flash 文件与周围网页对象的上下边距。
◆ "水平边距"：设置 Flash 文件与周围网页对象的左右边距。
◆ "品质" 下拉列表框：设置 Flash 文件播放时的品质，以便在播放质量和速度之间取得平衡。该下拉列表框中包括 "高品质" "自动高品质" "低品质" 和 "自动低品质" 选项。
◆ "比例" 下拉列表框：设置 Flash 文件为非默认状态时，以何种方式与背景框匹配。该下拉列表框中包括 3 个选项，分别为"默认""无边框"和"严格匹配"。
- "对齐"：包括水平对齐和垂直对齐。
- "背景颜色"：设置 Flash 文件的背景颜色。
- "Wmode 参数"：对 Flash 文件进行透明度的设置。包括"窗口"、"透明"和"不透明" 3 个选项。
- "参数"按钮：选择 Flash 对象后，在"属性"面板中单击"参数"按钮，可打开"参数"对话框，在其中可添加、删除或调整参数载入顺序。该对话框中的参数是由参数名和参数值组合而成的。

3. 插入背景音乐

在网页中通过添加插件和<bgsound>标签的方法插入背景音乐，下面介绍插入背景音乐的方法，其具体操作如下：

（1）打开"标签选择器"对话框

新建网页"index.html"，单击"插入"菜单→"标签"命令，打开"标签选择器"对话框，如图 6-5 所示。

（2）打开"标签编辑器"对话框

① 在"标签选择器"对话框的左侧列表框中展开"HTML 标签"，选择"页面元素"选项。

② 在"标签选择器"对话框的右侧列表框中选择"bgsound"选项。

③ 单击"插入"按钮，打开"标签编辑器→bgsound"对话框，如图 6-6 所示。

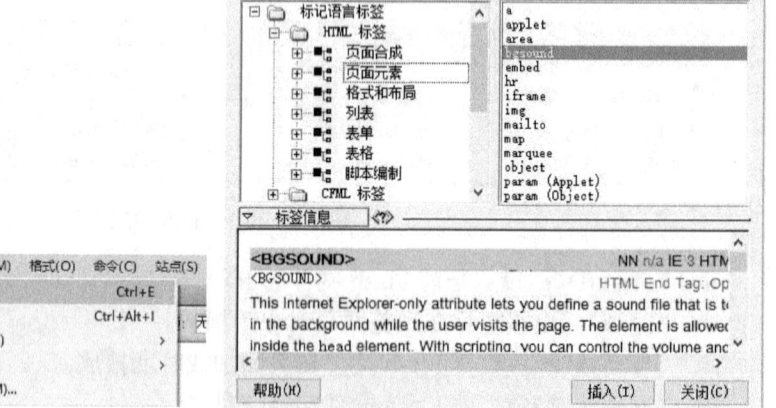

图 6-5　打开"标签选择器"对话框　　　　图 6-6　打开"标签编辑器"对话框

（3）选择背景音乐

① 在"标签编辑器"对话框中单击"浏览"按钮，弹出"选择文件"对话框，在该对话框中找到并选择需要插入的背景音乐，单击"确定"按钮，如图 6-7 所示。

② 在"标签编辑器"对话框中设置背景音乐，单击"确定"按钮，如图 6-8 所示。

③ 在浏览器中播放背景音乐。

第 6 章　网页多媒体、超链接和框架页

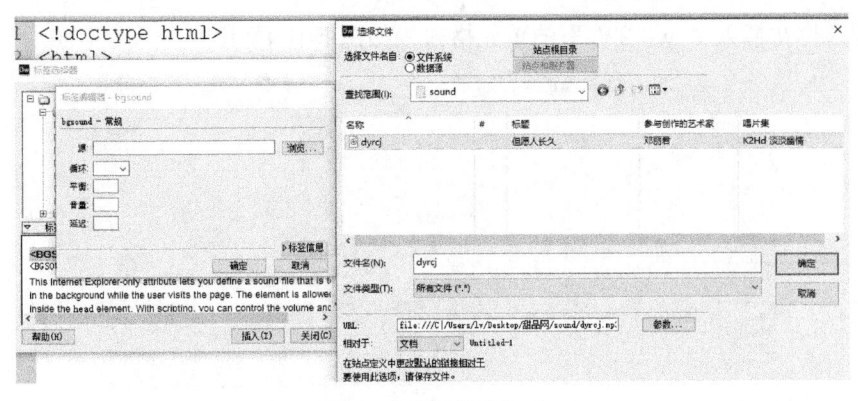

图 6-7　选择背景音乐

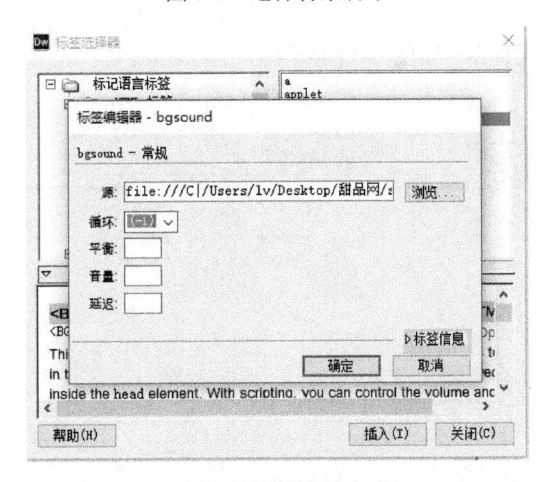

图 6-8　设置背景音乐

案例实施

打开站点"甜品网站"，找到并打开"index.html"文件，如图 6-9 所示。

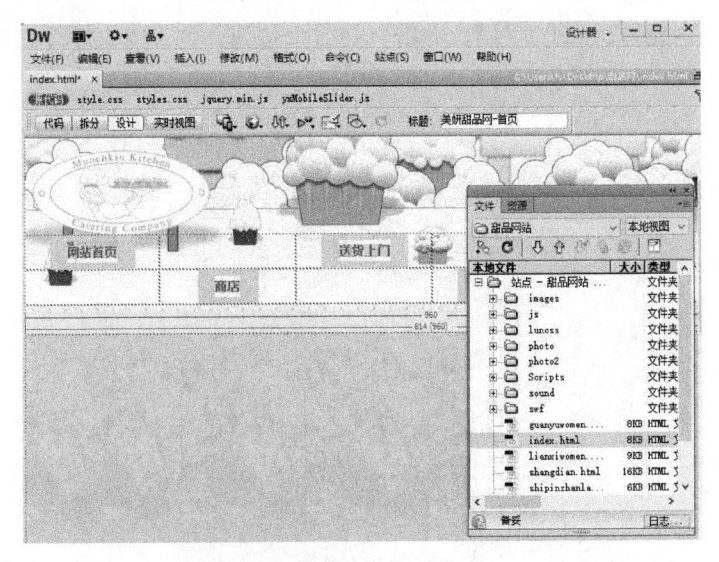

图 6-9　打开"index.html"文件

把光标定位在插入"swf 文件"的单元格内,如图 6-10 所示。

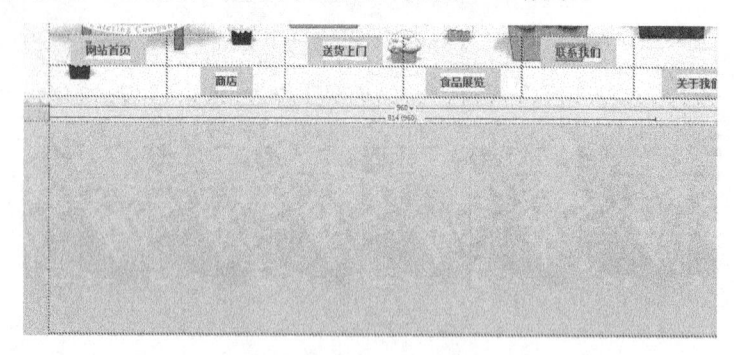

图 6-10 插入"swf 文件"

选择要插入的"swf 文件",如图 6-11 所示。

图 6-11 选择"swf 文件"

在"属性"栏中设置"swf 文件",单击"播放"按钮,如图 6-12 所示。

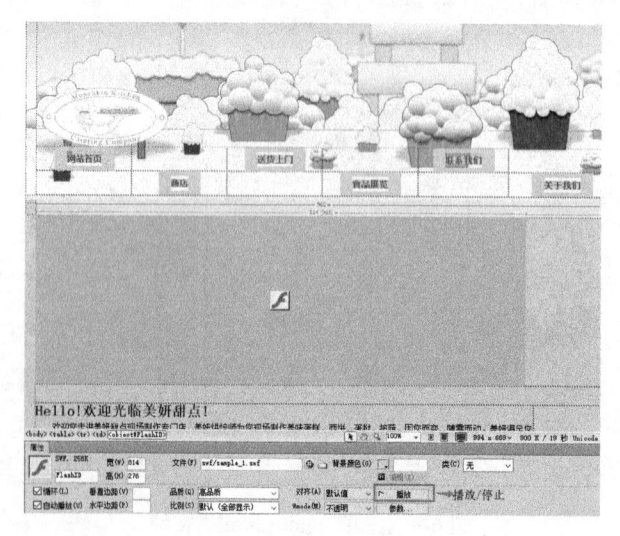

图 6-12 设置"swf 文件"

打开"标签选择器"对话框，如图 6-13 所示。

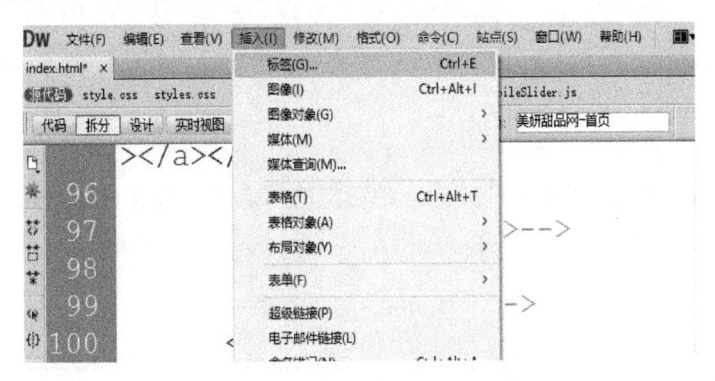

图 6-13　打开"标签选择器"对话框

打开"标签编辑器"对话框选择背景音乐文件，并对其进行设置，如图 6-14 所示。

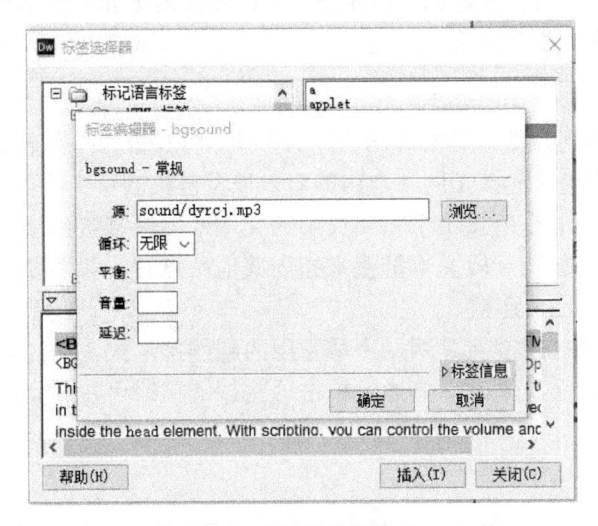

图 6-14　设置背景音乐

在浏览器中浏览网页，如图 6-15 所示。

图 6-15　浏览网页

案例 2　制作超链接图文混排网页

案例分析

本案例将了解在 Dreamweaver CS6 中，超链接的概念及掌握各种不同超链接的插入方法。

相关知识

1．超链接的概念

超链接也可简称为链接，它本质上也是网页元素之一，但与其他元素也不尽相同。超链接强调的是一种相互关系，即从一个页面指向一个目标对象的连接关系，这个目标对象可以是一个页面或相同页面中的不同位置，也可以是图像、E-mail 地址和文件等。并且当光标移至超链接对象上时，光标会变为"手形"。

2．超链接的分类

在网页中可根据超链接目标对象所在位置的不同，将其分为外部超链接（用于链接外部站点的对象）和内部超链接（链接相同站点内的对象以及链接网页中不同位置上对象的锚点）。

- 外部超链接：外部超链接用于将网页中的文本或图像链接到该站点以外的其他站点，比如想在网页中放入一段文本链接来指向其他站点时，就需要外部超链接。外部链接最典型的用途是友情连接。
- 内部超链接：内部超链接是网站中最常用的超链接形式，通过内部超链接将一个站点内的各个页面联系起来，用户通过单击这些超链接即可在站点内的各个页面之间相互跳转。

3．添加超链接

在 Dreamweaver CS6 中添加超链接是指添加文本超链接，且添加超链接的方法也有多种，下面将分别介绍各种添加超链接的方法。

（1）通过菜单命令添加超链接

在 Dreamweaver CS6 中使用菜单命令添加超链接的方法很简单，将插入点定位到需要添加超链接的位置，单击"插入"菜单→"超级链接"命令，打开"超级链接"对话框，设置链接文本、链接地址、目标及标题等，设置完成后，单击"确定"按钮，即可在插入点添加超链接。

（2）通过属性栏添加超链接

通过属性栏添加超链接的具体方法为：在编辑窗口中选择要加超链接的文字，在属性栏的链接文本框内输入链接地址即可，如图 6-16 所示。

（3）为文本添加超链接

在网页编辑区中选择需要设置为超链接的文本，在"属性"面板的"链接"文本框中输入目标位置的 URL 地址即可，如果单击文本框后的"指向文件"按钮，则可拖动光标指向目标文件。

（4）添加图像超链接

图像超链接与其他链接不同，它是一张图像，而其他链接是文本或其他对象，图像超链接的操作方法与其他链接的操作方法基本相同。其方法为：选择要添加图像超链接的图像，在"属性"面板的"链接"文本框中输入目标位置的 URL 地址即可,如图 6-17 所示。

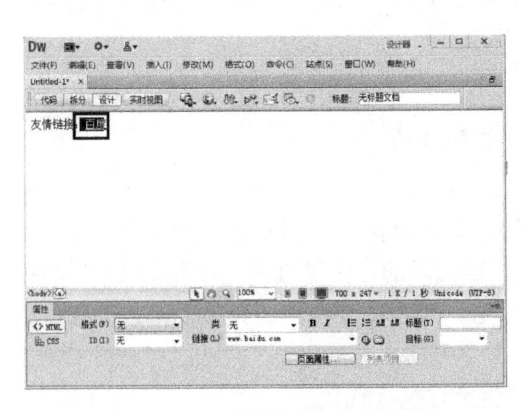

图 6-16　通过属性栏添加超链接　　　　　图 6-17　添加图像超链接

(5) 添加电子邮件超链接

为方便浏览者对网站提出意见或进行其他联系,可以对电子邮件地址制作超链接,浏览者单击电子邮件超链接就会自动打开电子邮件软件,并在收信人地址中自动填写该超链接所用的电子邮件。

首先打开一个网页文件,选中要作为电子邮件超链接的文本或其他对象,然后在"属性"面板中的"链接"文本框中输入电子邮件地址即可,如图 6-18 所示。

★提示：

在输入电子邮件地址时,需要在地址前输入"mailto:"。

(6) 添加锚记超链接

当一个网页内容太长,需要在同一个网页内的不同内容之间进行跳转时,可以通过创建锚记超链接来实现。

打开一个篇幅较长的网页文件,将光标定位到网页中的目标位置,单击"插入"菜单→"命名锚记"命令,打开"命名锚记"对话框,如图 6-19 所示。

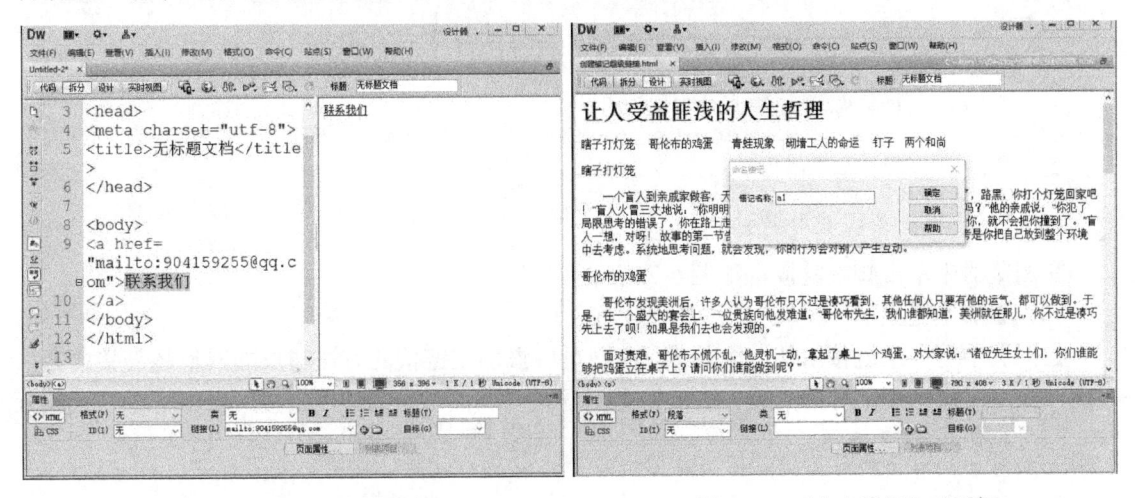

图 6-18　添加电子邮件链接　　　　　图 6-19　"命名锚记"对话框

在"命名锚记"对话框中的"锚记名称"文本框中输入锚点的名称,单击"确定"按钮,这时页面中会出现一个锚点标记 。选中页面中要创建锚记超链接的对象,在"属性"面板中的"链接"文本框中输入"#+锚点名称",如图 6-20 所示。这时一个锚记超链接就创建完成了,当单击该超链接时,就会跳转到锚点所在的位置。

★提示:

锚记名称不能用中文,不能包含空格,不能以数字开头。

(7)添加脚本链接和空链接

在网页中脚本链接和空链接是一种特殊的链接。脚本链接的目标不是一个 URL 地址,而是用于执行 JavaScript 脚本程序或调用 JavaScript 函数代码的。空链接就是未指派 URL 的超链接,空链接主要用于向页面上的对象或文本附加行为。下面将分别介绍具体的添加方法。

➢ 添加脚本链接

脚本链接将链接一段 JavaScript 代码,当单击链接时执行代码。

创建脚本链接的方法是选定作为链接对象的文本或图像,在"属性"面板上的"链接"域中输入"JavaScript:脚本代码"。例如,输入"JavaScript:alert('欢迎进入网站');",显示如图 6-21 所示。

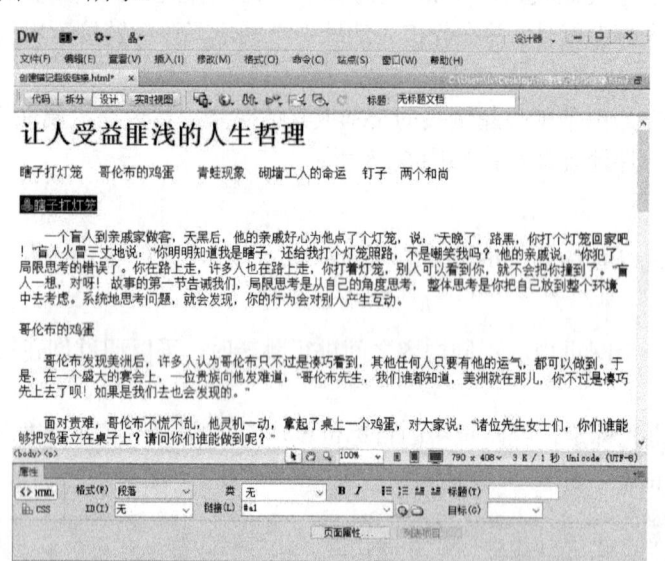

图 6-20　创建锚记超链接的"属性"面板　　　　图 6-21　添加脚本链接

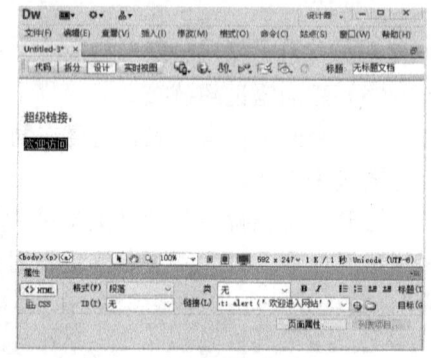

★提示:

JavaScript 代码必须使用单引号。

在浏览器中单击脚本链接,如图 6-22 所示。

(8)添加空链接

在网页中可向空链接附加一个行为,在网页中添加空链接的方法与添加其他超链接的方法相同,在"超级链接"对话框的"链接"文本框或"属性"面板的"链接"文本框中直接输入"#"即可,如图 6-23 所示。

第 6 章　网页多媒体、超链接和框架页

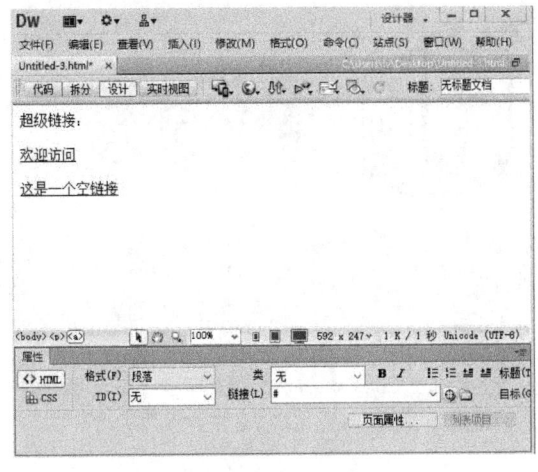

图 6-22　在浏览器中浏览脚本链接　　　　　图 6-23　添加空链接

（9）热点链接

在网页中还有一种热点链接，就是在一张图像上的某个区域添加链接，而对于没有添加链接的区域则没有任何影响。热点链接主要用于导航和地图制作。创建热点链接的方法是选中要创建热点超链接的图像，单击图像"属性"面板中的热点工具按钮。

"属性"面板中有 3 个热点工具，其功能如下：

① 矩形热点工具：在图像上拖动光标时，可以绘制一个矩形热区，如图 6-24 所示。
② 椭圆形热点工具：在图像上拖动光标时，可以绘制一个椭圆形热区，如图 6-25 所示。

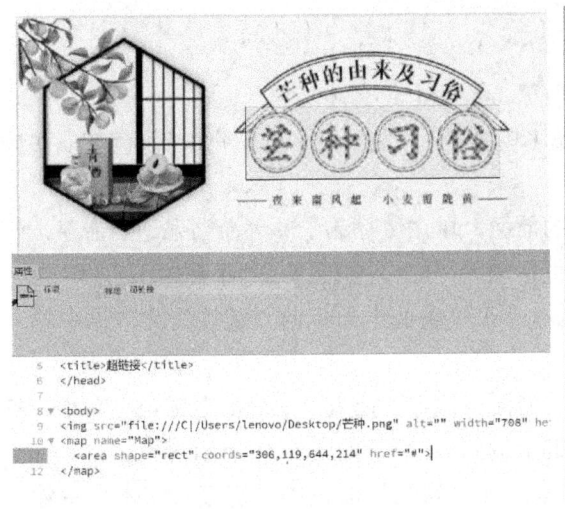

图 6-24　绘制矩形热区　　　　　图 6-25　绘制椭圆形热区

③ 多边形热点工具：在图像上拖动光标时，可以绘制一个不规则热区，如图 6-26 所示。下面将创建多边形热区及创建多边形热区的空链接。

➢ 在图像中拖动光标创建相应的热区，如图 6-27 所示。
➢ 选择刚创建的热区，在其"属性"的"链接"文本框中输入目标对象，如图 6-28 所示。

131

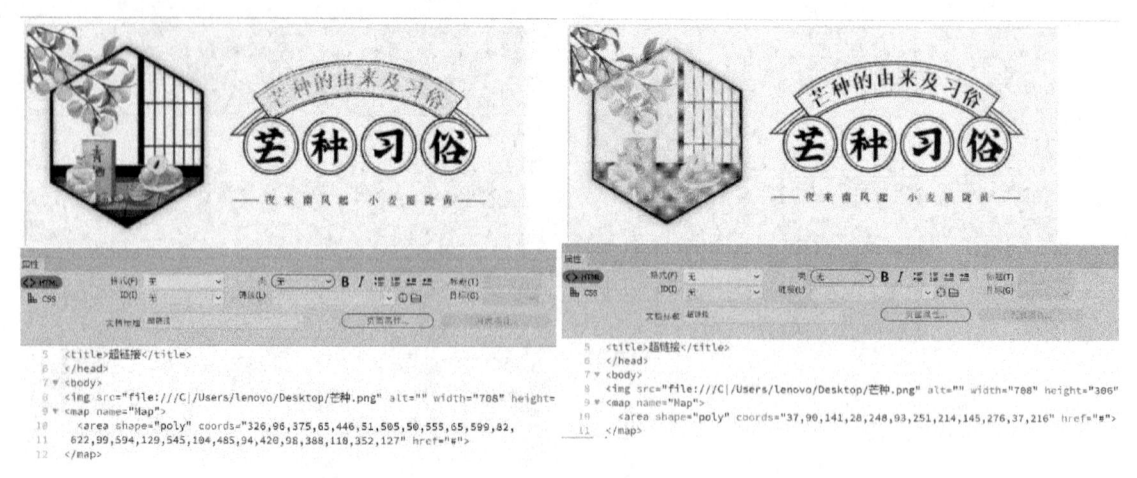

图 6-26 绘制多边形热区

图 6-27 创建多边形热区

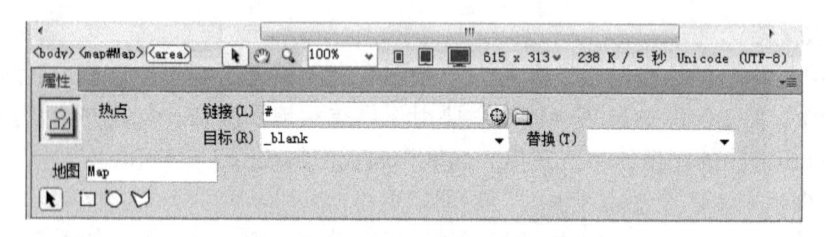

图 6-28 创建多边形热区的空链接

案例实施

打开"多肉植物品种大全"站点文件夹，打开 index.html 文件。

分别添加"仙人掌科多肉植物""石莲花属多肉植物""景天属多肉植物""伽蓝菜属多肉植物"的锚记链接。

把光标定位在"一、仙人掌科多肉植物"的前面，单击"插入"→"命名锚记"命令，打开"命名锚记"对话框，在"锚记名称"文本框中输入"a1"，如图 6-29 所示。

选择浏览器中的"仙人掌科多肉植物"文本，在"属性"面板的"链接"文本框中输入"#a1"，如图 6-30 所示。

把光标定位在"二、石莲花属多肉植物"的前面，执行"插入"→"命名锚记"命令，打开"命名锚记"对话框，在"锚记名称"文本框中输入"a2"，如图 6-31 所示。

选择浏览器中的"石莲花属多肉植物"文本，在"属性"面板的"链接"文本框中输入"#a2"，如图 6-32 所示。

把光标定位在"三、景天属多肉植物"的前面，执行"插入"→"命名锚记"命令，打开"命名锚记"对话框，在"锚记名称"文本框中输入"a3"，如图 6-33 所示。

选择浏览器中的"景天属多肉植物"文本，在"属性"面板的"链接"文本框中输入"#a3"，如图 6-34 所示。

第 6 章 网页多媒体、超链接和框架页

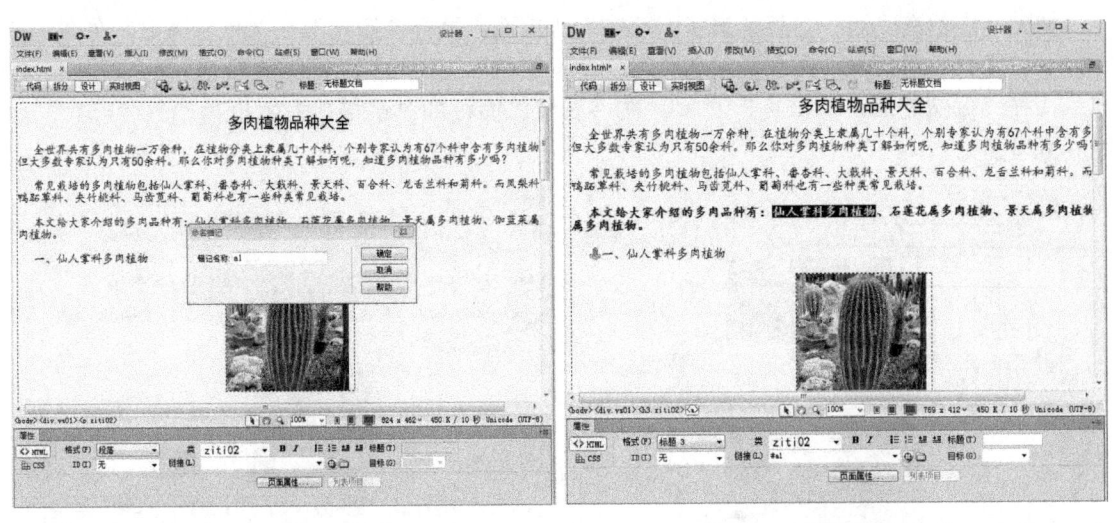

图 6-29 命名锚记（一）

图 6-30 链接锚记（一）

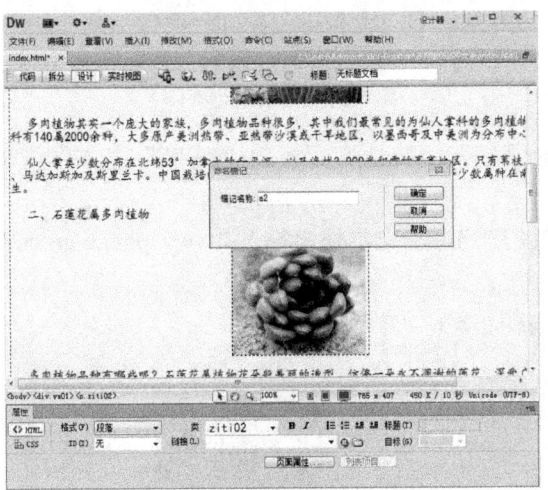

图 6-31 命名锚记（二）

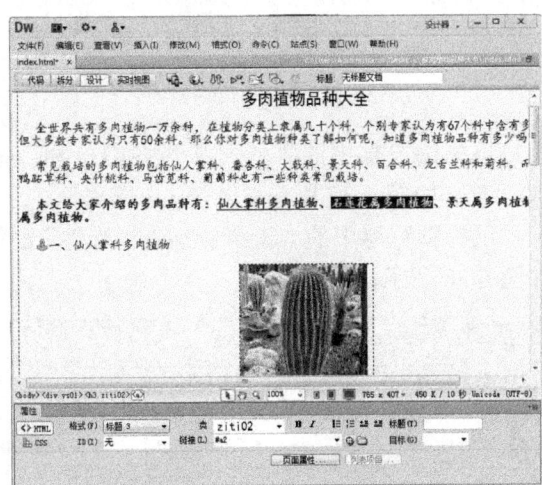

图 6-32 链接锚记（二）

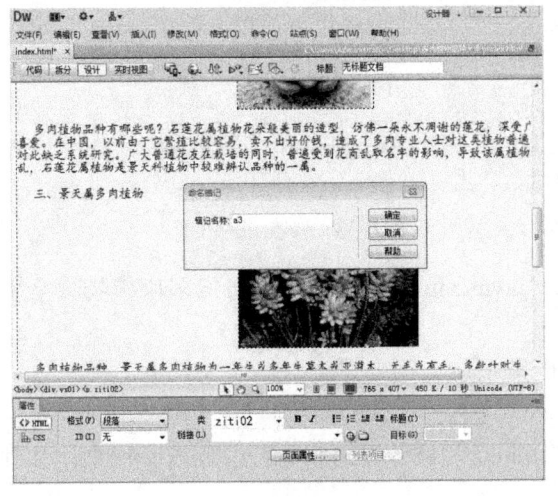

图 6-33 命名锚记（三）

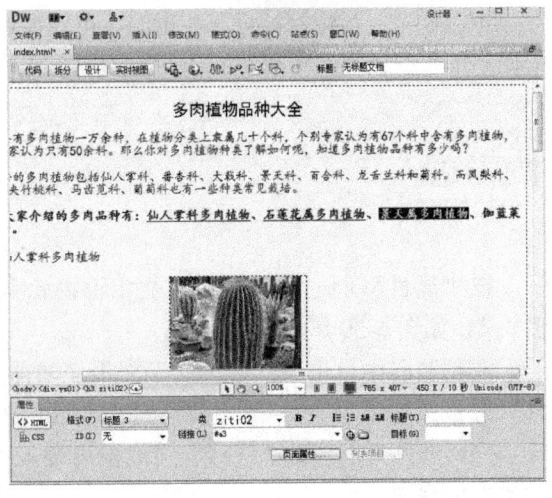

图 6-34 链接锚记（三）

133

把光标定位在"四、伽蓝菜属多肉植物"的前面,执行"插入"→"命名锚记"命令,打开"命名锚记"对话框,在"锚记名称"文本框中输入"a4",如图6-35所示。

选择"伽蓝菜属多肉植物"文本,在"属性"面板的"链接"文本框内输入"#a4",如图6-36所示。

图6-35 命名锚记(四)　　　　　图6-36 链接锚记(四)

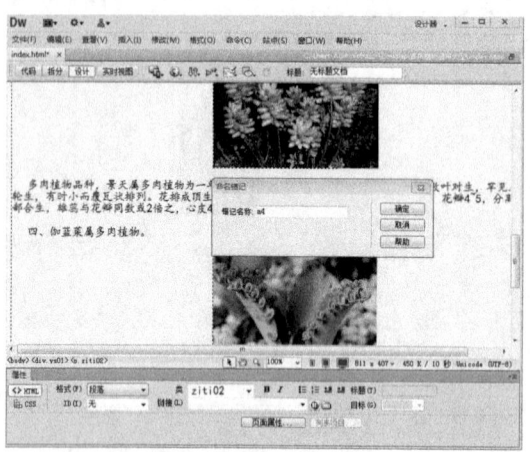

选择浏览器中的"仙人掌科多肉植物"图像,在"属性"面板的"链接"文本框内输入"#",如图6-37所示。

选择浏览器中的"Google",在"属性"面板的"链接"文本框内输入"www.phei.com.cn",如图6-38所示。

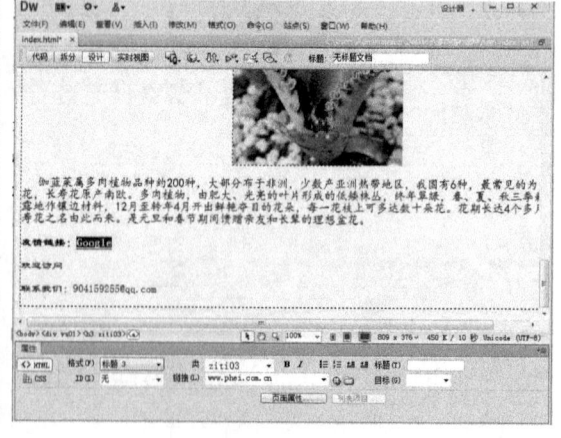

图6-37 空链接　　　　　图6-38 文本链接(一)

在"属性"面板的"链接"文本框内输入"javascript:alert('欢迎访问多肉植物大全主页');",如图6-39所示。

在浏览器中单击"欢迎访问"文本,如图6-40所示。

选定浏览器中的"904159255@qq.com"文本。

在"属性"面板的"链接"文本框内输入"mailto:904159255qq.com",如图6-41所示。到此本案例完成。

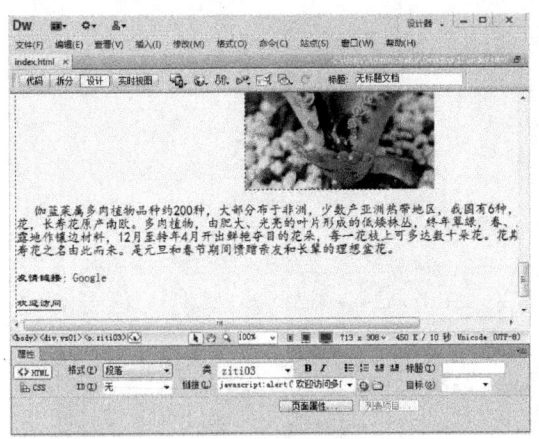

图 6-39　文本链接（二）　　　　　　　　图 6-40　脚本链接

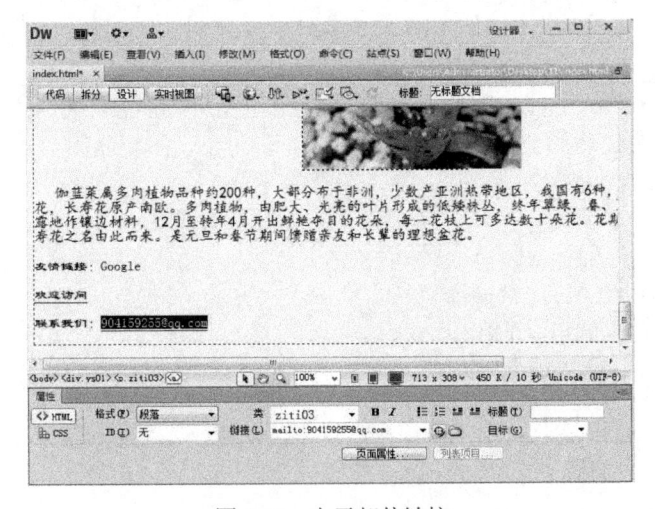

图 6-41　电子邮件链接

拓 展 练 习

布局 2019 年台历页面

使用框架布局 2019 年台历页面，如图 6-42 和图 6-43 所示。

1．训练要点

（1）使用框架布局页面；
（2）创建框架；
（3）保存框架；
（4）在框架页面中应用超链接。

2．操作提示

Rightframe.html 页面代码：

```
<!doctype html>
<html>
```

```
        <head>
        <meta charset="utf-8">
        <title>无标题文档</title>
        <style type="text/css">
        body {
         background-color: #FFC;
        }
        </style>
        </head>
        <body>
        <table width="483" height="545" border="0" align="center">
        <tr>
        <td height="242" align="left" valign="top"><imgsrc="images/jinzhu.jpg" width="480" height="240"></td>
        </tr>
        <tr>
        <td width="477" height="297" align="center" valign="top"><marquee direction="up"><p>公元2019年为平年</p>
        <p>公历天数： 365天</p>
        <p>公历周数： 53周</p>
        <p>农历天数：无闰月，354天</p>
        <p>春节： 2019年02月05日</p>
        <p>干支：己亥年(猪年) 平地木</p>
        </tr>
        </table>
        </body>
        </html>
```

Leftframe.html 页面代码：

```
        <!doctype html>
        <html>
        <head>
        <meta charset="utf-8">
        <title>无标题文档</title>
        <style type="text/css">
        body {
         background-color: #FFC;
        }
        </style>
        </head>
        <body>
        <table width="483" height="545" border="0" align="center">
        <tr>
        <td height="242" align="left" valign="top"><imgsrc="images/jinzhu.jpg" width="480" height="240"></td>
        </tr>
```

```html
<tr>
<td width="477" height="297" align="center" valign="top"><marquee direction="up"><p>公元2019年为平年</p>
<p>公历天数： 365天</p>
<p>公历周数： 53周</p>
<p>农历天数：无闰月，354天</p>
<p>春节： 2019年02月05日</p>
<p>干支：己亥年(猪年) 平地木</p>
</tr>
</table>
</body>
</html>
```

HTML 页面代码提示：

```html
<!doctype html>
<html>
<head>
<meta charset="utf-8">
<title>无标题文档</title>
<style type="text/css">
.ys01 {
 text-align: center;
}
.ys01 p {
 font-family: "黑体";
 font-weight: bold;
 font-size: 36px;
 color: #000;
}
</style>
</head>
<body class="ys01">
<p class="ys01">2019年一月</p>
<table width="684" height="237" border="0" align="center">
<tr>
<td align="center" valign="middle" bgcolor="#CC99CC">星期日</td>
<td align="center" valign="middle" bgcolor="#CC99CC">星期一</td>
<td align="center" valign="middle" bgcolor="#CC99CC">星期二</td>
<td align="center" valign="middle" bgcolor="#CC99CC">星期三</td>
<td align="center" valign="middle" bgcolor="#CC99CC">星期四</td>
<td align="center" valign="middle" bgcolor="#CC99CC">星期五</td>
<td align="center" valign="middle" bgcolor="#CC99CC">星期六</td>
</tr>
<tr>
<td align="center" valign="middle" bgcolor="#CCCC66"> </td>
<td align="center" valign="middle" bgcolor="#CCCC66"> </td>
```

```html
        <td align="center" valign="middle" bgcolor="#CCCC66">1</td>
        <td align="center" valign="middle" bgcolor="#CCCC66">2</td>
        <td align="center" valign="middle" bgcolor="#CCCC66">3</td>
        <td align="center" valign="middle" bgcolor="#CCCC66">4</td>
        <td align="center" valign="middle" bgcolor="#CCCC66">5</td>
      </tr>
      <tr>
        <td align="center" valign="middle" bgcolor="#CCCC66">6</td>
        <td align="center" valign="middle" bgcolor="#CCCC66">7</td>
        <td align="center" valign="middle" bgcolor="#CCCC66">8</td>
        <td align="center" valign="middle" bgcolor="#CCCC66">9</td>
        <td align="center" valign="middle" bgcolor="#CCCC66">10</td>
        <td align="center" valign="middle" bgcolor="#CCCC66">11</td>
        <td align="center" valign="middle" bgcolor="#CCCC66">12</td>
      </tr>
      <tr>
        <td align="center" valign="middle" bgcolor="#CCCC66">13</td>
        <td align="center" valign="middle" bgcolor="#CCCC66">14</td>
        <td align="center" valign="middle" bgcolor="#CCCC66">15</td>
        <td align="center" valign="middle" bgcolor="#CCCC66">16</td>
        <td align="center" valign="middle" bgcolor="#CCCC66">17</td>
        <td align="center" valign="middle" bgcolor="#CCCC66">18</td>
        <td align="center" valign="middle" bgcolor="#CCCC66">19</td>
      </tr>
      <tr>
        <td align="center" valign="middle" bgcolor="#CCCC66">20</td>
        <td align="center" valign="middle" bgcolor="#CCCC66">21</td>
        <td align="center" valign="middle" bgcolor="#CCCC66">22</td>
        <td align="center" valign="middle" bgcolor="#CCCC66">23</td>
        <td align="center" valign="middle" bgcolor="#CCCC66">24</td>
        <td align="center" valign="middle" bgcolor="#CCCC66">25</td>
        <td align="center" valign="middle" bgcolor="#CCCC66">26</td>
      </tr>
      <tr>
        <td align="center" valign="middle" bgcolor="#CCCC66">27</td>
        <td align="center" valign="middle" bgcolor="#CCCC66">28</td>
        <td align="center" valign="middle" bgcolor="#CCCC66">29</td>
        <td align="center" valign="middle" bgcolor="#CCCC66">30</td>
        <td align="center" valign="middle" bgcolor="#CCCC66">31</td>
        <td align="center" valign="middle" bgcolor="#CCCC66"> </td>
        <td align="center" valign="middle" bgcolor="#CCCC66"> </td>
      </tr>
    </table>
    <p><a href="rightframe.html"><imgsrc="images/anniu.jpg" width="154" height="50" /></a></p>
    </body>
    </html>
```

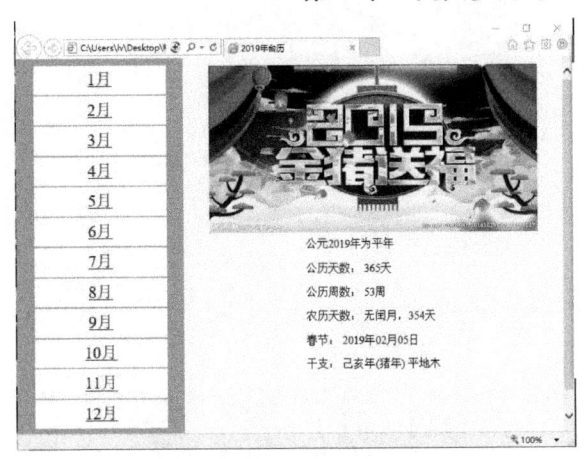

图 6-42　2019 年台历页面

图 6-43　2019 年台历子页面

第 7 章

网页表单

现在的网站更注重网络浏览者与网页间的交流,表单作为网页交流工具应运而生。通过表单的使用,可以收集到用户的相关信息、用户的需求和反馈,从而实现交互式网页的功能。平时浏览网页时,其注册页面、登录页面、网上问卷和留言板等都是通过表单来制作的。

【本章任务】
- 了解表单及表单属性。
- 了解创建表单、插入表单对象的基本方法。
- 掌握表单属性的基本方法。

案例　留言板的制作

案例分析

本案例中,将了解表单的基本概念、属性和表单的制作。

相关知识

1. 什么是表单

(1) 表单

表单其实就是一个容器,用来放置表单对象,如表单里放置文本框、选择按钮和提交按钮。表单和表单对象相互结合,组成一个完整的表单。

插入表单方法有以下两种:

- 单击"插入"菜单→"表单"→"表单"命令;
- 单击"插入"菜单工具栏的"表单"面板→"表单"按钮。

★提示:

单击"插入"菜单工具栏的"表单"面板里的"表单"按钮后,会出现虚线框,如图 7-1 所示,可在这个虚线框中插入文本字段、复选框、单选按钮、图像域和按钮等表单对象。

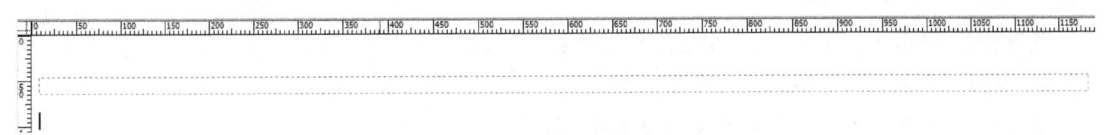

图 7-1 创建的"表单"

（2）表单属性

表单的"属性"面板如图 7-2 所示，其各属性含义如下：
- 表单 ID：创建表单 ID 名称，每个表单需要有唯一的名称。
- 动作：可以是一个完整的 URL 地址，也可以是一个电子邮件地址。当表单对象产生动作时，跳转到相应的网页或发送到指定的邮箱。
- 目标：打开目标文件浏的位置。
- 方法：表单内容提交给服务器所使用的方法，包括 POST、GET 和默认。
- 编码类型：对提交给服务器处理的数据编码类型，包括 application/xwww-form-urlencode 和 mulipart/form-data 两种类型。

图 7-2 表单的"属性"面板

2．表单对象

表单对象包含文本字段、隐藏域、文本区域、复选框、单选按钮、列表/菜单、跳转菜单、图像域、文件域和按钮等，如图 7-3 所示。

（1）文本域

文本字段和文本区域都属于文本域，文本域的内容可以是任何类型的字母、数字和文本内容。文本可以单行或多行显示，也可以以密码域的方式显示。所以包含有单行文本域、多行文本域和密码域多种形式，如图 7-4、图 7-5 和图 7-6 所示。在输入用户名、密码和自我介绍等这样的内容一般都会用到文本域。

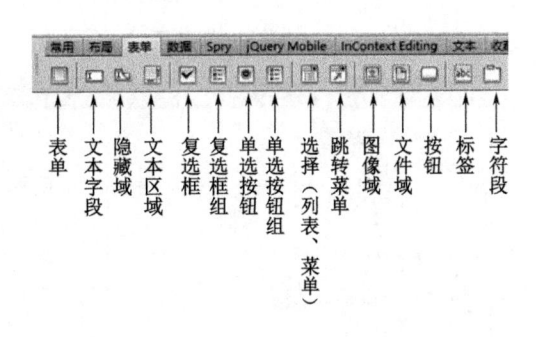

图 7-3 "表单"按钮

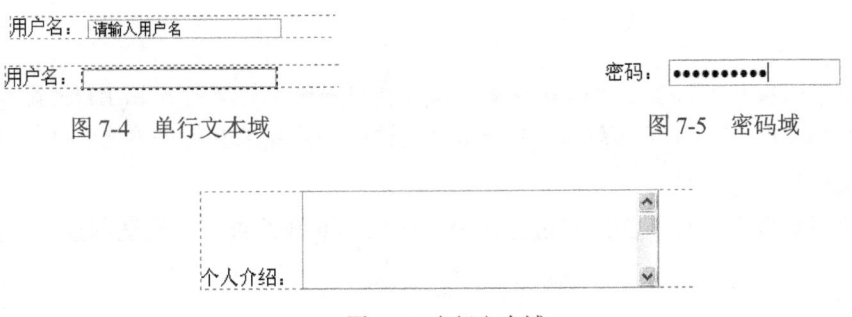

图 7-4 单行文本域

图 7-5 密码域

图 7-6 多行文本域

属性面板如图 7-7 所示，各属性含义如下：
◆ 字符宽度：文本域所显示的字符数。
◆ 最多字符数：文本域能输入的最大字数。
◆ 类型：分为单行、多行和密码 3 种，以不同的形式显示。其中，单行用于字数较少，如输入用户名和昵称等；多行用于行数较多时，如提交意见建议和自我鉴定等这些需要较长文字时使用，当选择多行时，文本框将出现滚动条；密码是指文本域此时将会以密码的形式显示。

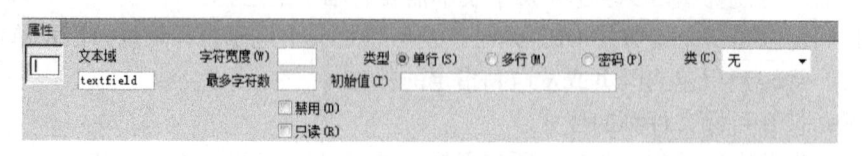

图 7-7　"属性"面板

（2）文件域

文件域可以实现文件的上传，用户可以从本地路径中选择文件，通过表单的文件域上传。文件域由文本框和浏览按钮组成，如图 7-8 所示。

（3）单选按钮和单选按钮组

在一组选项内只可选择一个答案，用单选按钮，如提交性别信息时，如图 7-9 所示。在一项内容中进行单项选择时，用到单选按钮组，如图 7-10 所示。通常在制作单项选择时，用到单选按钮组，如图 7-11 所示。

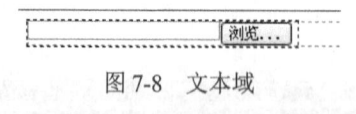

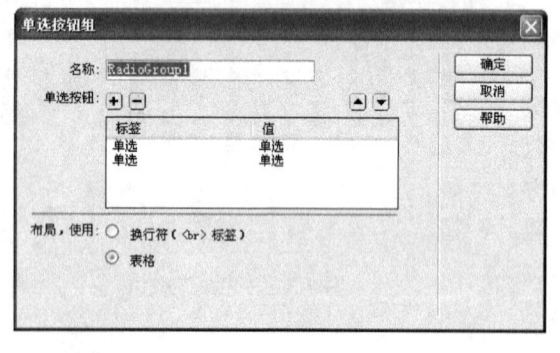

图 7-8　文本域　　　　　　　　　　　图 7-9　单选按钮

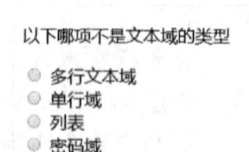

图 7-10　单选按钮组　　　　　　　　图 7-11　单选按钮组效果

★提示：

在同一个单选项目中，多个单选按钮必须设置在同一组，即单选按钮 ID 设置为同一个名称才能实现"N 选 1"这样的单选结果。在一组单选按钮中只能设置一个单选按钮为"已勾选"。

（4）复选框和复选框组

复选框可以设置多个选项让用户进行选择，如兴趣爱好调查、满意度调查等，如图 7-12 所示。

（5）按钮

在网页中，经常用到的按钮包括提交按钮、重置按钮和普通按钮等。

提交按钮主要用于提交表单内容，如图 7-13 所示。重新填写表单内容时用到的是重置按钮，如图 7-14 所示。而普通按钮可以用来处理其他工作，如图 7-15 所示。

图 7-12　复选框

图 7-13　提交按钮

图 7-14　重置按钮

图 7-15　普通按钮

（6）列表和下拉菜单

列表和下拉菜单用于在同一位置上进行选择的情况。下拉菜单是供用户在下拉列表中进行选择；菜单提供滚动条，供用户选择内容，其效果如图 7-16 所示。

（7）其他域

◆ 图像域

在表单中利用图像来代替普通的按钮，从而达到美化按钮，使其生动的目的，其效果如图 7-17 所示。

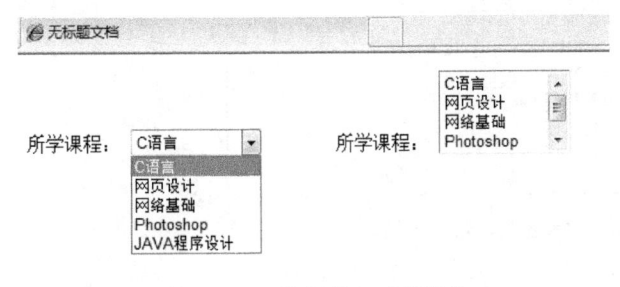

图 7-16　下拉菜单和列表菜单

图 7-17　图像域示例

◆ 跳转菜单

跳转菜单可以以下拉菜单或列表菜单形式展示。通过跳转菜单中的某个选项，跳转至相关的网页页面，其效果如图 7-18 所示。

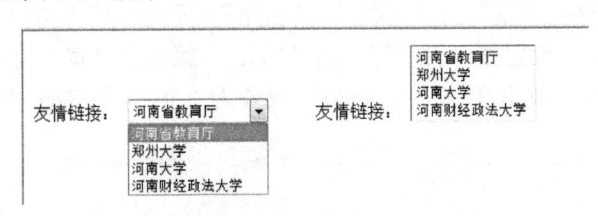

图 7-18　跳转菜单示例

案例实施

创建本地站点 liuyanweb，并在根目录下创建 images、common 和 webs 文件夹，打开 Dreamweaver CS6，选择菜单栏"站点"→"新建站点"，在"站点"选项卡中设置站点名称"留言板"，设置刚刚创建的"站点根目录文件夹 liuyanweb"作为本地站点文件夹。在"高级设置"选项中将根目录下的"images"文件夹作为默认图像文件夹，新建网页文件，保存文件名为 liuyanban.html。

在文档工具栏内，将文档标题改为"留言板"。

在菜单栏中单击"插入"菜单→"表格"命令，插入 1 行 1 列表格，"宽"为"770"，"填充""间距"和"边框"均为 0，"对齐"为"居中对齐"，如图 7-19 所示。

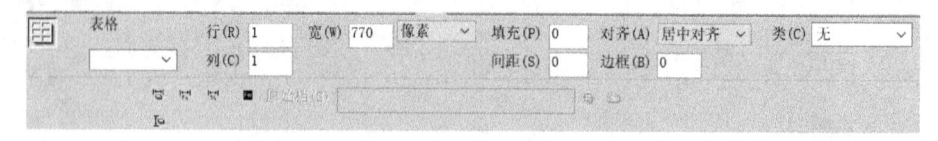

图 7-19 表格"属性"设置

选中表格，设置"高"为"682"，将光标放至单元格内，按 Shift+F5 组合键，打开"标签编辑器"对话框，单击"浏览器特定的"选项，如图 7-20 所示，设置图片"BG"为背景图像。

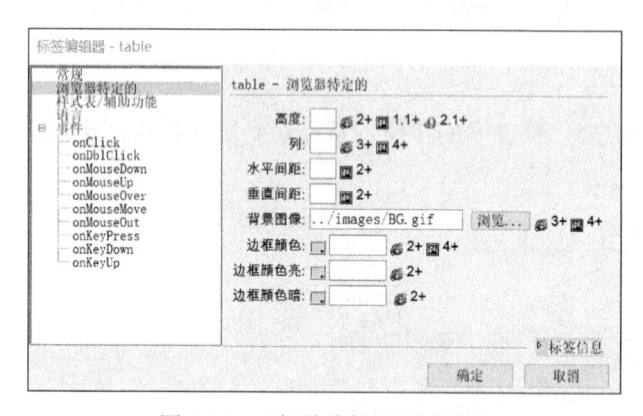

图 7-20 "标签编辑器"对话框

★提示：

设置"标签编辑器"有两种方法：第一种在单元格内右击，在弹出的菜单中选择"编辑标签"；第二种按 Shift+F5 组合键。

选中单元格，在"水平"方式右侧下拉设置"左对齐"，"垂直"方式右侧下拉设置"居中"对齐，插入 9 行 3 列表格，"宽"为"100%"，"填充""间距"和"边框"均为"0"，"对齐"为默认，如图 7-21 所示。设置第 1 列"宽"为"13%"，第 2 列"宽"为"17%"，第 3 列"宽"为"70%"。将第 1 至 6 行及第 8、9 行"行高"设置为"50"，第 7 行"行高"设置为"20"。

图 7-21 表格"属性"

选中第 1 列，单击"合并所选单元格"按钮，将第 1 列表格合并，水平"居中对齐"，垂直"居中"，输入文字"留言板"，单击"CSS"面板，弹出"新建 CSS 样式"对话框，输入"类名称"为"ys01"，单击"确定"按钮，弹出".ys01 的 CSS 规则定义"对话框，单击"类型"选项，设置字体"幼圆"，文字大小"44"，文字颜色"#60331A"，如图 7-22 所示。

在第 2 列输入需要的文字，单击"CSS"面板，弹出"新建 CSS 样式"对话框，输入"类名称"为"ys02"，单击"确定"按钮，弹出".ys02 的 CSS 规则定义"对话框，单击"类型"

选项，设置字体为"幼圆"，文字大小为"18"，文字颜色为"#000000"，效果如图 7-23 所示。

图 7-22 ".ys01 的 CSS 规则定义"对话框　　　　图 7-23 第二列效果图

在第 3 列第 1 行中，单击"插入"菜单工具栏的"表单"面板→"文本字段"按钮，插入"文本字段"，选择文本字段，在"属性"面板中设置"字符宽度"为"30"，"最多字符数"为"20"，"类型"为"单行"，"初始值"为"请输入 2-6 字中文昵称"，如图 7-24 所示。

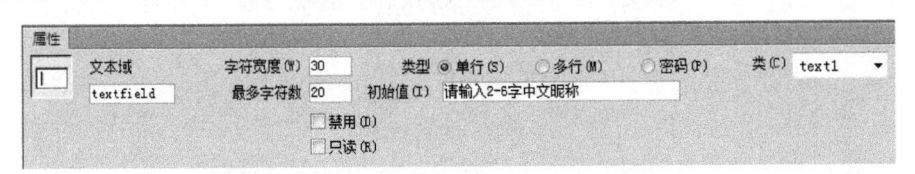

图 7-24 文本字段"属性"面板

选择该"文本字段"，单击"属性面板"，弹出"新建 CSS 样式"对话框，输入"类名称"为"text1"，单击"确定"按钮弹出".text1 的 CSS 规则定义"对话框，单击"类型"选项，设置字体为"宋体"，文字大小为"14"，高"为"30"，"宽"为"200"，单击"确定"按钮，如图 7-25 所示。

在第 3 列第 2 行中，单击"插入"菜单工具栏的"表单"面板→"单选按钮"按钮，插入"单选按钮"，效果如图 7-26 所示。选中该单选按钮，设置其属性值，只能将其中一个选项设置为"已勾选"，如图 7-27 所示。

★提示：

在该单选项中只能选择"男""女"其中的一项，所以在设置属性时，一定要将单选按钮设置成同一组，即将两个单选按钮 ID 设置成同一个名称。

在第 3 列第 3 行中，单击"插入"菜单工具栏的"表单"面板→"表单"按钮，插入"复选框组"，效果如图 7-28 所示。

在第 3 列第 4 行中，单击"插入"菜单工具栏的"表单"面板→"选择（列表/菜单）"按钮，插入列表菜单，设置其属性值，如图 7-29 所示。

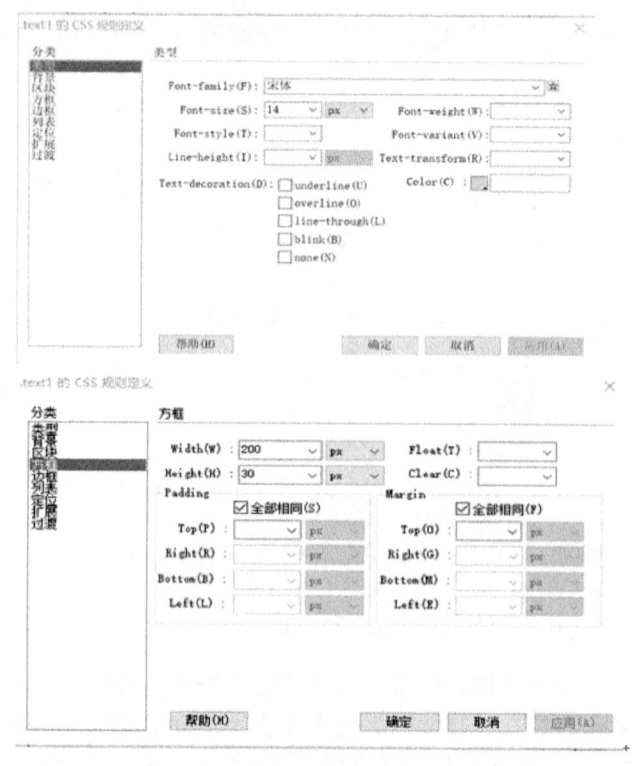

图 7-25 ".text1 的 CSS 规则定义"对话框

图 7-26 单选效果

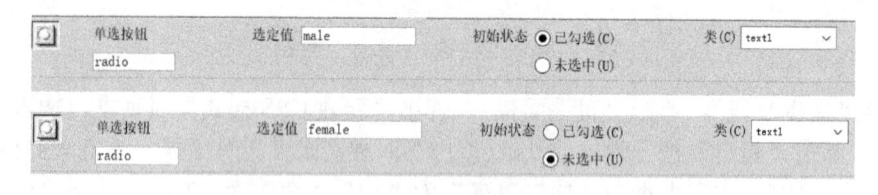

图 7-27 属性设置

图 7-28 复选框效果图

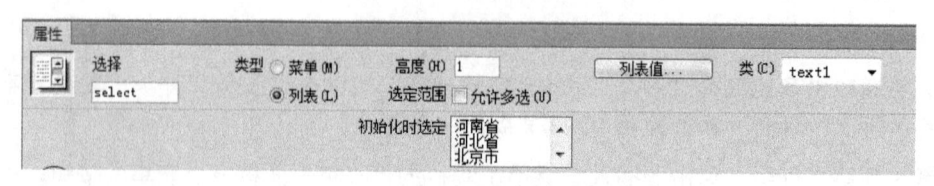

图 7-29 列表/菜单"属性"面板

图 7-30 图像域、列表效果图

（13）在第 3 列第 5 行中，单击"插入"菜单工具栏的"表单"面板，插入"图像域、选择（列表/菜单）"，效果如图 7-30 所示。

第 7 章　网页表单

在第 3 列第 6 行中，单击"插入"菜单工具栏的"表单"面板，插入"文本区域"，设置"字符宽度"为"60"，"行数"为"12"，"类型"为"多行"，"属性"面板设置，如图 7-31 所示。

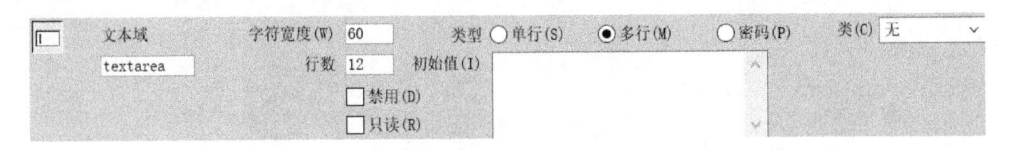

图 7-31　文本区域"属性"面板

在第 3 列第 7 行，单击"插入"菜单工具栏的"表单"面板，插入"按钮"，设置"属性值"为"提交"，"动作"为"提交表单"。按以上方法插入"重置"按钮，"动作"为"重设表单"。

选择"提交"按钮，单击"CSS"面板，弹出"新建 CSS 样式"对话框，输入"类名称"为"text2"，单击"确定"按钮弹出".text2 的 CSS 规则定义"对话框，单击"类型"选项，设置字体"宋体"，文字大小"16"，如图 7-32 所示。

图 7-32　".text2 的 CSS 规则定义"对话框

保存网页，按"F12"键运行网页，效果如图 7-33 所示。

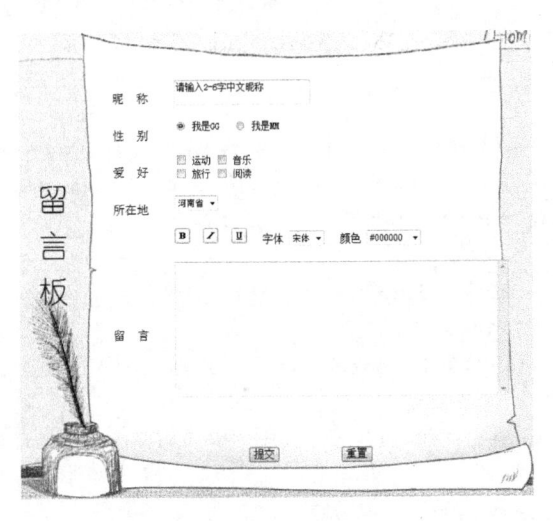

图 7-33　最终效果图

本案例的 HTML 代码如下。

CSS 样式部分：

```html
<!doctype html>
<html>
<head>
<meta charset="utf-8">
<title>留言板</title>
<style type="text/css">
.ys01 {
    font-family: "幼圆";
    font-size: 44px;
    color: #60331A;
}

.text1 {
    font-family: "宋体";
    font-size: 14px;
    height: 30px;
    width: 200px;
}
.ys02 {
    font-family: "宋体";
    font-size: 18px;
    color: #000;
}
.text02 {
    font-family: "宋体";
    font-size: 16px;
}
</style>
</head>
```

\<body\>\</body\>部分：

```html
<body>
<p class="ys02"> </p>
<table width="770" border="0" align="center" cellpadding="0" cellspacing="0" background="../images/BG.gif">
  <tr>
    <td height="682" align="left" valign="top" background="img/BG.gif"> 
      <table width="100%" border="0" cellspacing="0" cellpadding="0">
        <tr>
          <td rowspan="8" align="center" valign="middle"><p class="ys01">留</p>
            <p class="ys01">言</p>
            <p class="ys01">板</p></td>
```

```html
                <td width="17%" height="50" align="left" valign="top"> </td>
                <td width="70%" height="50" align="left" valign="top"> </td>
              </tr>
              <tr>
                <td height="50" align="center" valign="middle" class="ys02">昵  称</td>
                <td height="50"><form name="form2" method="post" action="">
                  <label for="textfield4"></label>
                  <input name="textfield" type="text" class="text1" id="textfield4" value="请输入2-6字中文昵称" size="30" maxlength="20">
                </form></td>
              </tr>
              <tr>
                <td height="50" align="center" valign="middle" class="ys02">性  别</td>
                <td height="50"><form action="" method="post" name="form1" class="text1">
                    <input name="radio" type="radio" id="radio" value="male" checked>
                    <label for="radio"></label>
                    我是GG           
                    <input type="radio" name="radio" id="radio2" value="female">
                    <label for="radio"></label>
                    我是MM
                </form></td>
              </tr>
              <tr>
                <td height="50" align="center" valign="middle" class="ys02">爱  好</td>
                <td height="50" class="text1"><form name="form7" method="post" action="">
                  <p>
                    <label>
                      <input type="checkbox" name="CheckboxGroup1" value="复选框" id="CheckboxGroup1_0">
                      运动</label>
                    <label>
                      <input type="checkbox" name="CheckboxGroup1" value="复选框" id="CheckboxGroup1_1">
                      音乐</label>
                    <br>
                    <label>
                      <input type="checkbox" name="CheckboxGroup1" value="复选框" id="CheckboxGroup1_2">
                      旅行</label>
                    <label>
                      <input type="checkbox" name="CheckboxGroup1" value="复选框"
```

```html
id="CheckboxGroup1_3">
                  阅读</label>
                <br>
              </p>
            </form></td>
          </tr>
          <tr>
            <td height="50" align="center" valign="middle" class="ys02"><span class="ys02">所在地</span></td>
            <td height="50" class="text1"><form name="form3" method="post" action="">
              <label for="select"></label>
              <select name="select" size="1" id="select">
                <option>河南省</option>
                <option>河北省</option>
                <option>北京市</option>
                <option>香港</option>
                <option>澳门</option>
                <option>台湾</option>
              </select>
            </form></td>
          </tr>
          <tr>
            <td height="50" align="center" valign="middle"> </td>
            <td height="50"><form name="form4" method="post" action="">
              <input type="image" name="imageField" id="imageField" src="../images/bold.gif">
                 
              <input type="image" name="imageField2" id="imageField2" src="../images/italicize.gif">
                 
              <input type="image" name="imageField3" id="imageField3" src="../images/underline.gif">
                   字体
              <label for="select2"></label>
              <select name="select2" id="select2">
                <option>宋体</option>
                <option>仿宋</option>
                <option>楷体</option>
                <option>幼圆</option>
              </select>
                   颜色
              <label for="select3"></label>
              <select name="select3" size="1" id="select3">
                <option>#000000</option>
                <option>#FFFFFF</option>
```

```
              <option>#999999</option>
            </select>
          </form></td>
        </tr>
        <tr>
          <td height="200" align="center" valign="middle" class="ys02">留 言</td>
          <td height="200" align="left" valign="middle"><form name="form5" method="post" action="">
            <label for="textarea"></label>
            <textarea name="textarea" cols="60" rows="12" id="textarea"></textarea>
          </form></td>
        </tr>
        <tr>
          <td height="50" align="center" valign="middle"> </td>
          <td height="50"> </td>
        </tr>
        <tr>
          <td align="left" valign="top"> </td>
          <td height="50" colspan="2" align="center" valign="middle"><form name="form6" method="post" action="">
            <input name="button" type="submit" class="text02" id="button" value="提交">
                               
            <input name="button2" type="reset" class="text02" id="button2" value="重置">
          </form></td>
        </tr>
      </table></td>
    </tr>
  </table>
</body>
</html>
```

拓 展 练 习

制作问卷调查页面

使用表单制作问卷调查页面，如图 7-34 所示。

1. 训练要点

（1）表单的创建；
（2）表单的属性设置；

(3) 不同表单的使用方法。

2. 操作提示

部分代码：

```html
      <table width="640" border="0" align="center" cellpadding="0" cellspacing="0">
      <select name="select2" id="select2">
      <option>30min-1h </option>
      <option>1h-3h</option>
      <option>3h-5h</option>
      <option>5h</option>
      </select>
      <input type="checkbox" name="CheckboxGroup3" value="复选框" id="CheckboxGroup3_6">
      <select name="select" size="4" id="select">
      <option selected>纸质书</option>
      <option>手机</option>
      <option>Kindle</option>
      <option>电脑</option>
      </select>
      <input type="submit" name="button" id="button" value="提交">
      <input type="reset" name="button2" id="button2" value="重置">
```

第 8 章

动态网站基础

动态网站并不是指具有动画功能的网站,而是指网站内容可根据不同情况动态变更的网站。一般情况下,动态网站通过数据库进行架构。动态网站除了要设计网页外,还要通过数据库和编程来使网站具有更多自动的、高级的功能。

制作动态网站的常用方式有 ASP 和 PHP 两种。其中,ASP 是一种动态网页,是在服务器端进行编译的,它可实现与数据库和其他程序的交互,且简单易学。PHP 是一种广泛使用的通用开源脚本语言,可以嵌入 HTML 中,此处不再赘述。本章将介绍 ASP 动态网站的开发流程、数据库的应用和动态网页的制作等知识。

【本章任务】
◇ 掌握动态网页的基本操作。
◇ 掌握动态网页服务器环境配置的方法。
◇ 掌握连接数据库的方法。

案例 1 配置 IIS 服务器

案例分析

本案例中,将了解怎么配置 IIS 和服务器站点。

相关知识

1. 动态网站

动态网站是网站开发技术的重要组成部分,又被称做 Web 应用程序,其作用是实现网站的动态数据调用以及网站与访问者的交互(如数据查询、用户注册等),但是动态网站需要专门的开发语言来实现,常见的动态网站开发语言包括 ASP、PHP、.NET 和 JSP 等。

★提示:
ASP(Active Server Page)意为"动态服务器页面",其文件名后缀为".asp"。它是微软开发的一种应用于动态网站领域的技术。

2．动态网站的开发流程

对于静态网站而言，动态网站的开发流程相对较为复杂，因为动态网站的开发无论是在技术难度还是涉及专业领域上，都比静态网站复杂，其开发流程更加细化、分工更加明确。简单归纳起来，动态网站的开发流程如下：

- 需求分析。
- 功能模块涉及。
- 数据库设计。
- 后台程序开发。
- 前台程序开发。
- 网站的页面设计。
- 程序与页面的整合。
- 网站的发布和测试。

3．动态网站与静态网站的区别

从功能方面，静态网站主要实现的是信息展示的功能；而动态网站则兼顾信息查询、信息展示和用户信息交互等多种功能。在开发涉及技术方面，静态网站主要涉及网页制作技术，重在美工设计和 HTML 网页制作；而动态网站则涉及网页设计和制作、动态网页程序编写和数据库操作等多项技术。

案例实施

在制作 ASP 动态网站时，为了能让其正常运行，需要在服务器端安装支持 ASP 程序编译的服务器软件并进行必要的配置。

1．安装 IIS

打开"控制面板"，选择"程序和功能"选项，单击左侧"启用或关闭 Windows 功能"超链接，打开"Windows 功能"对话框如图 8-1 所示。

单击"Internet Information Services"前的⊞，在展开的列表中单击子项"Web 管理工具"前的⊞，勾选该项所有子项，如图 8-2 所示。

单击"万维网服务"前的⊞，在展开的列表中单击子项"应用程序开发功能"前的⊞，由于本案例设计 ASP 程序，所以勾选"ASP"子项，如图 8-3 所示。

单击"确定"按钮，安装相关程序组件，等待数分钟后完成程序组件添加，如图 8-4 所示。

在浏览器的地址栏中输入"http://localhost"测试是否成功，其成功效果如图 8-5 所示。

图 8-1 "Windows 功能"对话框

第 8 章 动态网站基础

图 8-2 添加 IIS 功能组件

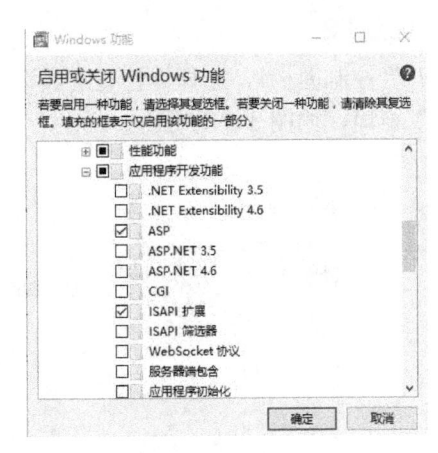

图 8-3 添加 ASP 开发功能

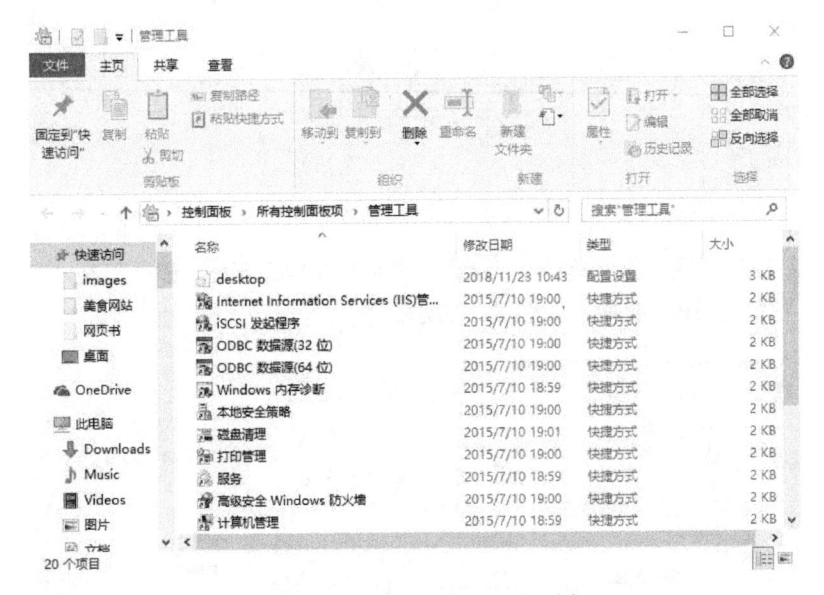

图 8-4 添加 IIS 组件后工具列表

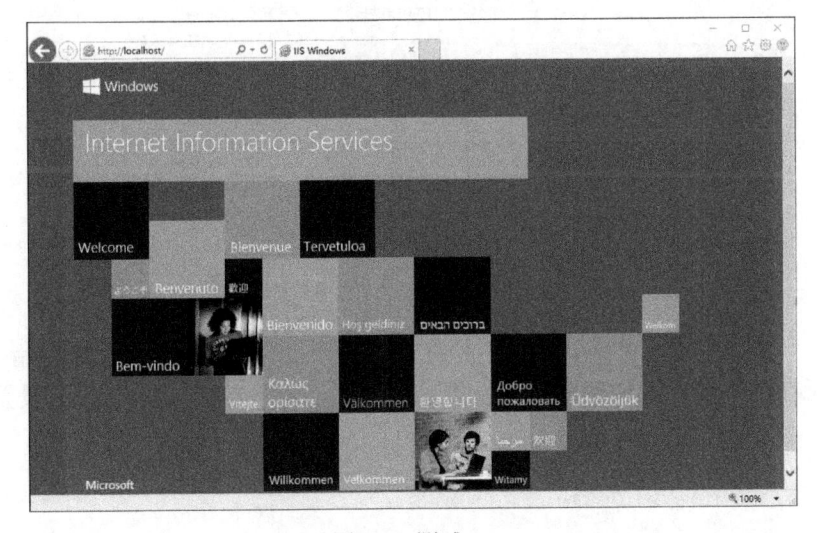

图 8-5 测试 IIS

2. 配置 IIS

打开"控制面板",选择"管理工具"选项,双击打开"Internet Information Services(IIS)管理器"窗口,如图 8-6 所示。

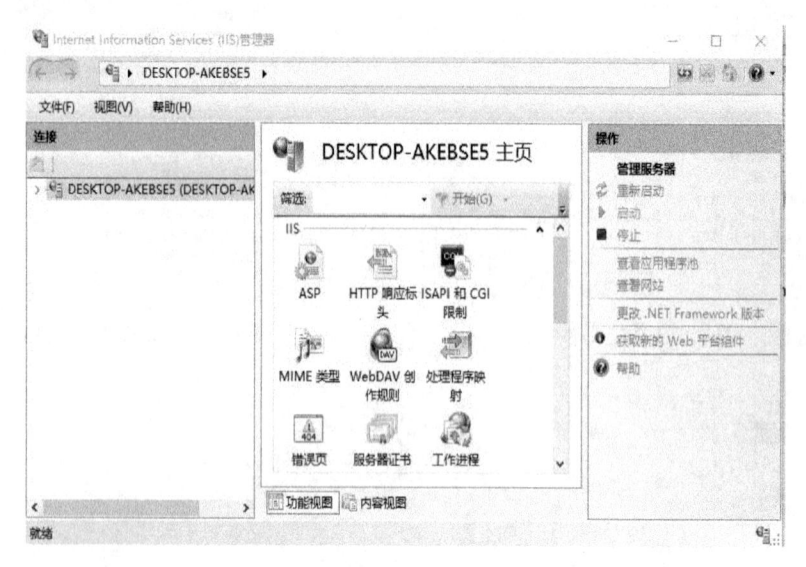

图 8-6 "Internet Information Services(IIS)管理器"窗口

在打开的窗口左侧展开所有列表,并选择"Default Web Site"选项,在"Default Web Site 主页"窗格中选择"ASP"选项,如图 8-7 所示。

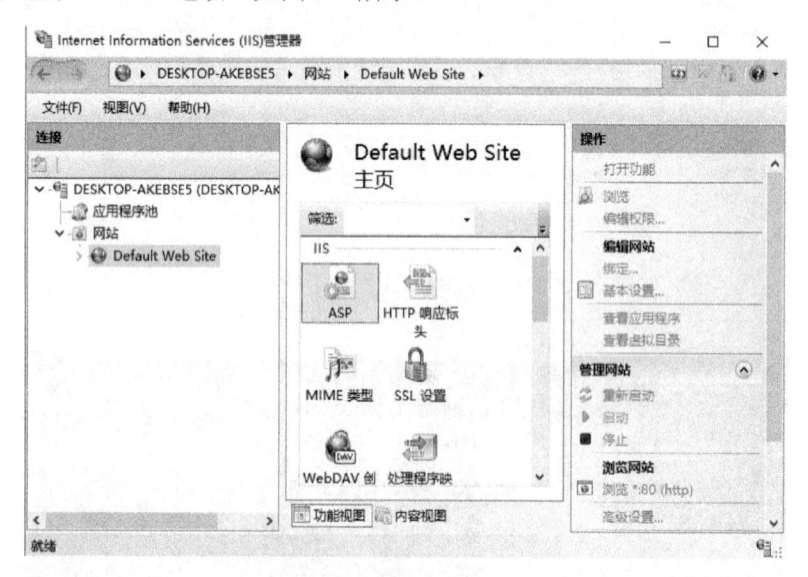

图 8-7 选择"ASP"选项

在"操作"窗格中单击"高级设置"超链接,打开"高级设置"对话框。将"物理路径"设置为站点所在的位置,其他保持默认设置。单击"确定"按钮,完成 IIS 设置,如图 8-8 所示。

第 8 章　动态网站基础

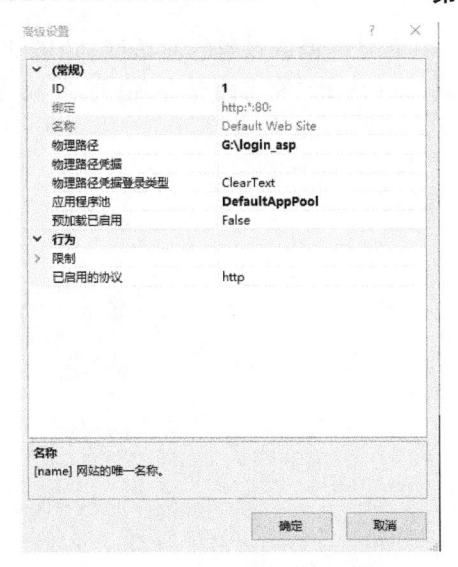

图 8-8　"高级设置"对话框

案例 2　动态网站服务器环境配置

案例分析

本案例中，将掌握 IIS 服务器主要参数的配置方法，并在 Dreamweaver CS6 中配置测试服务器的方法。

相关知识

动态网站服务器环境配置方法

- 在"Internet Information Services（IIS）管理器"窗口中，打开"高级设置"对话框设置"物理路径"。
- 在 Dreamweaver CS6 中，新建站点。
- 设置服务器参数。
- 保存站点。
- 新建 ASP 网页文件"index.asp"，并保存到站点文件夹中。
- 在浏览器的地址栏中输入 http://127.0.0.1/index.asp 即可浏览动态网页。

案例实施

动态网站服务器环境配置方法，包括安装和配置 IIS 服务器、测试服务器的方法，为进一步学习动态网站开发创造必要条件。

打开"控制面板"，双击打开"管理工具"，在"管理工具"窗口中双击"Internet Information Services"快捷方式。在打开的"Internet Information Services（IIS）管理器"窗口，单击左侧"网站"前的⊞展开所有列表，在"Default Web Site"上右击，在弹出的快捷菜单中，单击"管

157

理网站"→"高级设置"命令,打开"高级设置"对话框,如图8-9所示。

在打开的"高级设置"对话框中,单击"物理路径"的值列,将路径参数设置为"G:\login_asp",单击"确定"按钮,完成配置,如图8-10所示。

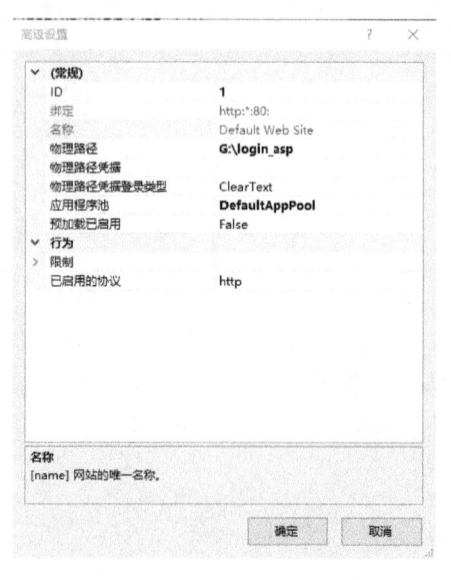

图8-9 "高级设置"对话框　　　　　　图8-10 设置"物理路径"

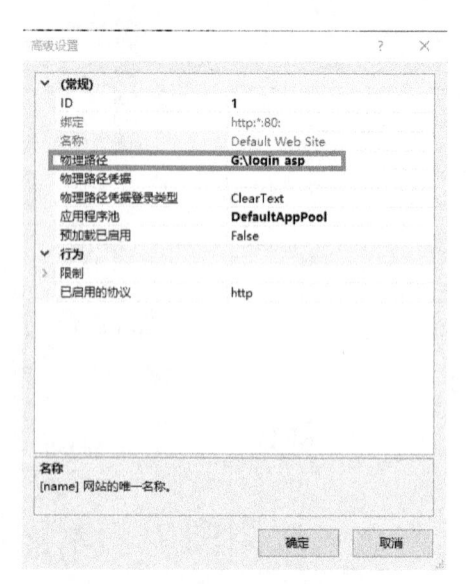

启动Dreamweaver CS6,新建站点,在打开"站点设置对象login_asp"对话框中设置"站点名称"为"Asp Web",将"本地站点文件夹"设为与IIS服务器默认路径一致的"G:\login_asp",如图8-11所示。

在左侧分类列表框中选择"服务器"选项卡,将主窗格切换到"服务器"对话框中。在右侧服务器配置窗格中单击"添加服务器"按钮,新建一个服务器参数设置,如图8-12所示。

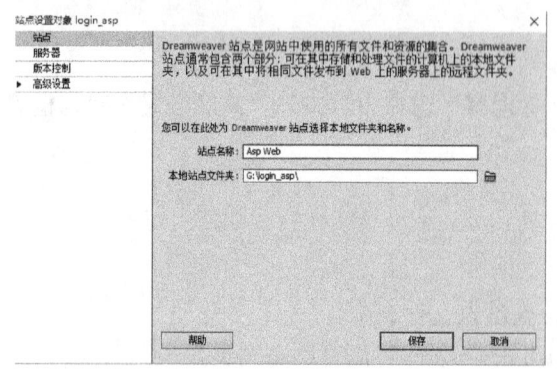

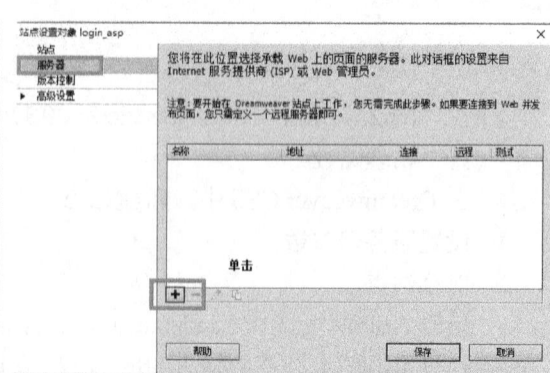

图8-11 新建站点　　　　　　图8-12 新建服务器

设置"服务器名称"为"asp","连接方法"为"WebDAV","URL"为"http://127.0.0.1/",单击"确定"按钮,如图8-13所示。

返回"站点设置对象login_asp"对话框中,在右侧服务器列表中选中"测试"列的复选框。单击"保存"按钮,完成动态站点的配置,如图8-14所示。

在站点文件夹下面新建ASP网页,命名为"index.asp",如图8-15所示。

打开浏览器,在地址栏中输入http://127.0.0.1/index.asp即可浏览动态网页"index.asp",如

图 8-16 所示。

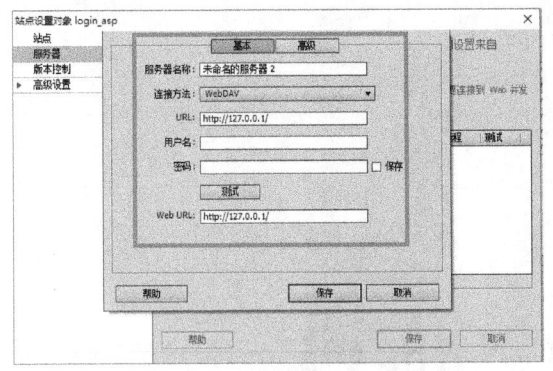

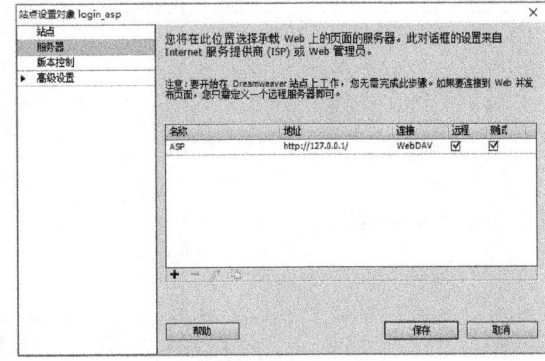

图 8-13　设置服务器属性参数　　　　图 8-14　保存站点

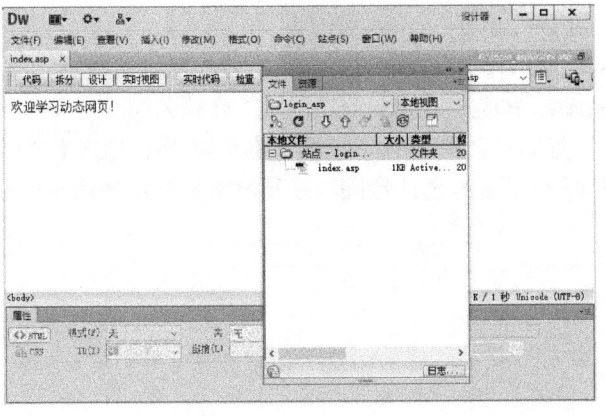

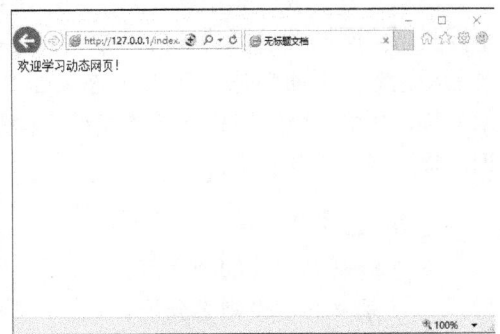

图 8-15　新建 asp 网页　　　　图 8-16　浏览动态 asp 网页

拓 展 练 习

简答题

1．简述 IIS 安装过程。
2．如何确定 IIS 配置成功。
3．怎么配置动态网站环境？
4．配置 IIS 自带的 FTP 服务功能。
5．请利用 Dreamweaver 站点管理器设置 FTP 参数选项，并进行站点发布。

第 9 章

网站建设综合实例

网站建设一般按照主题分为个人网站、政府网站、教育网站、公司网站和电子商务网站等，不同类型的网站有不同的风格。对于小型网站，通常为了展示公司形象，介绍公司业务范围和产品特色等，页面都是 HTML 静态页面，没有后台，更新频率较低。本章以 Div+CSS 作为技术架构，介绍某服装销售网站的建设流程及静态页面的设计步骤，以及对网页布局形成整体认识，提升网页设计水平。

【本章任务】
◇ 了解网站建设的基本流程。
◇ 了解网站建设需求分析。
◇ 了解网站界面设计。

案例　服装销售网站的制作

案例分析

通过服装销售网站的构建，了解创建电子商务网站主要展示商品信息，并且让用户清晰地了解选购的商品。

服装销售主页：用"国"字形布局，展示时尚女装和休闲女装的最新款式。
服装款式页面：用"T"字形布局，展示时尚女装和休闲女装的最新款式。
新品上市页面：展示真丝新品和羽绒服新品。
特品专区页面：展示一些特价的热销商品。
在线注册页面：如果对本网站有想说的话，可以注册留言。
帮助中心页面：帮助其如何使用网站服装销售。

相关知识

在进行网站建设时，首先需要进行需求分析，只有明确了解网站的需求，才能进行下一步工作。下面介绍网站需求分析主要包含的几个方面。

1．市场调查

目前，对 Internet 上同类网站的浏览量进行数据统计分析，了解最流行风格的网站；作为营利性网站，还需要了解同类网站的经营情况，对消费市场进行详细调查，确定自己的网站应当针对什么样的用户群体。

2．网站规模

网站究竟要做多大，要有多大的规模，需要多少个网页，这些都不是随心所欲的，应当根据实际情况来决定网站规模的大小。一般来讲，可以把网站划分为小型、中型和大型 3 种。一般的网站都是先从小规模开始建站，然后逐步扩大网站规模。

3．网站主题

首先确定自己要做的网站主题是以某个行业为主题还是以个人兴趣爱好为主题，是专门以售后服务为主题还是做门户类的网站等，这些都是需要事先考虑好的。因为不同的主题，在风格的表现形式和内容的侧重点上都不相同，下面介绍一些关于不同主题的网站在设计时应当注意的问题。

门户网站所涉及的内容非常广泛，综合性较强，这类网站需要每天有大量的信息更新；

以售后服务为主题的职能网站则应当注重其功能性，这类网站大多用来树立公司形象或为客户提供相关的售后服务；

以个人兴趣爱好为主题的个人网站则注重个性化，相对比较自由，可根据个人特长自由发挥；

以某个行业为主题的专业网站在设计上要考虑其单一性和专业性，不宜太烦琐，应注重信息内容的重点突出部分。

4．网站目标群体

网站的主题不同，所针对的用户群体也不同。比如说时尚类网站主要针对追求时尚的人，门户网站则是针对大部分普通人群，还有一些网站是针对儿童、妇女或老年人的。

网站在考察用户的需求后，就可以定位网站的设计风格。本案例主要以女士服装为主题，主题风格以暖色为主。板式采用了"T"字形布局、"国"字形布局、"三"字形布局和表格布局页面。

案例实施

1．服装销售主页

创建本地站点文件夹 fuzhuang，在本地站点文件夹内部创建 common、images 和 webs 文件夹。

启动 Dreamweaver CS6，进入启动界面，单击"Dreamweaver"站点，弹出"站点设置对象"对话框，如图 9-1 所示。在"站点名称"文本框中输入"fuzhuang"，"本地站点文件夹"选择桌面上创建的"fuzhuang"网站，单击"保存"按钮。

新建一个空白的 HTML5 网页文件，保存为 index.html，把该网页保存在"fuzhuang"站点的 webs 内，如图 9-2 所示。

网页制作案例教程（Dreamweaver CS6）

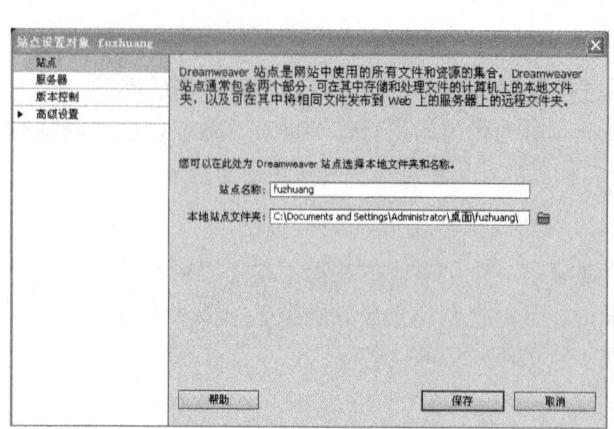

图9-1 "站点设置对象"对话框

图9-2 "另存为"对话框

单击"插入"菜单→"布局对象"→"Div 标签"，如图 9-3 所示，即弹出"插入 Div 标签"对话框，如图 9-4 所示。在"类"文本框中输入"wrapper"，为总布局定义类名。

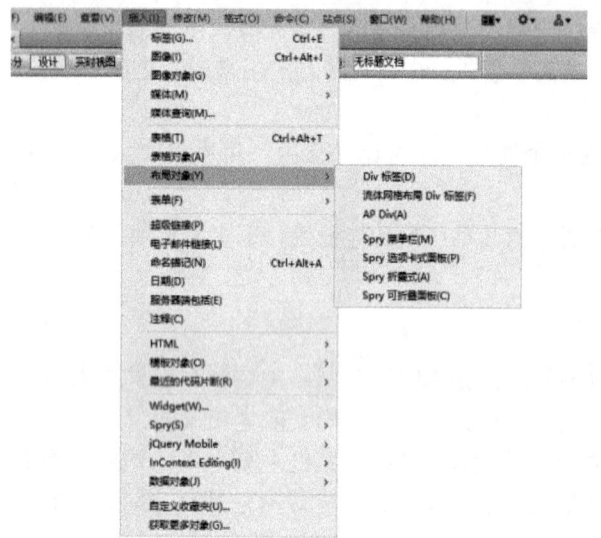

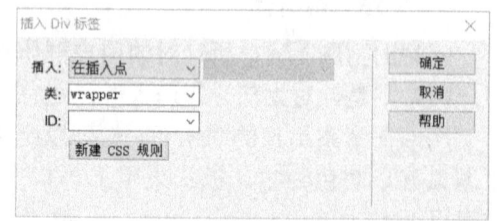

图9-3 "插入"菜单

图9-4 "插入 Div 标签"对话框

单击"新建 CSS 规则"按钮，弹出"新建 CSS 规则"对话框，在"选择器类型"下拉列表中选择"类"选择器，输入"选择器名称"为".wrapper"，如图 9-5 所示。弹出".wrapper 的 CSS 规则定义"对话框，单击"分类"中的"方框"选项。在"方框"选项组中设置"Width"为"800"，"Height"为"935"。设置网页的居中效果，单击"Margin"选项取消"全部相同"。设置"Top"为"0"，"Right"为"auto"，"Bottom"为"0"，"Left"为"auto"，单击"确定"按钮，如图 9-6 所示。

在".wrapper"div 标签中单击"插入"菜单→"布局对象"→"Div 标签"命令，即弹出"插入 Div 标签"对话框，如图 9-7 所示。在"类"文本框中输入类名为"header"，单击"新建 CSS 规则"按钮，弹出"新建 CSS 规则"对话框，在"选择器类型"下拉列表中选择"类"选择器，在"选择器名称"文本框中输入"header"。单击"确定"按钮，弹出".header 的 CSS

规则定义"对话框,如图 9-8 所示。单击"分类"中的"方框"选项,在"方框"选项组中设置"Width"为"800","Height"为"150"。

图 9-5 "新建 CSS 规则"对话框

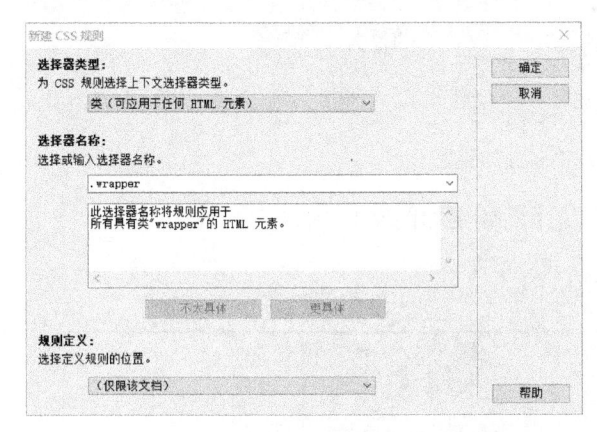

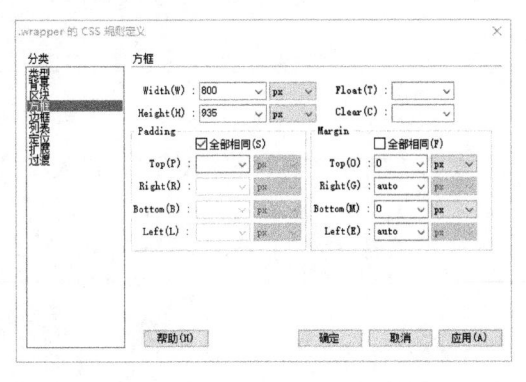

图 9-6 弹出".wrapper 的 CSS 规则定义"对话框

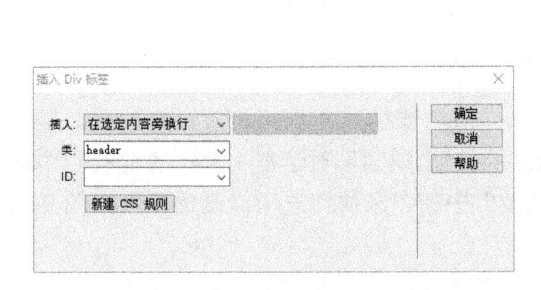

图 9-7 "插入 Div 标签"对话框

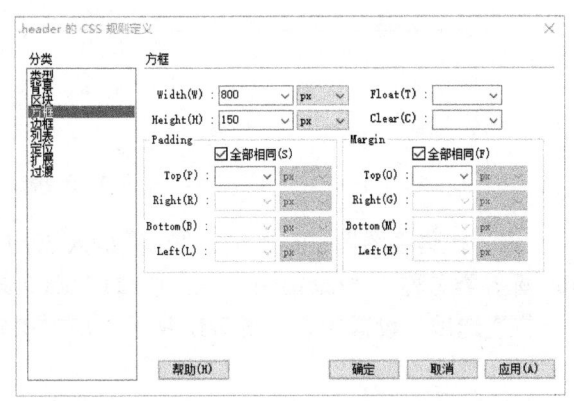

图 9-8 ".header 的 CSS 规则定义"对话框

单击"设计视图"窗口面板组中"CSS 样式"面板,在"所有规则"下的空白处右击"新建",弹出"新建 CSS 规则"对话框,在"选择器类型"下拉列表中选择"ID"选择器,在"选择器名称"文本框中输入"*"。单击"确定"按钮,弹出"*的 CSS 规则定义"对话框。在该对话框中单击"分类"中的"方框"选项。设置"方框"选项组中 "Padding"选项组的值均为"0","Margin"选项组的值均为"0",单击"确定"按钮,如图 9-9 所示。

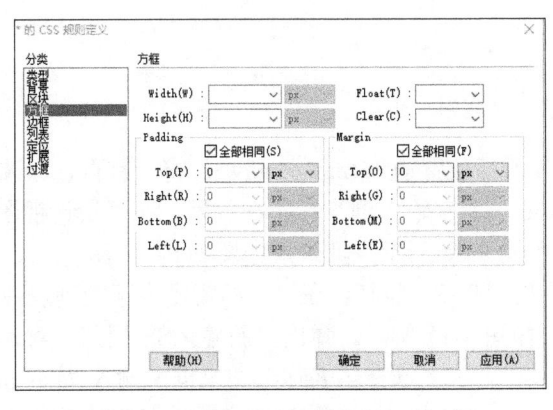

图 9-9 "*的 CSS 规则定义"对话框

选中"此处显示 class 'header' 的内容文字",单击"插入"菜单→"图像",插入"biaozhi"图片。设置图片的"宽"为"300","高"为"150",如图 9-10 所示。

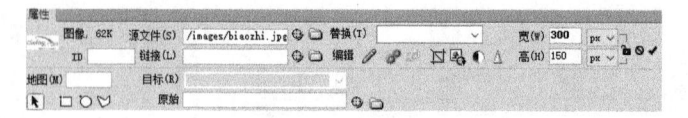

图 9-10 图片"属性"设置

单击"插入"菜单→"图像",插入"1"图片,效果如图 9-11 所示。

图 9-11 插入图片效果

在"代码视图"中的光标所在位置插入 div 标签,方法如插入".header"".wrapper"。插入 div 标签类名称为"daohang",在弹出的".daohang 的 CSS 规则"对话框中单击"分类"中的"方框"选项,设置参数如图 9-12 所示。单击"分类"中的"区块"选项,设置参数如图 9-13 所示。

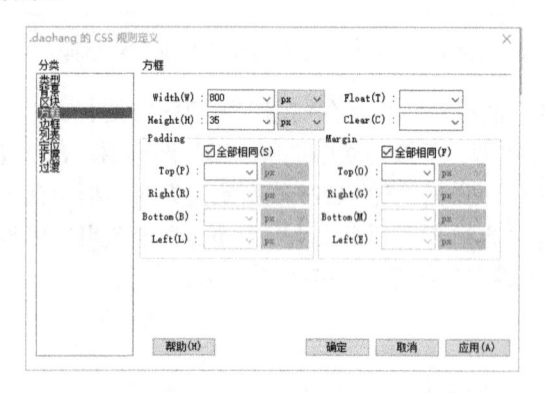

图 9-12 ".daohang 的 CSS 规则"对话框 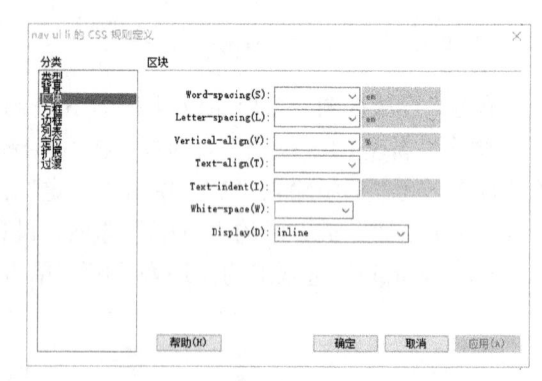　　　图 9-13 "nav ul li"的"区块"参数设置

在图 9-14 中的下画线所指位置输入 <nav></nav>,将"首页、服装种类、新品上市、特品专区、在线注册、帮助中心"文字输入到光标所在位置,在"设计视图"中单击"属性"面板中的"项目列表符号",如图 9-15 所示,其效果如图 9-16 所示。

单击"属性"面板中的"CSS 规则",在"目标规则"下拉列表中选择"新 CSS 规则",单击"编辑规则"按钮,如图 9-17 所示。弹出"新建 CSS 规则"对话框,在"选择器类型"下拉列表中选择"复合内容",在"选择器名称"文本框中输入"nav ul",单击"确定"按钮,如图 9-18 所示。在弹出的"nav ul 的 CSS 规则定义"对话框中单击"分类"中的"列表"选项，设置"List-style-type"为"none"，如图 9-19 所示。单击"分类"中的"边框"选项，设置"Padding"选项组中的"Top"为"6"，其效果如图 9-20 所示。

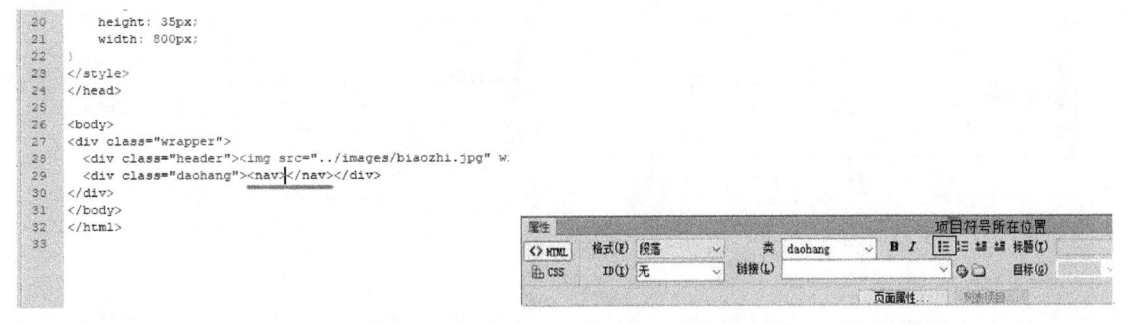

图 9-14 "<nav></nav>"插入点位置

图 9-15 "属性"面板

图 9-16 项目符号效果

图 9-17 "属性"面板

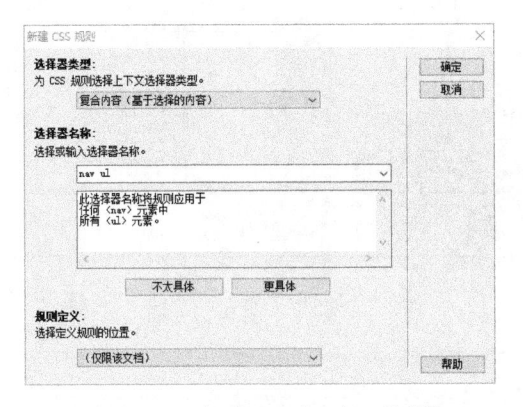

图 9-18 "新建 CSS 规则"对话框

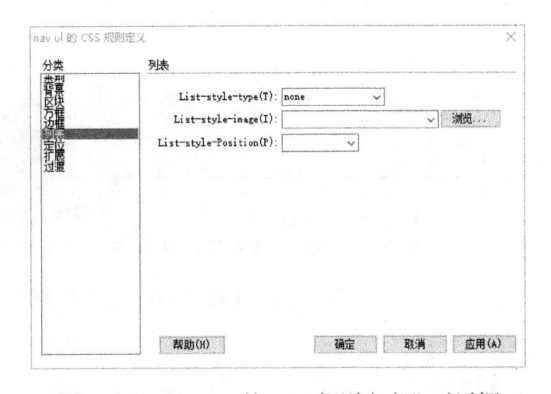

图 9-19 "nav ul 的 CSS 规则定义"对话框

用相同的方法设置"nav ul li 的 CSS 规则定义"，在"nav ul li 的 CSS 规则定义"对话框中单击"方框"选项，设置参数如图 9-21 所示。单击"分类"中的"背景"选项，设置"Background- color"为"#FCC"颜色，如图 9-22 所示。

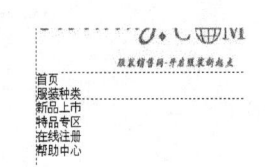

单击"分类"中的"区块"选项，设置参数如图 9-23 所示，其效果如图 9-24 所示。

图 9-20 设置列表符号效果

在图 9-25 光标所在位置插入 div 标签，用相同的方法设置类".article"。在".article

的 CSS 规则定义"对话框中，设置"分类"中的"方框"选项参数，如图 9-26 所示。在".article 的 CSS 规则定义"对话框中，设置"分类"中的"边框"选项参数，如图 9-27 所示。

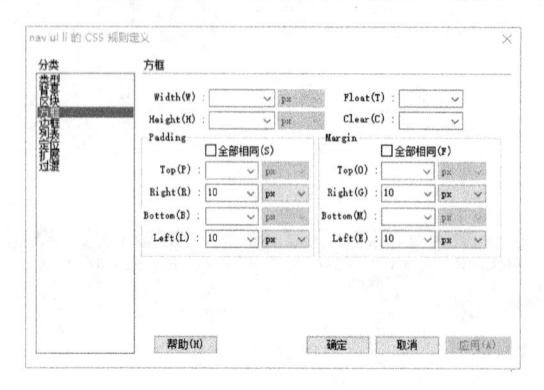

图 9-21 "nav ul li"的"方框"参数设置

图 9-22 "nav ul li"的"背景"参数设置

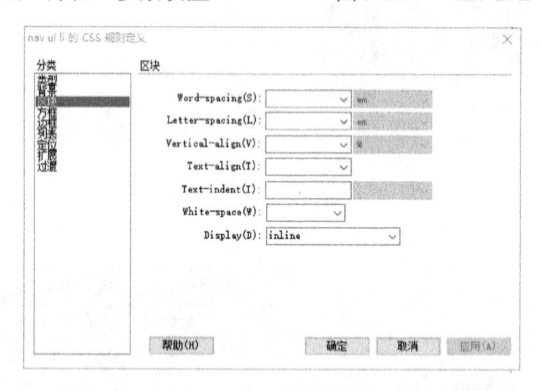

图 9-23 "nav ul li"的"区块"参数设置

图 9-24 设置"nav ul li"的效果

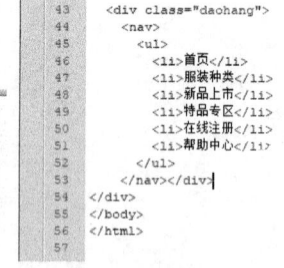

图 9-25 插入点位置

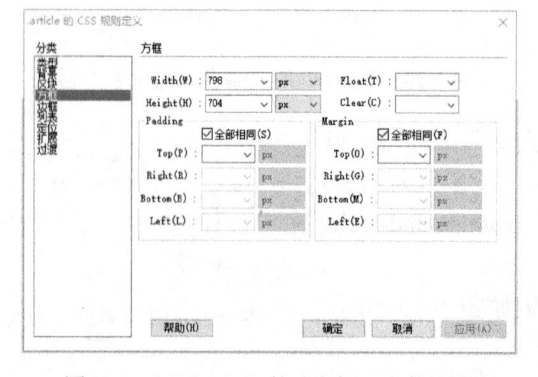

图 9-26 ".article"的"方框"参数设置

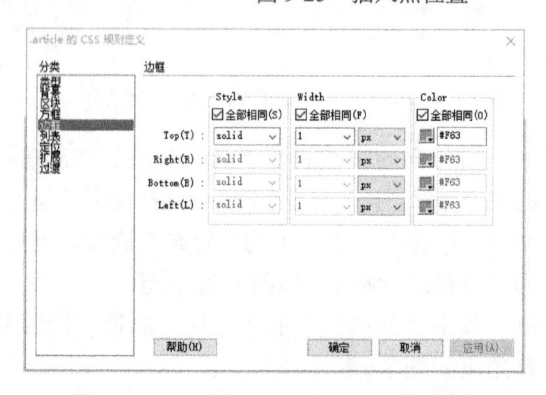

图 9-27 ".article"的"边框"参数设置

166

在图 9-28 光标所在位置插入 div 标签，用相同的方法设置类 ".left"。在 ".left 的 CSS 规则定义"对话框中，设置"分类"中的"方框"选项参数，如图 9-29 所示。在 ".left 的 CSS 规则定义"对话框中，设置"分类"中的"边框"选项参数，如图 9-30 所示，其效果如图 9-31 所示。

图 9-28　插入点位置

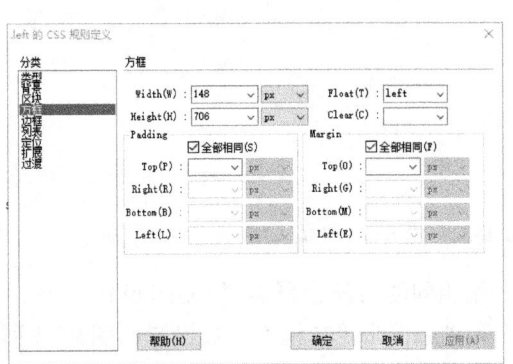

图 9-29　".left"的"方框"参数设置

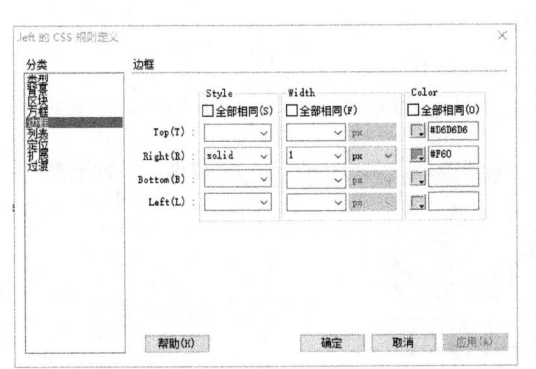

图 9-30　".left"的"边框"参数设置

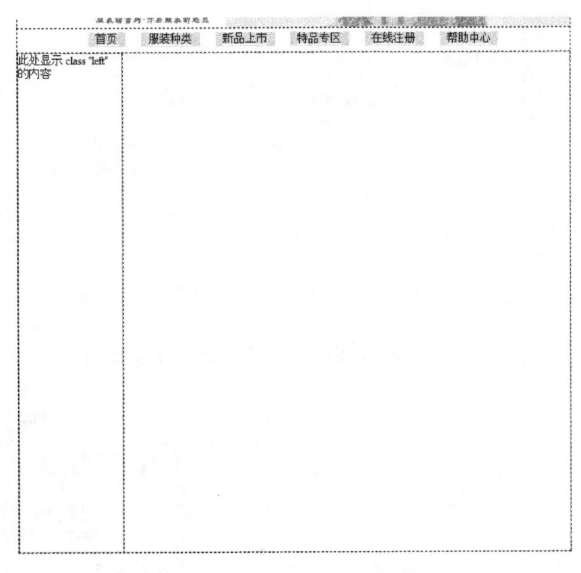

图 9-31　设置".left"的效果

选中"此处显示 class'left'的内容"，单击"插入"菜单→div 标签命令，用相同的方法设置类为 ".fenlei"。

在 ".fenlei" 标签中输入"商品分类""真丝专区""雪纺专区""外套""羽绒服""针织专区"文字，接着选中所输入的文字，单击"属性"面板中的项目列表，效果如图 9-32 所示。

在"属性"面板中单击"CSS"，用前面创建新规则的方法设置复合内容".fenlei ul 的 CSS 规则定义"。在".fenlei ul 的 CSS 规则定义"对话框中单击"分类"中的"区块"选项，设置"text-algin"为"center"，如图 9-33 所示。单击"分类"中的"列表"选项，设置"list-style-type"为"none"，效果如图 9-34 所示。

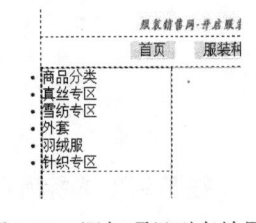

图 9-32　添加项目列表效果

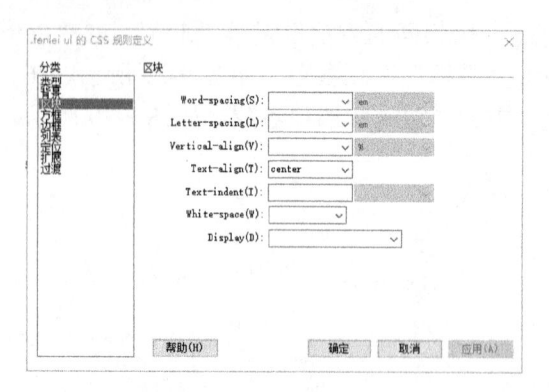

图 9-33　".fenlei ul 的 CSS 规则定义"对话框中"区块"参数设置 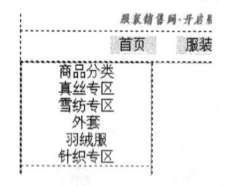　　图 9-34　设置".fenlei ul"的效果

用相同的方法设置类".fenlei ul li"。在".fenlei ul li 的 CSS 规则定义"对话框中设置"方框"和"边框"。"方框"参数设置如图 9-35 所示,"边框"参数设置如图 9-36 所示,其效果如图 9-37 所示。

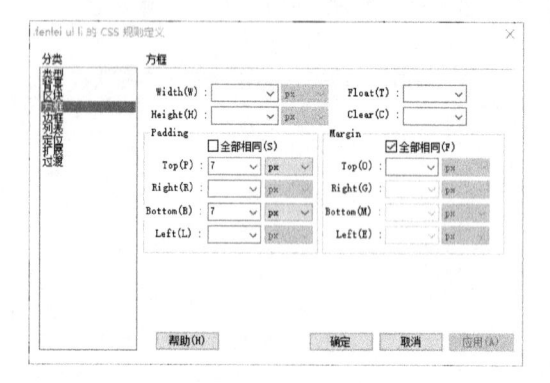

图 9-35　".fenlei ul li"的"方框"参数设置 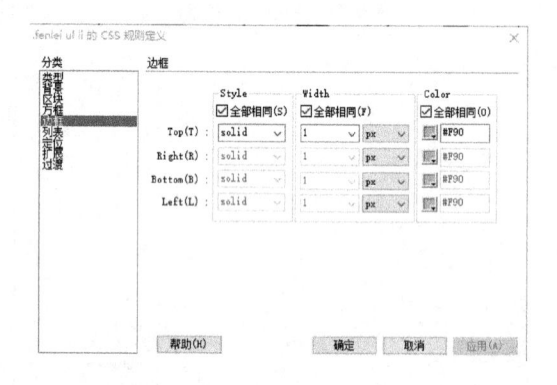　　图 9-36　".fenlei ul li"的"边框"参数设置

图 9-37　设置".fenlei ul li"的效果

在图 9-38 光标所在位置插入 div 标签,用相同的方法设置类名为"rexiao",选中"此处显示 class 'rexiao' 的内容"文字,输入"热销店铺""风衣""连衣裙""套装"文字,用设置".fenlei ul"和".fenlei ul li"相同的方法设置".rexiao ul"和".rexiao ul li"。在".rexiao ul 的 CSS 规则定义"对话框中,设置"分类"中的"列表"选项参数,如图 9-39 所示。".rexiao ul li 的 CSS 规则定义"对话框中,设置"分类"中的"区块"参数选项,如图 9-40 所示。在".rexiao ul li 的 CSS 规则定义"对话框中,设置"分类"中的"方框"选项参数,如图 9-41 所示。在".rexiao ul li 的 CSS 规则定义"对话框中，设置"分类"中的"边框"选项参数，如图 9-42 所示，其效果如图 9-43 所示。

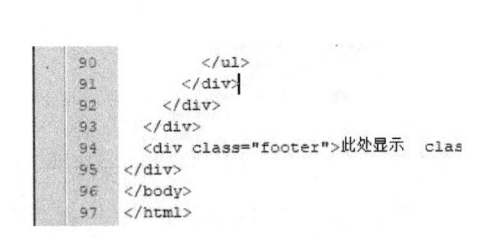

图 9-38　插入点位置

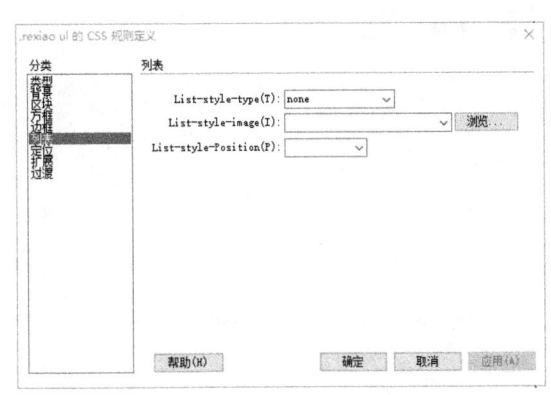

图 9-39　".rexiao ul"的"列表"参数设置

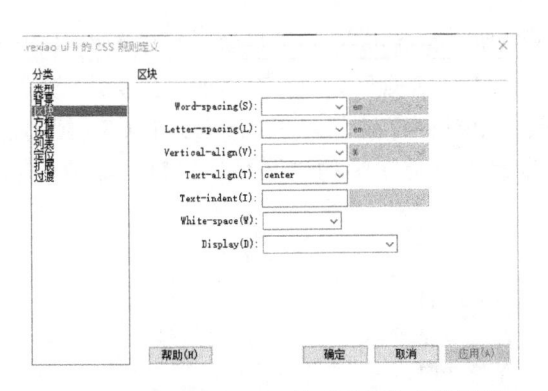

图 9-40　".rexiao ul li"的"区块"参数设置

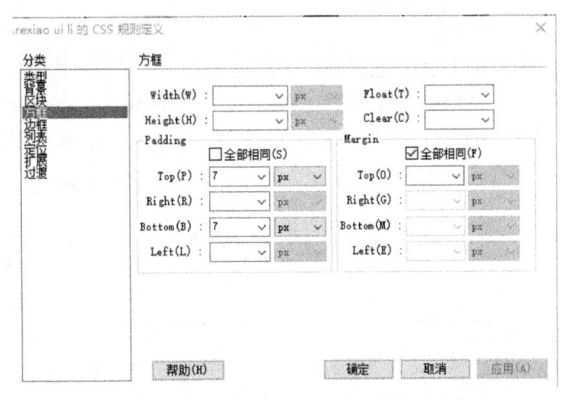

图 9-41　".rexiao ul li"的"方框"参数设置

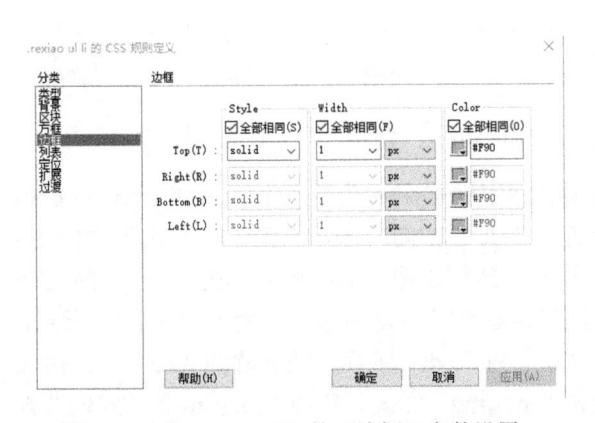

图 9-42　".rexiao ul li"的"边框"参数设置

图 9-43　设置".rexiao"类的效果

用创建类相同的方法创建".bai"".beijing"类。在".bai 的 CSS 规则定义"对话框中，设置"分类"中的"方框"参数，如图 9-44 所示。在".beijing 的 CSS 规则定义"对话框中，设置"分类"中的"背景"参数，如图 9-45 所示。

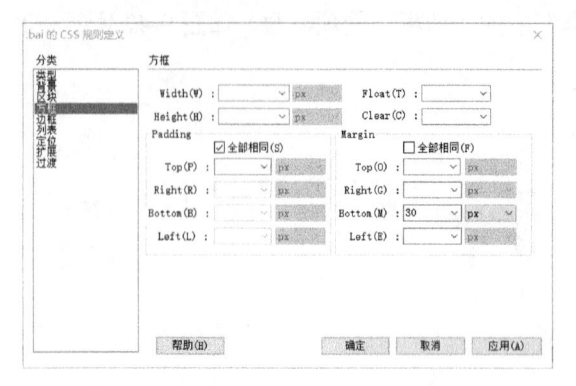

图 9-44 ".bai" 的 "方框" 参数设置 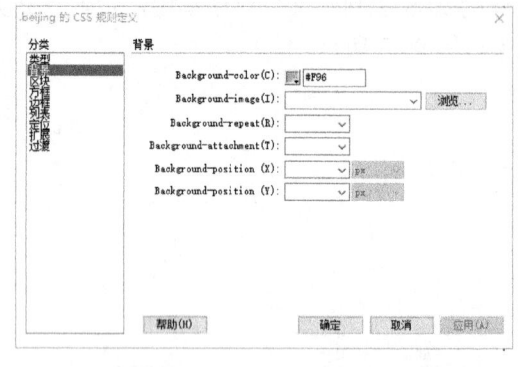　　　　图 9-45 ".beijing" 的 "背景" 参数设置

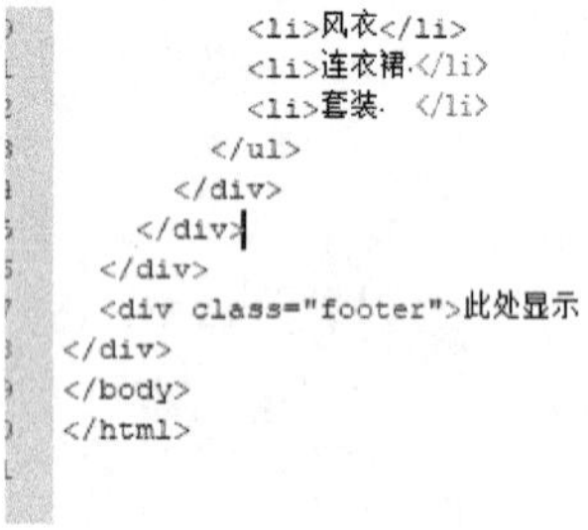

选中"商品分类"文字，单击"目标规则"下拉列表中的".beijing"样式。单击"热销店铺"，用同样操作应用".beijing"样式。

在图 9-46 光标所在位置插入 div 标签，标签的类名称为"center"。在".center 的 CSS 规则定义"对话框中，设置"分类"中的"方框"参数，如图 9-47 所示。在".center 的 CSS 规则定义"对话框中，设置"分类"中的"区块"参数，如图 9-48 所示。

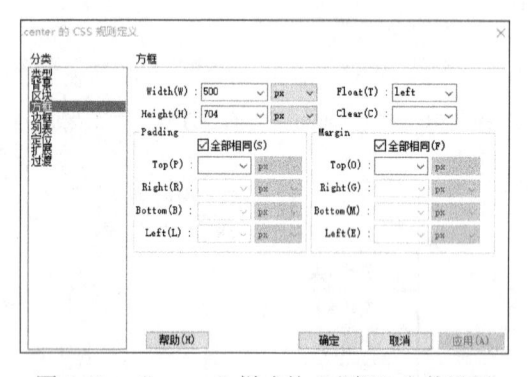

图 9-46 插入点位置

图 9-47 ".center"样式的"方框"参数设置 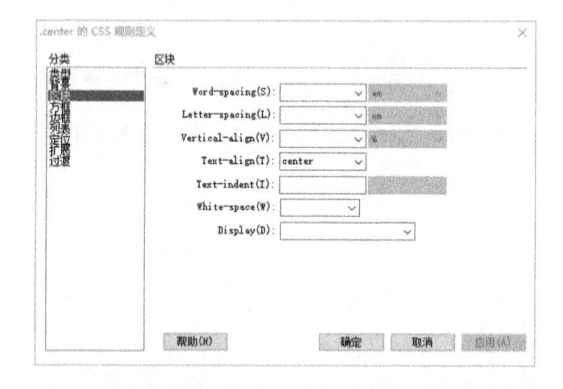　　　　图 9-48 ".center"样式的"区块"参数设置

在图 9-49 光标所在位置插入一个 div 标签，标签的类名称为"right"。在".right 的 CSS 规则定义"对话框中，设置"分类"中的"方框"参数如图 9-50 所示。在".right 的 CSS 规则定义"对话框中，设置"分类"中的"区块"参数如图 9-51 所示。在".right 的 CSS 规则定义"对话框中，设置"分类"中的"边框"参数如图 9-52 所示，其效果如图 9-53 所示。

选中"此处显示 class 'right' 的内容"文字，插入 div 标签，类名称为"resou"，输入"本店热搜"文字，在"CSS 样式"面板中双击".beijing"样式，修改".beijing"样式的"方框"参数设置如图 9-54 所示。选中"本店热搜"文字，单击"目标规则"下拉列表中的".beijing"样式。

第 9 章　网站建设综合实例

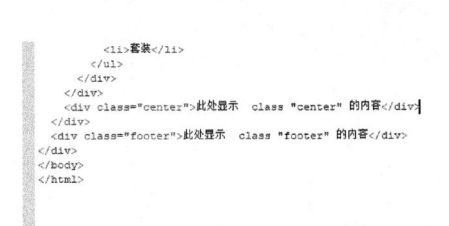

图 9-49　插入点位置

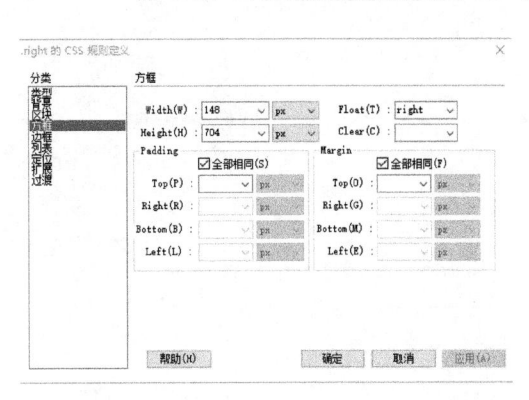

图 9-50　".right"样式的"方框"参数设置

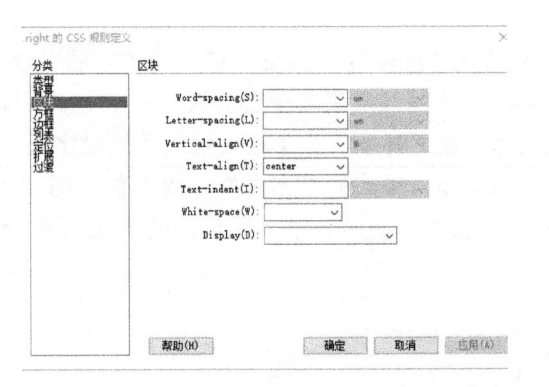

图 9-51　".right"样式的"区块"参数设置

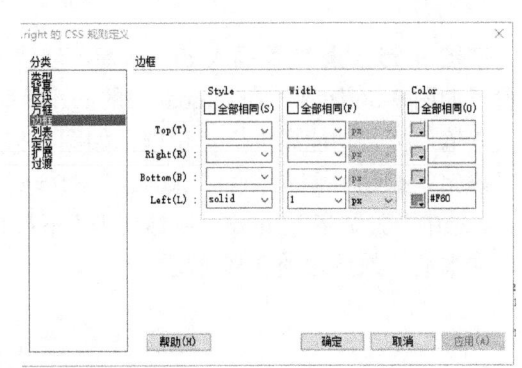

图 9-52　".right"样式的"边框"参数设置

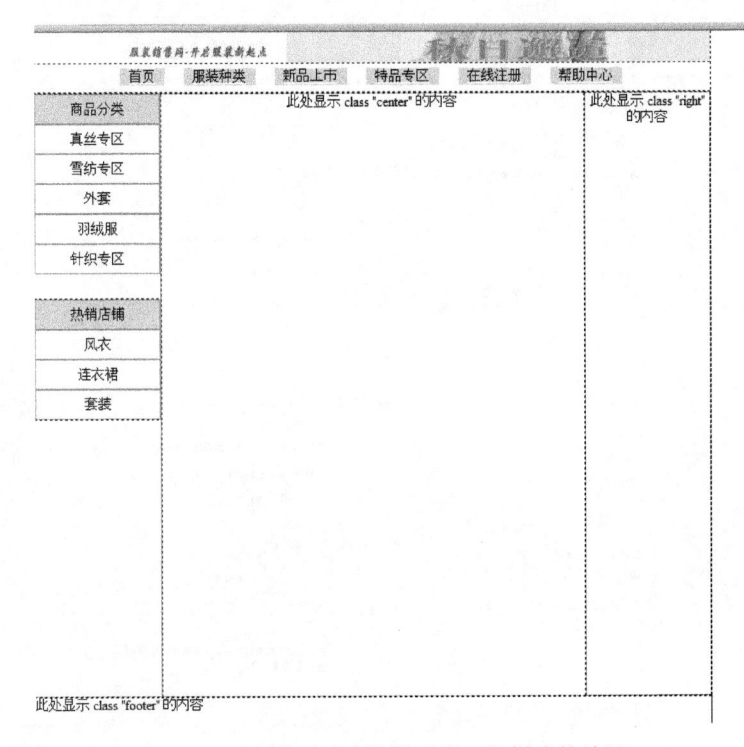

图 9-53　设置".right"样式的效果

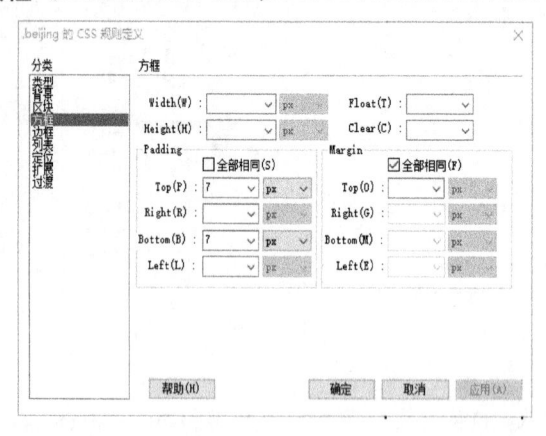

图9-54 ".beijing"样式的"方框"参数设置

在图 9-55 光标位置插入 div 标签，创建类名称为"guan"。".guan"样式的"方框"参数设置，如图 9-56 所示。在".guan"的div 标签里单击"插入"菜单→"表单"→"文本域"，弹出"输入标签功能属性"对话框，如图 9-57 所示。在"标签"文本框中输入"关键字"，单击"确定"按钮。创建名为".kuang"的样式。".kuang"样式的"方框"参数设置如图 9-58 所示。选中"关键字"，单击"目标规则"下拉列表中的".kuang"样式。用相同的方法创建"价格"文本域，效果如图 9-59 所示。

图9-55 插入点位置

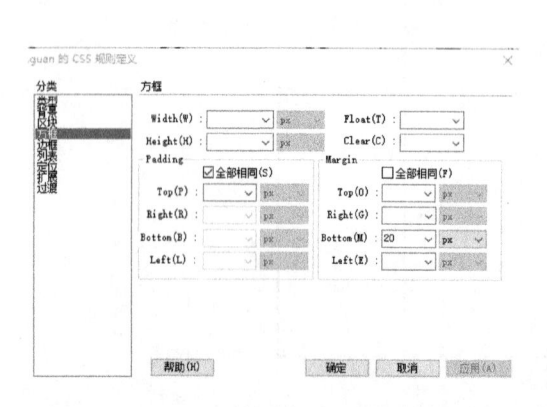

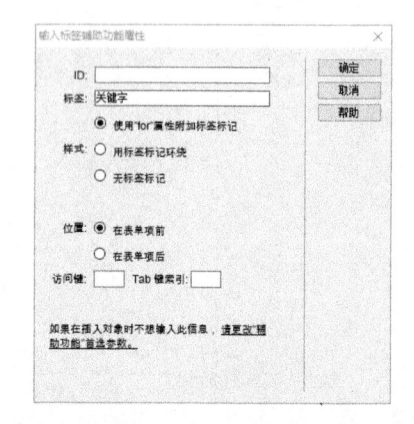

图9-56 ".guan"样式的"方框"参数设置

图9-57 "输入标签功能属性"对话框

第 9 章　网站建设综合实例

图 9-58　".kuang"样式的"方框"参数设置

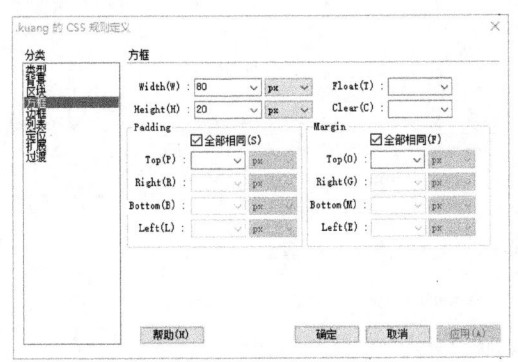

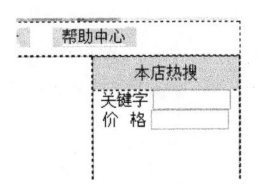

图 9-59　插入文本域效果

在图 9-60 光标所在位置插入 div 标签，创建类名称为"baobei"，在这个 div 标签中输入"宝贝热搜"文字，并选中该文字，单击"目标规则"下拉列表中的".beijing"样式，效果如图 9-61 所示。

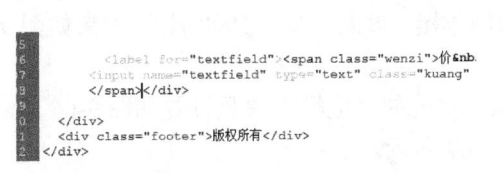

图 9-60　插入点位置

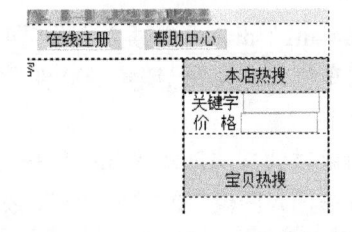

图 9-61　".beijing"样式的效果

在图 9-62 光标所在位置插入 div 标签，创建类名称为"tupian1"。".tupian1"样式的"方框"参数设置如图 9-63 所示。".tupian1"样式的"类型"参数设置如图 9-64 所示。

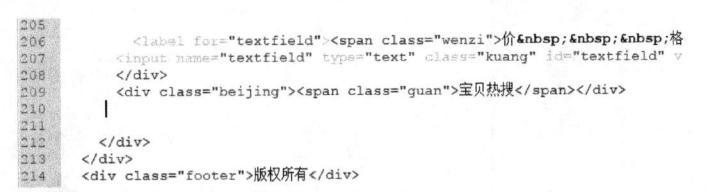

图 9-62　插入点位置

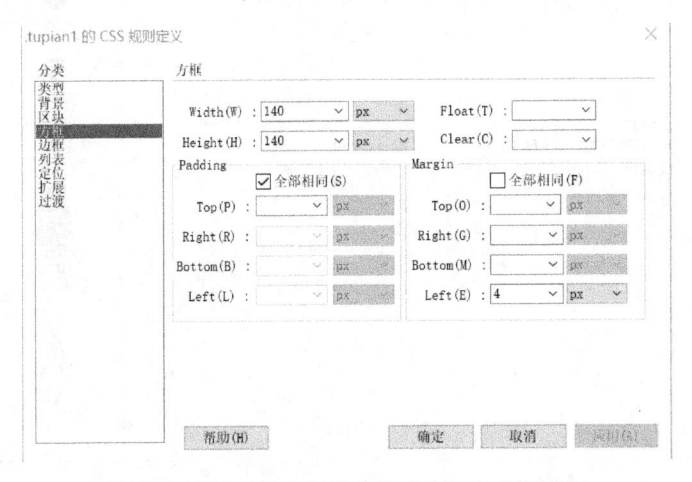

图 9-63　".tupian1"样式的"方框"参数设置

173

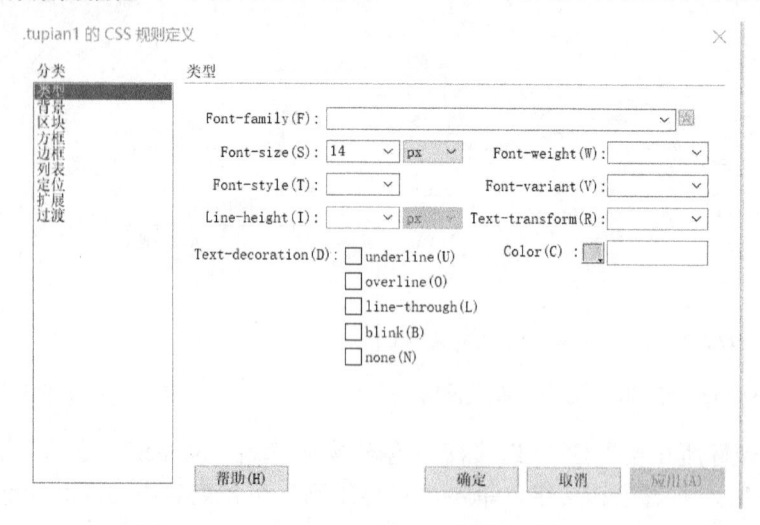

图 9-64 ".tupian1"样式的"类型"参数设置

在".tupian1"div 框内插入图像"1",设置图像"宽"为"100","高"为"100",在图片右侧按回车键,输入"已销售 500 件"文字,按回车键,输入"库存 6000 件",效果如图 9-65 所示。

用前面讲过的方法创建".bian"样式。".bian"样式的"边框"参数设置如图 9-66 所示。用相同的方法插入图像"2""3""4",效果如图 9-67 所示。

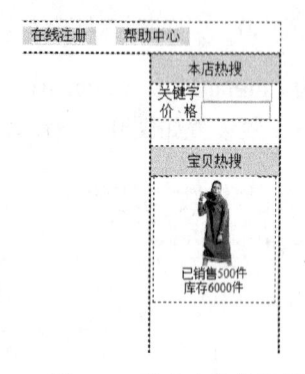

图 9-65 输入文字效果图

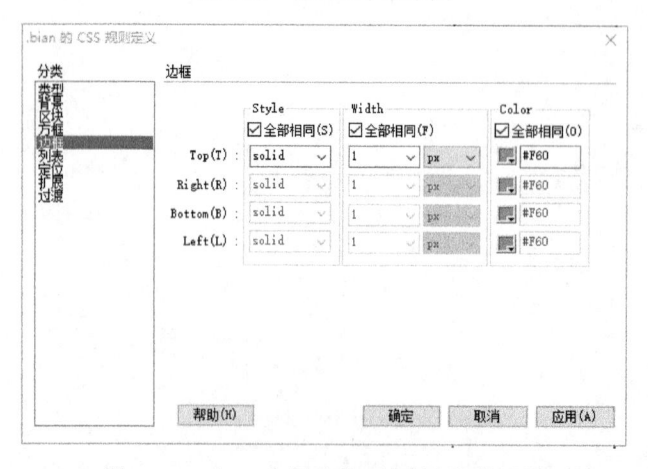

图 9-66 ".bian"样式的"边框"参数设置

图 9-67 插入图像"1""2""3""4"的效果

选中"此处显示 class 'center' 的内容"文字，插入 div 标签，创建类名称为"top1"。".top1"样式的"区块"参数设置如图 9-68 所示。".top1"样式的"方框"参数设置如图 9-69 所示。".top1"样式的"边框"参数设置如图 9-70 所示。

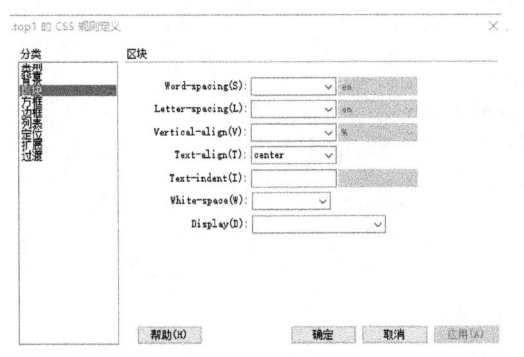

图 9-68　".top1"样式的"区块"参数设置

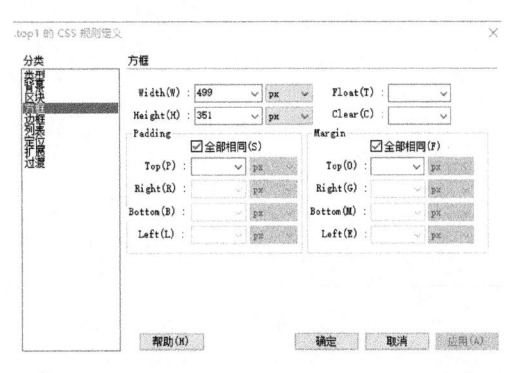

图 9-69　".top1"样式的"方框"参数设置

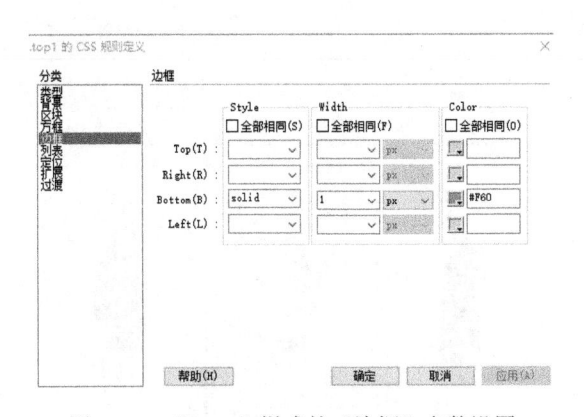

图 9-70　".top1"样式的"边框"参数设置

在".top1"中插入 div 标签，创建类的名称为"tupian"。".tupian"样式的"方框"参数设置如图 9-71 所示。在".tupian"的 div 内插入图像"1"，设置图像"宽"为"120"，"高"为"120"，在图片右侧按回车键，输入"2018 新款"文字，按回车键，输入"￥230.00"，用相同的方法插入图像"2""3"，效果如图 9-72 所示。

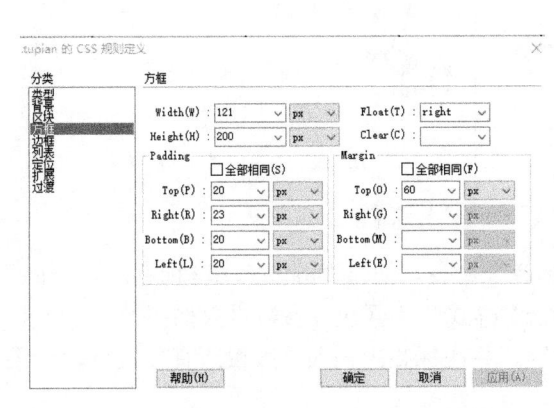

图 9-71　".tupian"样式的"方框"参数设置

图 9-72　插入图像"1""2""3"的效果

在图 9-73 光标所在位置插入 div 标签，创建类名称为"top2"。".top2"样式的"区块"参数设置方法同".top1"样式。".top2"样式的"方框"参数设置如图 9-74 所示。用在".top1"插入图片的方法插入图片"4""5""6"，效果如图 9-75 所示。

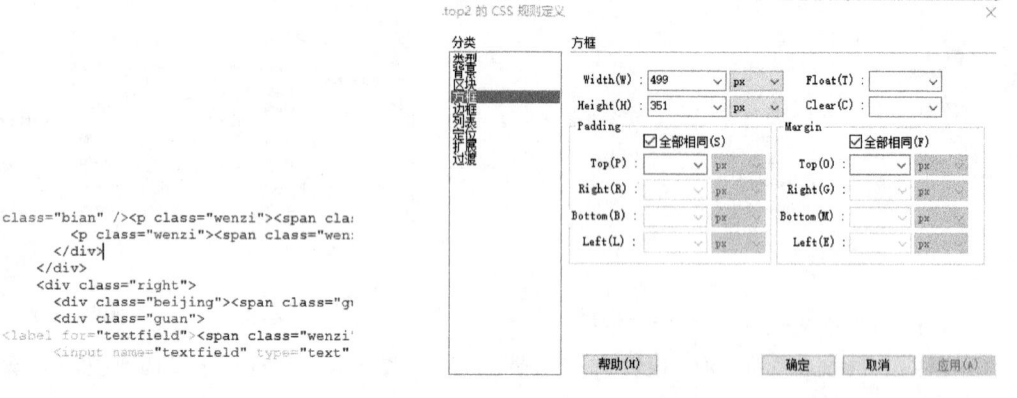

图 9-73　插入点位置　　　　　图 9-74　".top2"样式的"方框"参数设置

图 9-75　插入"4""5""6"图片效果

单击"插入"菜单→"布局对象"→"div 标签"命令。创建"footer"div 标签。".footer"样式的"背景"参数设置如图 9-76 所示。".footer"样式的"区块"参数设置如图 9-77 所示。".footer"样式的"方框"参数设置如图 9-78 所示。并在标签内输入"版权所有"文字，效果如图 9-79 所示。

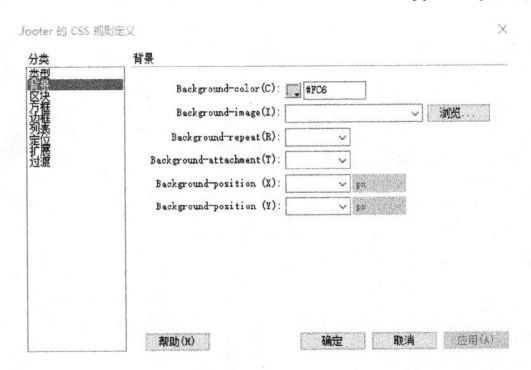

图 9-76 ".footer"样式的"背景"参数设置

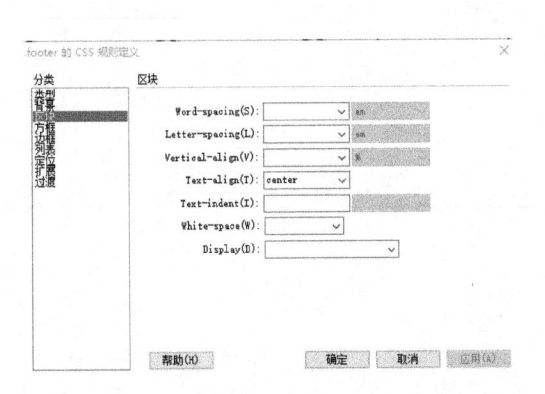

图 9-77 ".footer"样式的"区块"参数设置

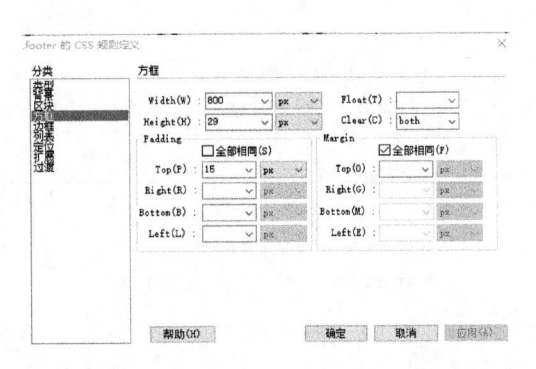

图 9-78 ".footer"样式的"方框"参数设置

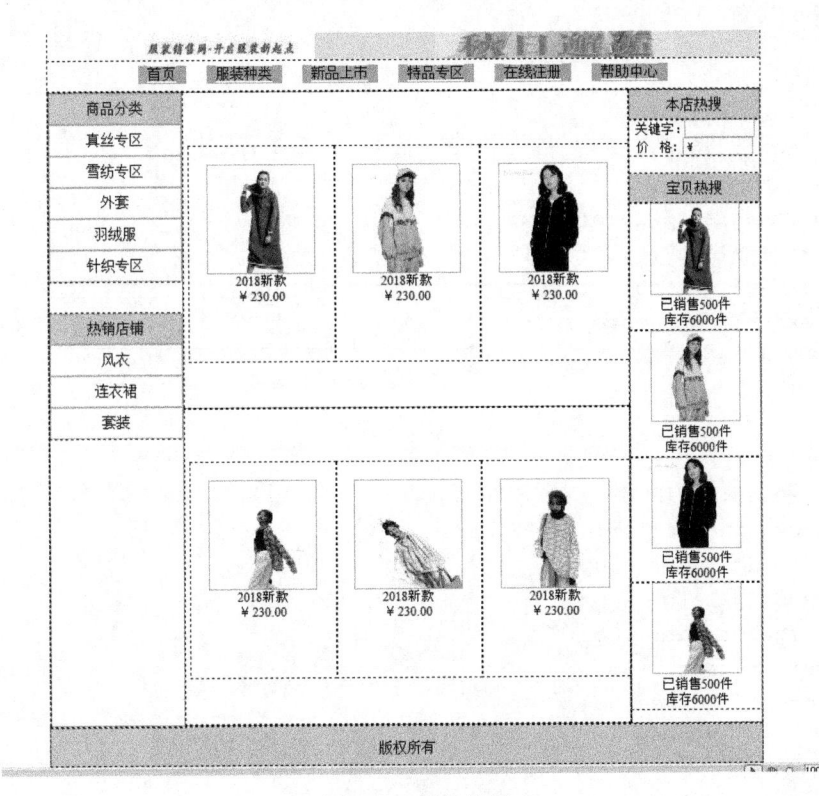

图 9-79 最终效果

本案例的 HTML 代码如下。

CSS 样式部分：

```css
<style type="text/css">
*{ padding:0px;margin:0px;}
.wrapper {
    height: 935px;
    width: 800px;
    margin-top: 0px;
    margin-right: auto;
    margin-bottom: 0px;
    margin-left: auto;
}
.headr {
    height: 150px;
    width: 800px;
}
.daohang {
    height: 35px;
    width: 800px;
    text-align: center;
}
nav ul {
    list-style-type: none;
    padding-top: 6px;
}
.right {
    float: right;
    height: 704px;
    width: 148px;
    border-left-width: 1px;
    border-left-style: solid;
    border-left-color: #F60;
    text-align: center;
}
.fenlei {
}
nav ul li {
    display: inline;
    background-color: #F99;
    padding-right: 10px;
    padding-left: 10px;
    margin-right: 10px;
    margin-left: 10px;
    border-radius:10px;
}
.article {
    height: 704px;
    width: 798px;
```

```css
    border: 1px solid #F63;
}
.left {
    height: 706px;
    width: 148px;
    float: left;
    border-right-width: 1px;
    border-right-style: solid;
    border-top-color: #D6D6D6;
    border-right-color: #F60;
}
.center {
    float: left;
    height: 704px;
    width: 500px;
    text-align: center;
}
.fenlei ul {
    list-style-type: none;
    text-align: center;
}
.fenlei ul li {
    padding-top: 7px;
    padding-bottom: 7px;
    border: 1px solid #F90;
}
.beijing {
    background-color: #FC9;
    padding-top: 7px;
    padding-bottom: 7px;
    text-align: center;
}
.rexiao ul li {
    list-style-type: none;
}
.rexiao ul li {
    padding-top: 7px;
    padding-bottom: 7px;
    text-align: center;
    border: 1px solid #F90;
}
.rexiao {
    margin-top: 35px;
}
.footer {
    clear: both;
    height: 29px;
    width: 800px;
```

```css
        background-color: #FC9;
        text-align: center;
        padding-top: 15px;
}
.resou {
}
.kuang {
    height: 20px;
    width: 80px;
}
.wenzi {
    font-size: 15px;
    text-align: center;
}
.guan {
    margin-bottom: 20px;
}
.tupian1 {
    height: 140px;
    width: 140px;
    margin-left: 4px;
    font-size: 14px;
}
.bian {
    border: 1px solid #F96;
}
.top1 {
    height: 351px;
    width: 499px;
    border-bottom-width: 1px;
    border-bottom-style: solid;
    border-bottom-color: #F60;
    text-align: center;
}
.tupian {
    height: 200px;
    width: 121px;
    float: right;
    padding-top: 20px;
    padding-bottom: 20px;
    padding-right: 23px;
    padding-left: 20px;
    margin-top: 60px;
}
.top2 {
    height: 351px;
    width: 499px;
}
```

<body></body>部分：

```
<body>
<div class="wrapper">
  <div class="headr"><img src="../images/biaozhi.jpg" width="300" height="150" /><img src="../images/1.jpeg" width="500" height="150" /></div>
  <div class="daohang">
    <nav>
      <ul>
        <li>首页</li>
        <li>服装种类</li>
        <li>新品上市</li>
        <li>特品专区</li>
        <li>在线注册</li>
        <li>帮助中心</li>
      </ul>
    </nav></div>
    <div class="article">
      <div class="left">
        <div class="fenlei">
          <ul>
            <li class="beijing"><span class="guan">商品分类</span></li>
            <li><span class="guan">真丝专区</span></li>
            <li><span class="guan">雪纺专区</span></li>
            <li><span class="guan">外套</span></li>
            <li><span class="guan">羽绒服</span></li>
            <li><span class="guan">针织专区        </span></li>
          </ul>
        </div>
        <div class="rexiao">
          <ul>
            <li class="beijing"><span class="guan">热销店铺</span></li>
            <li><span class="guan">风衣</span></li>
            <li><span class="guan">连衣裙</span></li>
            <li><span class="guan">套装 </span></li>
          </ul>
        </div>
      </div>
      <div class="center">
        <div class="top1">
          <div class="tupian"><img src="../images/fuzhuanfenlei/3.jpg" width="120" height="120" class="bian" /><p class="wenzi"><span class="wenzi">2018新款</span></p>
            <p class="wenzi"><span class="wenzi">￥230.00</span></p></div><div class="tupian"><img src="../images/fuzhuanfenlei/2.jpg" width="120" height="120" class="bian" /><p class="wenzi"><span class="wenzi">2018新款</span></p>
            <p class="wenzi"><span class="wenzi">￥230.00</span></p></div><div
```

```html
class="tupian"><img src="../images/fuzhuanfenlei/1.jpg" width="120" height="120" class="bian" /><p class="wenzi"><span class="wenzi">2018新款</span></p>
          <p class="wenzi"><span class="wenzi">￥230.00</span></p></div>
        </div>
        <div class="top2"><div class="tupian"><img src="../images/fuzhuanfenlei/6.jpg" width="120" height="120" class="bian" /><p class="wenzi"><span class="wenzi">2018新款</span></p>
          <p class="wenzi"><span class="wenzi">￥230.00</span></p></div><div class="tupian"><img src="../images/fuzhuanfenlei/5.jpg" width="120" height="120" class="bian" /><p class="wenzi"><span class="wenzi">2018新款</span></p>
          <p class="wenzi"><span class="wenzi">￥230.00</span></p></div><div class="tupian"><img src="../images/fuzhuanfenlei/4.jpg" width="120" height="120" class="bian" /><p class="wenzi"><span class="wenzi">2018新款</span></p>
          <p class="wenzi"><span class="wenzi">￥230.00</span></p></div>
        </div>
      </div>
      <div class="right">
        <div class="beijing"><span class="guan">本店热搜</span></div>
        <div class="guan">
    <label for="textfield"><span class="wenzi">关键字：</span></label>
        <input name="textfield" type="text" class="kuang" id="textfield" />


          <label for="textfield"><span class="wenzi">价   格：</span></label>
          <input name="textfield" type="text" class="kuang" id="textfield" value="&yen;"/></from>
        </div>
        <div class="beijing"><span class="guan">宝贝热搜</span></div>
        <div><img src="../images/fuzhuanfenlei/1.jpg" width="100" height="100" class="bian" /><p class="wenzi">已销售500件</p>
          <p class="wenzi">库存6000件</p></div>
          <div><img src="../images/fuzhuanfenlei/2.jpg" width="100" height="100" class="bian" /><p class="wenzi">已销售500件</p>
          <p class="wenzi">库存6000件</p></div>
          <div><img src="../images/fuzhuanfenlei/3.jpg" width="100" height="100" class="bian" /><p class="wenzi">已销售500件</p>
          <p class="wenzi">库存6000件</p></div>
          <div><img src="../images/fuzhuanfenlei/4.jpg" width="100" height="100" class="bian" /><p class="wenzi">已销售500件</p>
          <p class="wenzi">库存6000件</p></div>

      </div>
    </div>
    <div class="footer">版权所有</div>
  </div>
  </body>
  </html>
```

2. 服装销售页面

新建一个空白的 HTML5 网页文件，保存为 fuzhuangkuanshi.html，把该网页保存在"fuzhuang"站点的 webs 内。

单击"插入"菜单→"布局对象"→"Div 标签"，如图 9-80 所示。弹出"插入 Div 标签"对话框，如图 9-81 所示。在"类"文本框中输入类名"wrapper"，为总布局定义类名。

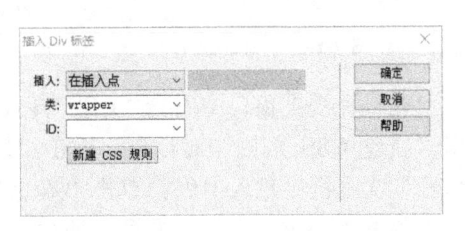

图 9-80　"插入"菜单　　　　　图 9-81　"插入 Div 标签"的对话框

单击"新建 CSS 规则"按钮，弹出"新建 CSS 规则"对话框，单击"选择器类型"下拉列表中的"类"选择器，在"选择器名称"文本框中输入"wrapper"，如图 9-82 所示。单击"确定"按钮，弹出".wrapper 的 CSS 规则定义"对话框。单击"分类"中的"边框"选项。在"方框"选项组中设置"Width"为"800"，"Height"为"900"。设置网页的居中效果，单击"Margin"选项取消"全部相同"。设置"Top"为"0"，"Right"为"auto"，"Bottom"为"0"，"Left"为"auto"，如图 9-83 所示，单击"确定"按钮。

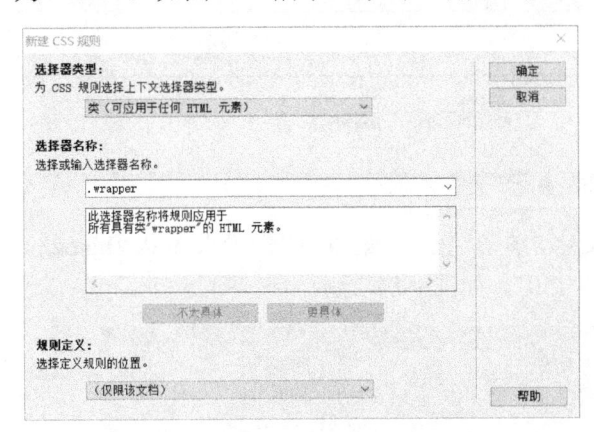

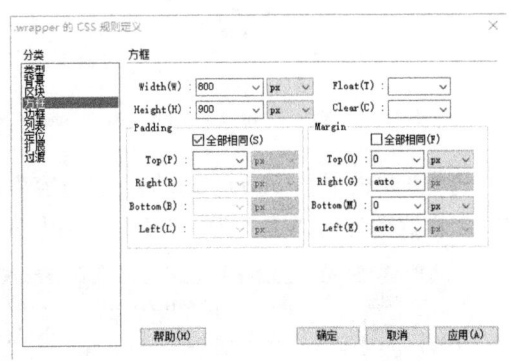

图 9-82　"新建 CSS 规则"对话框　　　　　图 9-83　".wrapper 的 CSS 规则定义"对话框

选中"此处显示 class 'wrapper' 的内容"文字，单击"插入"菜单→"布局对象"→"div 标签"，弹出"插入 Div 标签"对话框，如图 9-84 所示。在"类"文本框中输入类名"header"，单击"新建 CSS 规则"按钮，弹出"新建 CSS 规则"对话框。单击"选择器类型"下拉列表中的"类"选择器。在"选择器名称"文本框中输入"header"，单击"确定"按钮，弹出".header 的 CSS 规则定义"对话框，如图 9-85 所示。单击"分类"中的"方框"选项。在"方框"选项组中设置"Width"为"800"，"Height"为"150"，单击"确定"按钮。

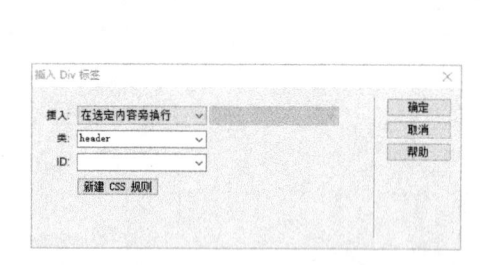

图 9-84　"插入 Div 标签"对话框 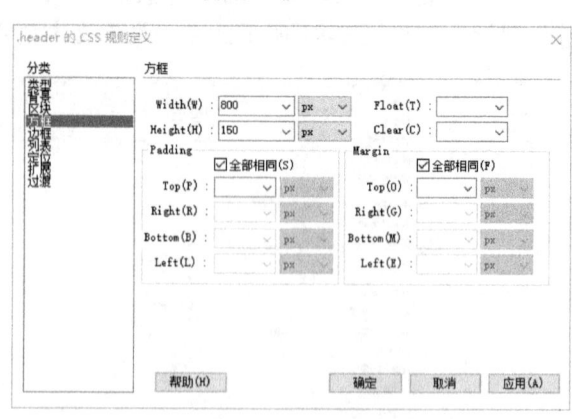　　　　图 9-85　".header 的 CSS 规则定义"对话框

在设计视图窗口中右击"CSS 样式"面板，在"所有规则"下的空白处右击"新建"，弹出"新建 CSS 规则"对话框。单击"选择器类型"下拉列表中的"ID"选择器，在"选择器名称"文本框中输入"*"。单击"确定"按钮，弹出"*的 CSS 规则定义"对话框。在该对话框中单击"分类"中的"方框"选项，接着在"方框"选项组中设置"Padding"选项组的值均为"0"，"Margin"选项组的值均为"0"，如图 9-86 所示，单击"确定"按钮。

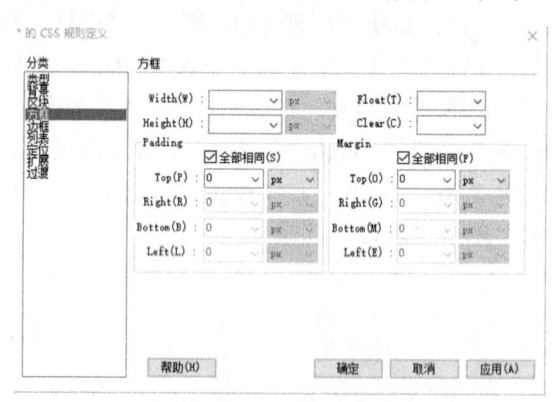

图 9-86　"*的 CSS 规则定义"对话框

选中"此处显示 class 'header' 的内容"文字，单击"插入"菜单→"图像"，插入"biaozhi"图片。设置图片的"宽"为"300"，"高"为"150"，如图 9-87 所示。

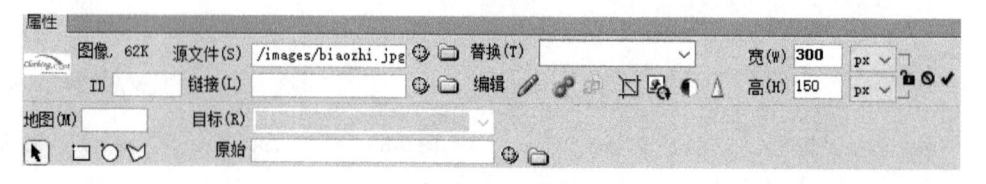

图 9-87　图片"属性"设置

单击"插入"菜单→"图像"，插入"1"图片，效果如图 9-88 所示。

图 9-88 插入图片效果

在图片下方空白处单击，插入 div 标签，用相同的方法设置类".article"。设置".article"的"方框"的参数如图 9-89 所示。设置".article"的"边框"的参数如图 9-90 所示。

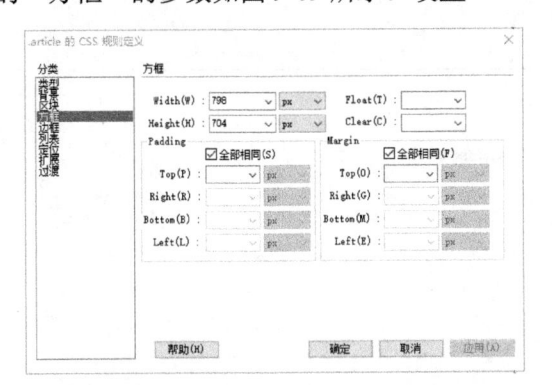

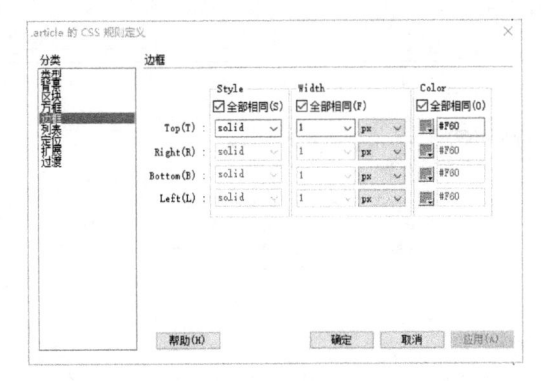

图 9-89 ".article"的"方框"的参数设置　　　图 9-90 ".article"的"边框"的参数设置

选中"此处显示 class 'article' 的内容"文字，插入 div 标签，用相同的方法设置类".left"。设置".left"的"方框"的参数如图 9-91 所示。设置".left"的"边框"的参数如图 9-92 所示。

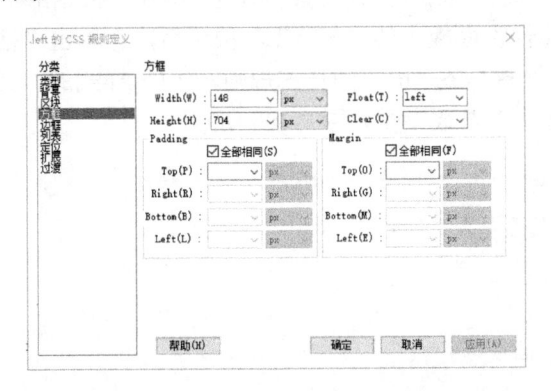

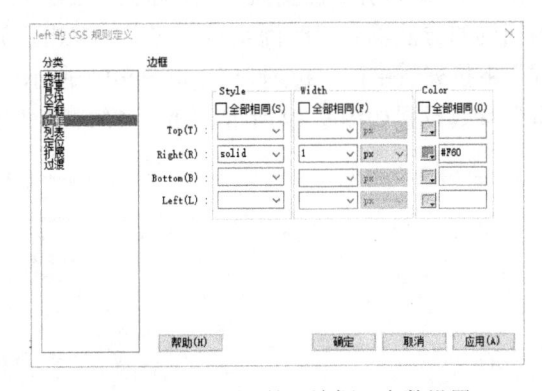

图 9-91 ".left"的"方框"参数设置　　　图 9-92 ".left"的"边框"参数设置

在图 9-93 光标所在位置插入一个 div 标签，标签的类名称为"right"。在".right 的 CSS 规则定义"对话框中设置"分类"中的"方框"参数如图 9-94 所示。

```
</style>
</head>
<body>
<div class="wrapper">
  <div class="header">此处显示 class "header" 的内容</div>
  <div class="article">
    <div class="left">此处显示 class "article" 的内容</div>
  </div>
</div>
</body>
</html>
```

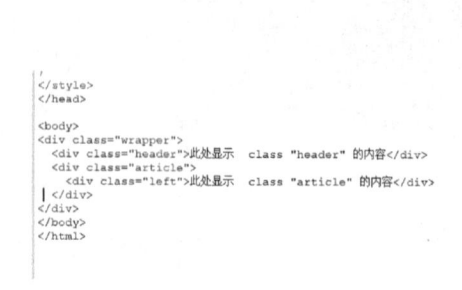

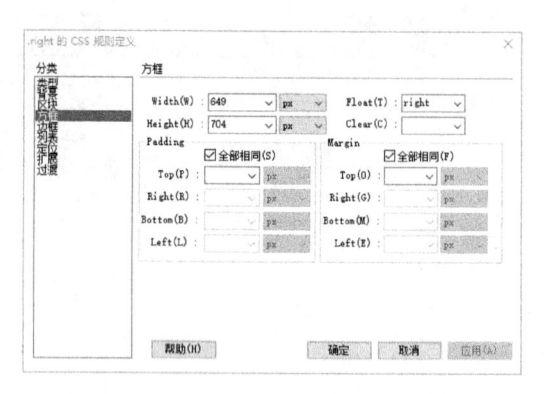

图 9-93　插入点位置　　　　　　　图 9-94　".right"的"方框"参数设置

选中"此处显示 class 'article' 的内容"文字，插入 div 标签，创建类名称为"top"。".top"样式的"方框"参数设置如图 9-95 所示。".top"样式的"边框"参数设置如图 9-96 所示。

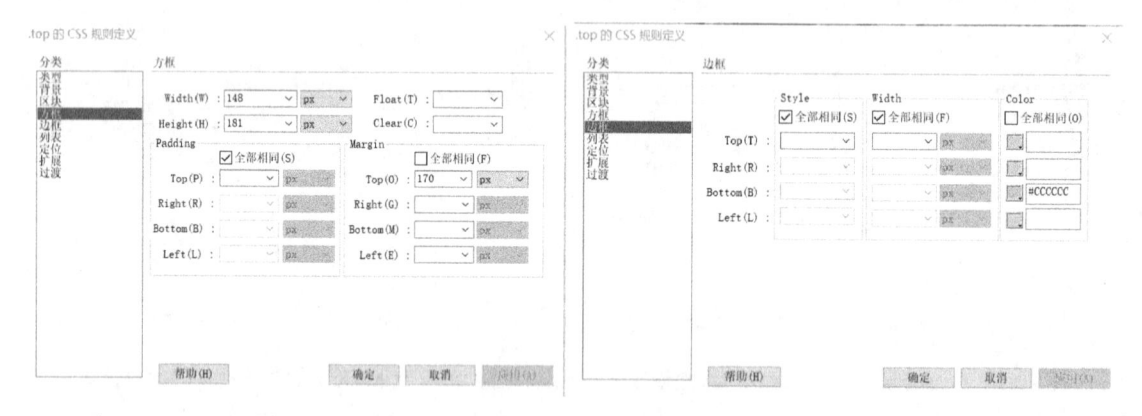

图 9-95　".top"样式的"方框"参数设置　　　　图 9-96　".top"样式的"边框"参数设置

选中"此处显示 class 'top' 的内容"文字，输入"休闲女装"文字，单击"代码视图"，在图 9-97 光标所在位置插入 div 标签，创建类名称为"top"，其设置参数与".top"样式相同。用相同的方法输入"时尚女装"文字，单击"属性"面板中的"HTML"按钮后，再单击"格式"下拉列表中的"标题一"，如图 9-98 所示。设置标签"h1"的样式规则，"h1"样式的"类型"参数设置如图 9-99 所示。"h1"样式的"区块"参数设置如图 9-100 所示。

```
<body>
<div class="wrapper">
  <div class="header"><img src="..
  <div class="article">
    <div class="left">
      <div class="top">
        <h1>休闲女装</h1>
      </div>
    |
    </div>
  <div class="right">
```

图 9-97　插入点位置

图 9-98　选择"标题 1"

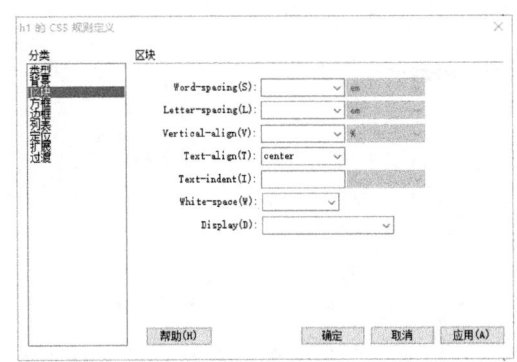

图 9-99 "h1"样式的"类型"参数设置   图 9-100 "h1"样式的"区块"参数设置

"h1"样式的"背景"参数设置如图 9-101 所示。

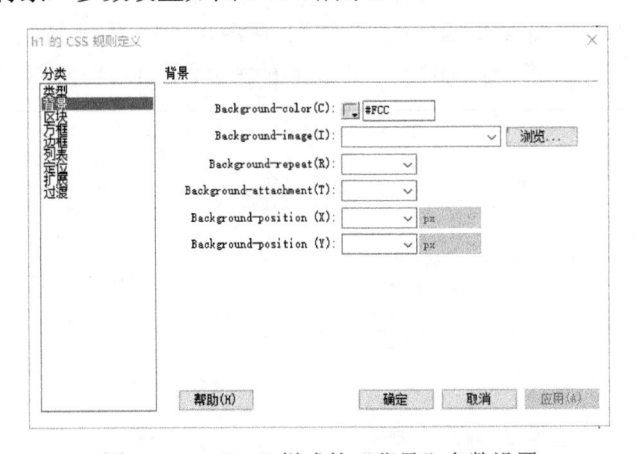

图 9-101 "h1"样式的"背景"参数设置

在图 9-102 光标所在位置插入 div 标签，创建类名称为"top1"。".top1"样式的"方框"参数设置如图 9-103 所示。".top1"样式的"边框"参数设置如图 9-104 所示。".top1"样式的"区块"参数设置如图 9-105 所示。

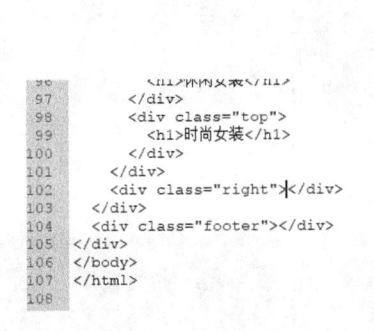

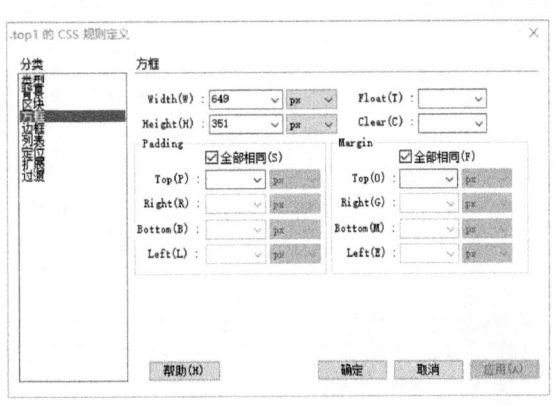

图 9-102 插入点位   图 9-103 ".top1"样式的"方框"参数设置

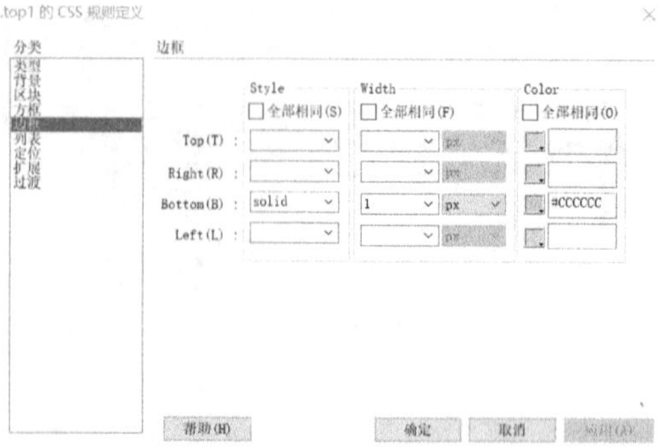

图 9-104 ".top1"样式的"边框"参数设置 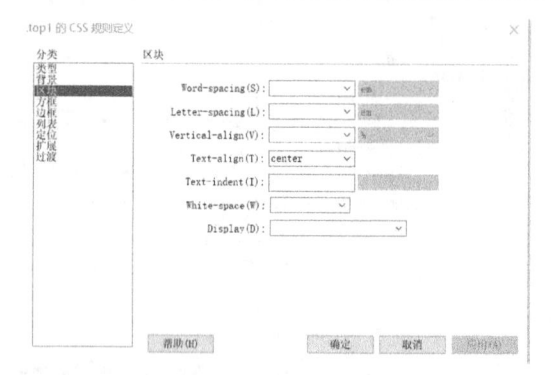   图 9-105 ".top1"样式的"区块"参数设置

选中"此处显示 class"top1"的内容"文字,插入 div 标签,创建类名称为"jiage"。".jiage"样式的"方框"参数设置如图 9-106 所示。".jiage"样式的"区块"参数设置如图 9-107 所示。在创建".jiage"样式的 div 标签里插入图片"7",在图片"7"右侧按回车键,输入"2018 新款"文字,按回车键,输入"￥230.00",用相同的方法插入图片"8""9"。

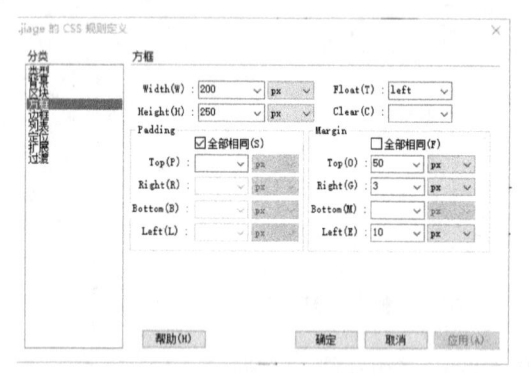

图 9-106 ".jiage"样式的"方框"参数设置 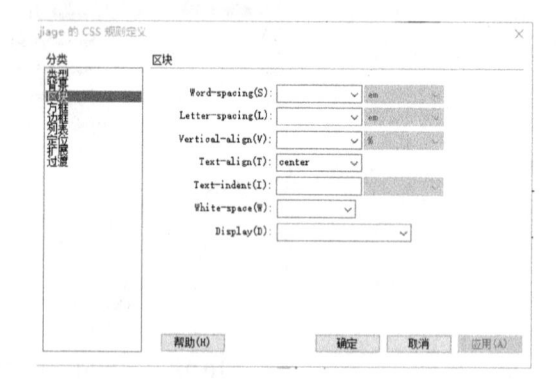   图 9-107 ".jiage"样式的"区块"参数设置

在图 9-108 光标所在位置插入 div 标签,创建类名称为"top1",用在(14)步的方法插入图片"10""11""12",效果如图 9-109 所示。

图 9-108 插入点位置    图 9-109 ".right"的最终效果

第 9 章　网站建设综合实例

单击"插入"菜单→"布局对象"→"div 标签"。创建"footer"div 标签。".footer"样式的"类型"参数设置如图 9-110 所示。".footer"样式的"背景"参数设置如图 9-111 所示。".footer"样式的"区块"参数设置如图 9-112 所示。".footer"样式的"方框"参数设置如图 9-113 所示。在".footer"（样式）div 中输入"邮箱：××××××@qq.com"，效果如图 9-114 所示。

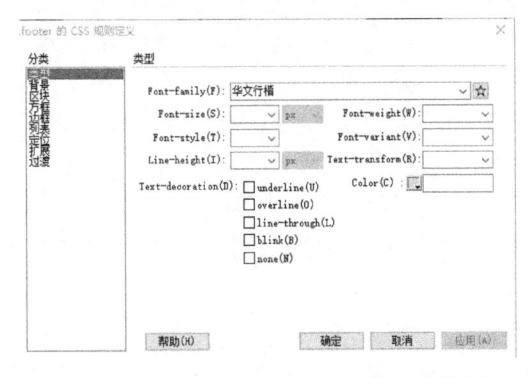

图 9-110　".footer"样式的"类型"参数设置

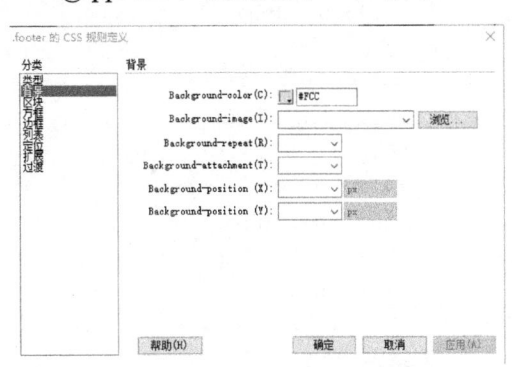

图 9-111　".footer"样式的"背景"参数设置

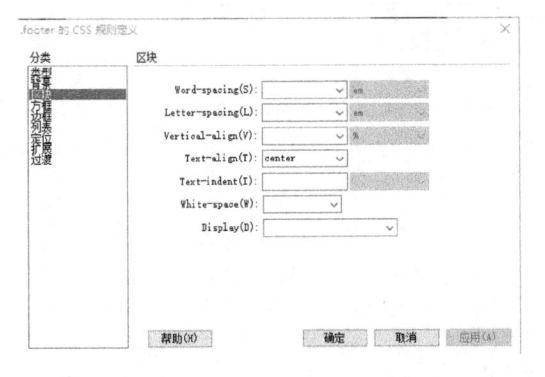

图 9-112　".footer"样式的"区块"参数设置

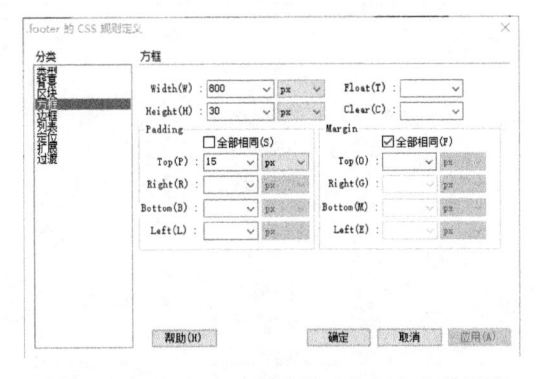

图 9-113　".footer"样式的"方框"参数设置

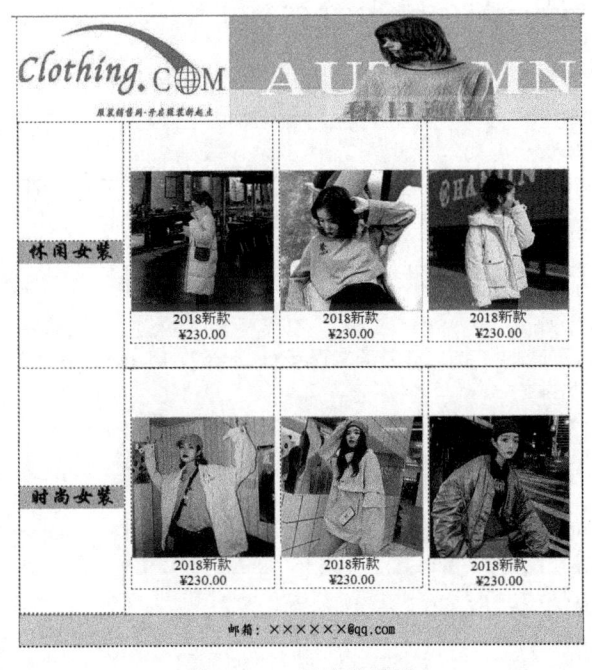

图 9-114　最终效果图

本案例的 HTML 代码如下。

CSS 部分代码：

```css
<title>宝贝展示</title>
<style type="text/css">
*{ padding:0px;
margin:0px;}
.wrapper {
    height: 900px;
    width: 800px;
    margin-top: 0px;
    margin-right: auto;
    margin-bottom: 0px;
    margin-left: auto;
}
.header {
    height: 150px;
    width: 800px;
}
.article {
    height: 704px;
    width: 798px;
    border:solid 1px #CCCCCC;
}
.left{
    height: 704px;
    width: 148px;
    float: left;
     text-align:center;
     border-right:solid 1px #CCCCCC;
     }
.right{
    height: 704px;
    width: 649px;
    float: right;
}
.footer{
    height: 30px;
    width: 800px;
    clear:both;font-family:"华文行楷";text-align:center;
padding-top:15px;
background-color:#CCC;
}
.top{
    height: 181px;
    width: 148px;
    margin-top: 170px;
    border-bottom-color: #CCCCCC;
}
```

```css
h1{
    font-family: "华文行楷";
    border: solid 1px #0099FF;
    background-color: #FFCC99;
}
.top1{ height: 351px;
width: 649px;
text-align:center;
border-bottom:solid 1px #CCCCCC;
}
.tupian{ border:solid 1px #CCCCCC;
margin-top:70px;}
.jiage{
    height: 250px;
    width: 200px;
    float: left;
    margin-left: 10px;
    border: 1px none #F60;
}
</style>
```

<body></body>部分代码：

```html
<body>
<div class="wrapper">
    <div class="header"><img src="../images/biaozhi.jpg" width="300" height="150"><img src="../images/1.jpeg" width="500" height="150"></div>
    <div class="article">
    <div class="left">
    <div class="top" >
        <h1>休闲女装</h1>
    </div>
    <div class="top">
        <h1>时尚女装</h1></div>
    </div>
    <div class="right">
    <div class="top1" >
    <div class="jiage"><img class="tupian" src="../images/fuzhuanfenlei/7.jpg" width="200" height="200"><div>2018新款<br>&yen;230.00</div></div>
        <div class="jiage"><img class="tupian" src="../images/fuzhuanfenlei/8.jpg" width="200" height="200"><div>2018新款<br>&yen;230.00</div></div>
        <div class="jiage"><img class="tupian" src="../images/fuzhuanfenlei/9.jpg" width="200" height="200">
    <div>2018新款<br>&yen;230.00</div></div></div>
        <div class="top1" >
        <div class="jiage"><img class="tupian" src="../images/fuzhuanfenlei/10.jpg" width="200" height="200"><div>2018新款
```

```
<br>&yen;230.00</div></div>
        <div class="jiage"><img class="tupian"
src="../images/fuzhuanfenlei/11.jpg" width="200" height="200"><div>2018新款
<br>&yen;230.00</div></div>
        <div class="jiage"><img class="tupian"
src="../images/fuzhuanfenlei/12.jpg" width="200" height="203"><div>2018新款
<br>&yen;230.00</div></div>
      </div>
     </div>
    </div>
    <div class="footer">邮箱：888888888@163.com</div>
   </div>
  </body>
```

3. 帮助中心页面

新建一个空白的 HTML5 网页文件，保存为 bangzhuzhongxin.html，把该网页保存在"fuzhuang"站点的 webs 内。

单击"插入"菜单→"布局对象"→"div 标签"，如图 9-115 所示，弹出"插入 Div 标签"对话框，如图 9-116 所示。在"类"文本框中输入类名"wrapper"，为总布局定义类名。

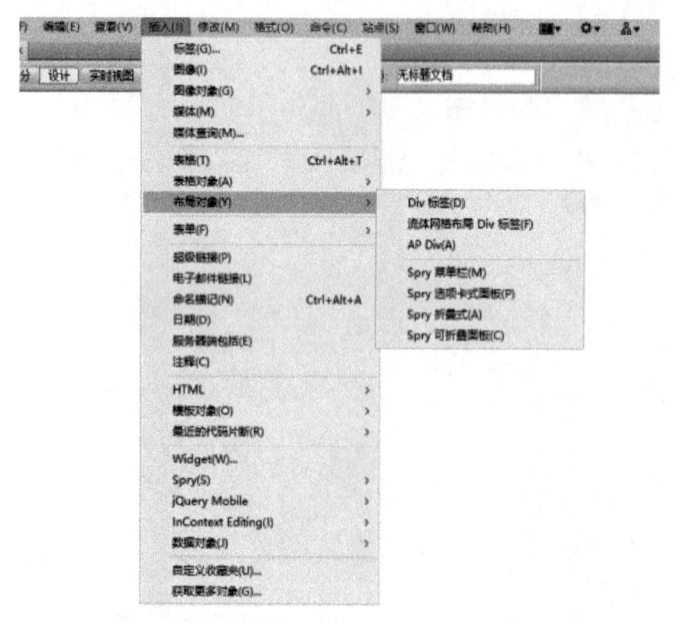

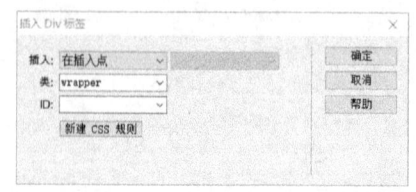

图 9-115　"插入"菜单　　　　　图 9-116　"插入 Div 标签"对话框

单击"新建 CSS 规则"按钮，弹出"新建 CSS 规则"对话框，单击"选择器类型"下拉列表框中的"类"选择器，在"选择器名称"文本框中输入"wrapper"，如图 9-117 所示。单击"确定"按钮，弹出".wrapper 的 CSS 规则定义"对话框。在该对话框中单击"分类"中的"方框"选项。在"方框"选项组中设置"Width"为"800"，"Height"为"900"。设置网页的居中效果，单击"Margin"选项取消全部相同。设置"Top"为"0"，"Right"为"auto"，"Bottom"为"0"，"Left"为"auto"，如图 9-118 所示。单击"分类"中的"方框"，设置".wrapper"样式的"方框"参数如图 9-119 所示，单击"确定"按钮。

第 9 章　网站建设综合实例

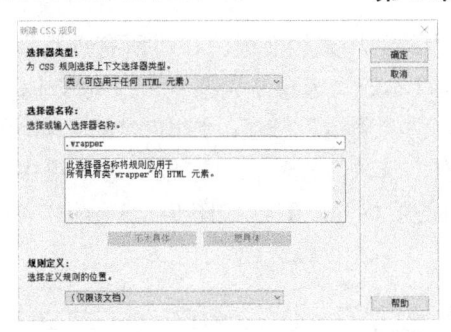

图 9-117　"新建 CSS 规则"对话框

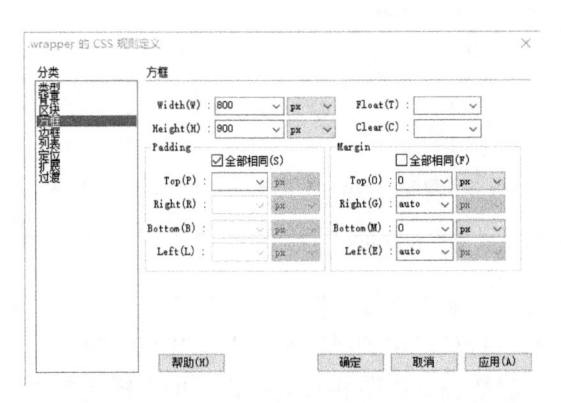

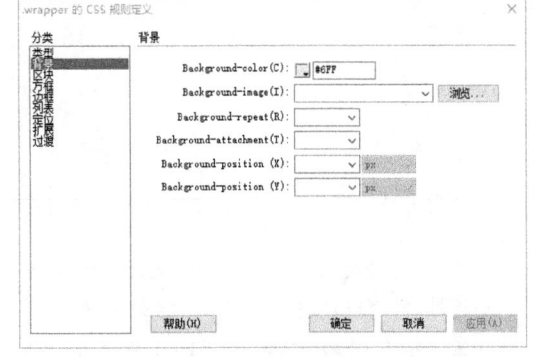

图 9-118　".wrapper 的 CSS 规则定义"对话框

图 9-119　".wrapper"样式的"方框"参数设置

　　选中"此处显示 class 'wrapper' 的内容"文字，单击"插入"菜单→"布局对象"→"Div 标签"，弹出"插入 Div 标签"对话框，如图 9-120 所示。在"类"文本框中输入类名"header"。单击"新建 CSS 规则"按钮，弹出"新建 CSS 规则"对话框，单击"选择器类型"下拉列表中的"类"选择器，在"选择器名称"文本框中输入"header"。单击"确定"按钮，弹出".header

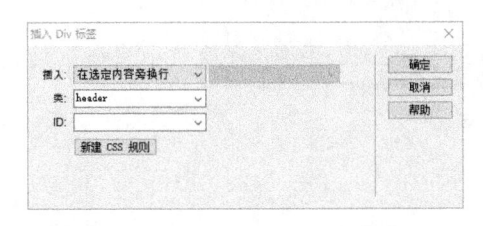

图 9-120　"插入 Div 标签"对话框

的 CSS 规则定义"对话框，如图 9-121 所示。单击"分类"中的"方框"选项，在"方框"选项组中设置"Width"为"800"，"Height"为"90"。单击"分类"中的"背景"选项，设置".header"样式的"背景"参数如图 9-122 所示。

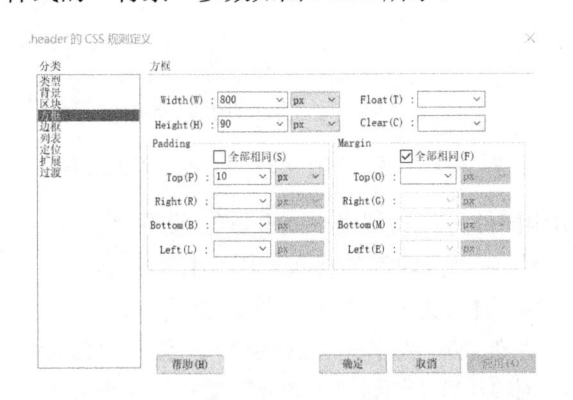

图 9-121　".header 的 CSS 规则定义"对话框

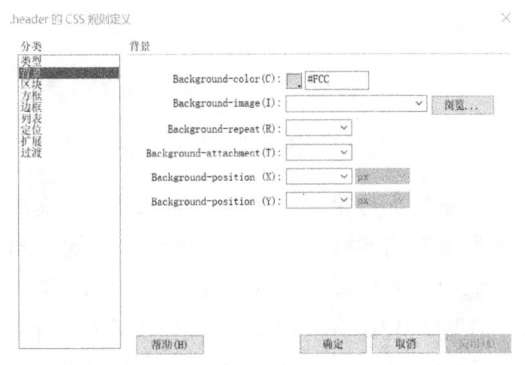

图 9-122　".header"样式的"背景"参数设置

193

在设计视图窗口中右击"CSS 样式"面板,在"所有规则"下的空白处右击"新建",弹出"新建 CSS 规则"对话框,单击"选择器类型"下拉列表中的"ID"选择器,在"选择器名称"文本框中输入"*"。单击"确定"按钮,弹出"*的 CSS 规则定义"对话框。在该对话框中单击"分类"中的"方框"选项,接着在"方框"选项组中设置"Padding"选项组的值均为"0","Margin"选项组的值均为"0",如图 9-123 所示,单击"确定"按钮。

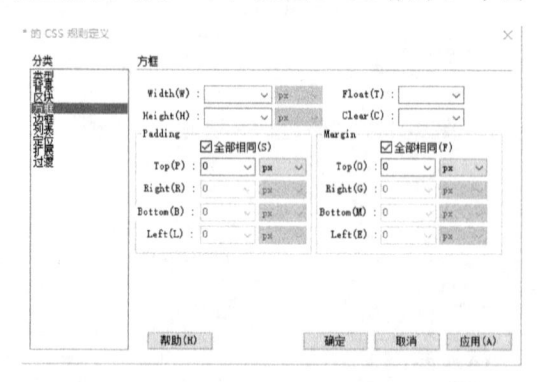

图 9-123 "*的 CSS 规则定义"对话框

选中"此处显示 class 'wrapper' 的内容"文字,输入"服装销售技巧"文字,单击"属性"面板中的"HTML"按钮,接着单击"格式"下拉列表中的"标题一",如图 9-124 所示。设置标签"h1"的样式规则。"h1"样式的"类型"参数设置如图 9-125 所示。"h1"样式的"区块"参数设置如图 9-126 所示。

图 9-124 "属性"面板

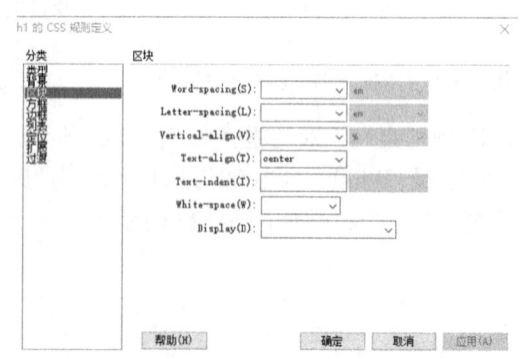

图 9-125 "h1"样式的"类型"参数设置   图 9-126 "h1"样式的"区块"参数设置

在图片下方空白处单击,插入 div 标签,用相同的方法设置类".article"。设置".article"中"方框"的参数如图 9-127 所示。设置".article"中"区块"的参数如图 9-128 所示。

选中"此处显示 class 'article' 的内容"文字,输入文字,效果如图 9-129 所示。

在图 9-130 所示位置,单击"插入"菜单→"布局对象"→"div 标签",创建"footer" div 标签。".footer"样式的"类型"参数设置如图 9-131 所示。".footer"样式的"背景"参数设置如图 9-132 所示。".footer"样式的"区块"参数设置如图 9-133 所示。".footer"样式的"方框"参数设置如图9-134所示。在".footer"样式的Div中输入"版权所有,违者必究"文字,效果如图9-135所示。

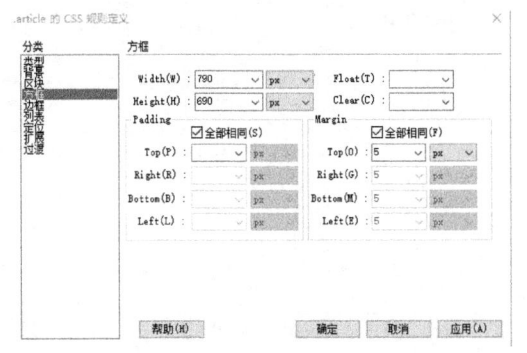

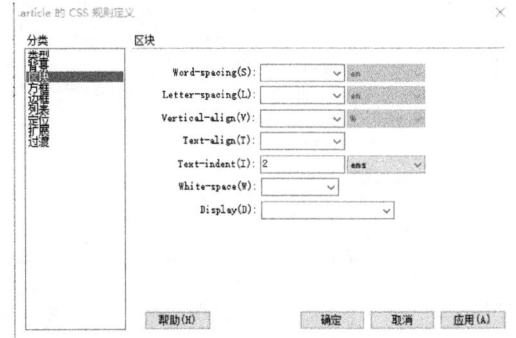

图9-127 ".article"中"方框"的参数设置

图9-128 ".article"中"区块"的参数设置

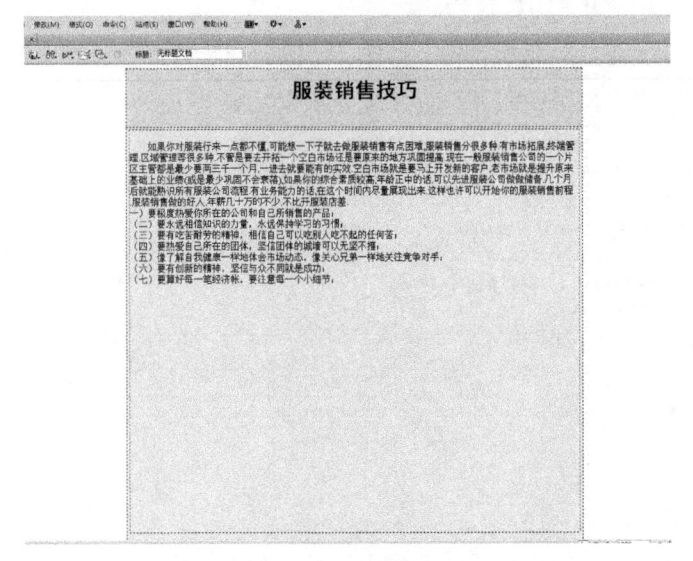

图9-129 添加文字的效果

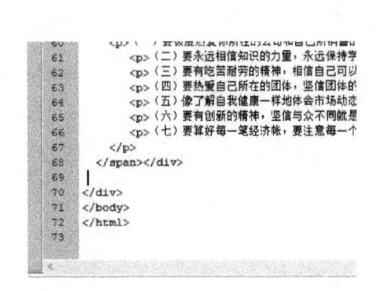

图9-130 插入点位置

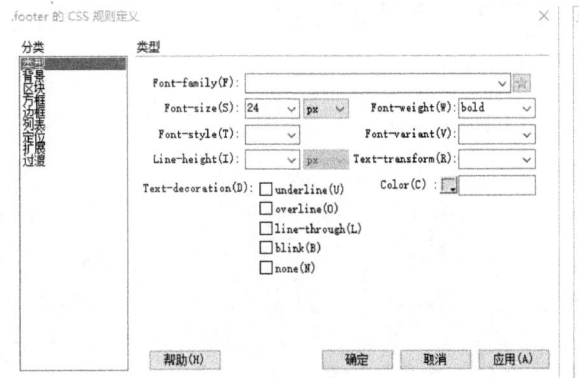

图9-131 ".footer"样式的"类型"的参数设置

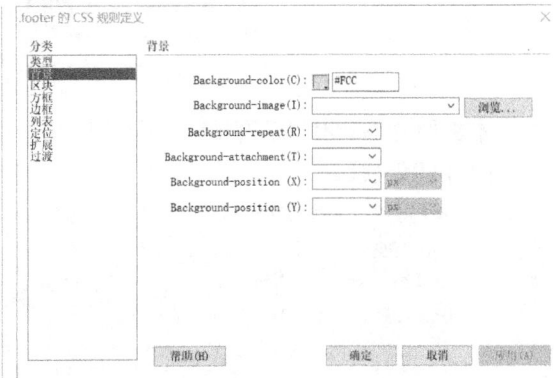

图9-132 ".footer"样式的"背景"的参数设置

网页制作案例教程（Dreamweaver CS6）

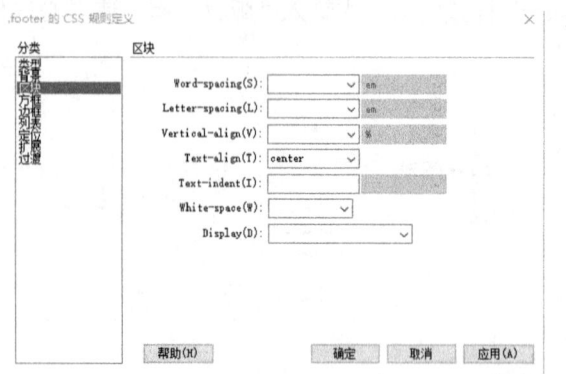

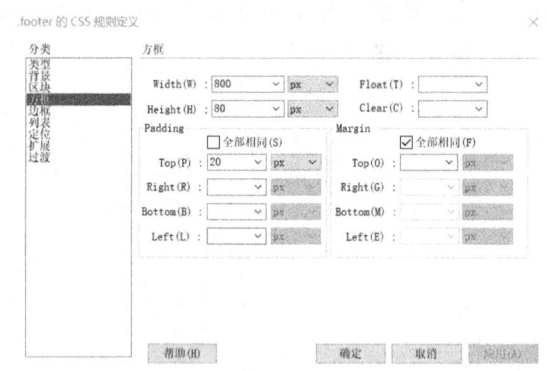

图 9-133 ".footer"样式的"区块"的参数设置　　图 9-134 ".footer"样式的"方框"的参数设置

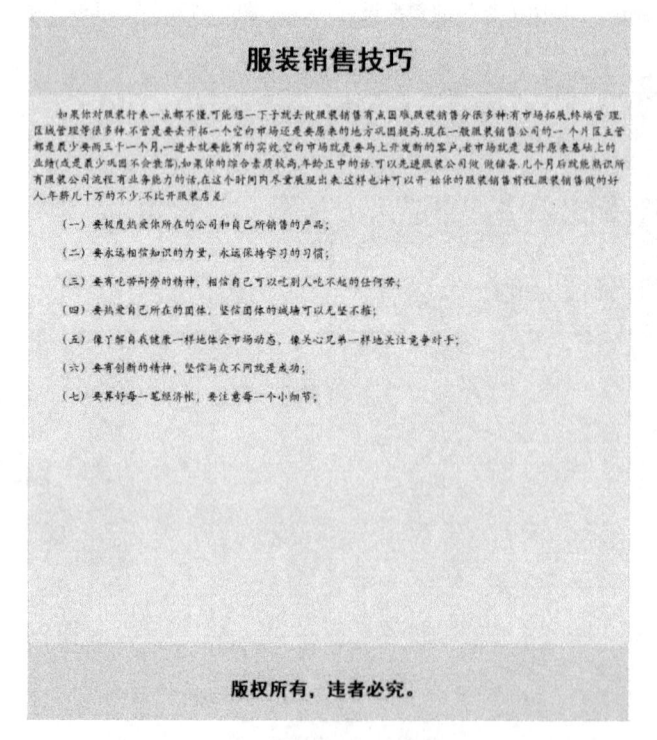

图 9-135 最终效果图

本案例的 HTML 代码如下。

CSS 部分代码：

```
<style type="text/css">
.wrapper {
    background-color: #6FF;
    height: 900px;
    width: 800px;
    margin-top: 0px;
    margin-right: auto;
    margin-bottom: 0px;
    margin-left: auto;
}
```

```css
.header {
    background-color: #FCC;
    height: 90px;
    width: 800px;
    padding-top: 10px;
}
h1 {
    font-size: 36px;
    color: #000;
    text-align: center;
    font-family: "黑体";
}
.article {
    height: 690px;
    width: 790px;
    text-indent: 2em;
    margin: 5px;
    font-family: "华文楷体";
}
.wenzi {
}
.footer {
    background-color: #FCC;
    height: 80px;
    width: 800px;
    font-size: 24px;
    font-weight: bold;
    text-align: center;
    padding-top: 20px;
    font-family: "黑体";
}
</style>
</head>
```

`<body></body>`部分代码：

```html
<body>
<div class="wrapper">
  <div class="header">
     <h1>服装销售技巧</h1>
  </div>
  <div class="article">
     <p class="wenzi">如果你对服装行来一点都不懂，可能想一下子就去做服装销售有点困难，服装销售分很多种：有市场拓展，终端管理．区域管理等很多种．不管是要去开拓一个空白市场还是要原来的地方巩固提高．现在一般服装销售公司的一个片区主管都是最少要两三千一个月，一进去就要能有的实效．空白市场就是要马上开发新的客户，老市场就是提升原来基础上的业绩（或是最少巩固不会衰落），如果你的综合素质较高，年龄正中的话．可以先进服装公司做做储备．几个月后就能熟识所有服装公司流程．有业务能力的话，在这个时间内尽量展现出来．这样也许可以开始你的服装销售前程．服装销售做的好人．年薪几十万的不少．不比开服装店差．<br />
     <span class="wenzi">
```

```
        <p>（一）要极度热爱你所在的公司和自己所销售的产品；</p>
        <p>（二）要永远相信知识的力量，永远保持学习的习惯；</p>
        <p>（三）要有吃苦耐劳的精神，相信自己可以吃别人吃不起的任何苦；</p>
        <p>（四）要热爱自己所在的团体，坚信团体的城墙可以无坚不摧；</p>
        <p>（五）像了解自我健康一样地体会市场动态，像关心兄弟一样地关注竞争对手；</p>
        <p>（六）要有创新的精神，坚信与众不同就是成功；</p>
        <p>（七）要算好每一笔经济账，要注意每一个小细节；</p>
    </p>
  </span></div>
  <div class="footer">
    <p>版权所有，违者必究。</p>
  </div>
</div>
</body>
```

4．新品上市页面

新建一个空白的 HTML5 网页文件，保存为 fuzhuangxinpin.html，把该网页保存在"fuzhuang"站点的 webs 内。

单击"插入"菜单→"布局对象"→"div 标签"，如图 9-136 所示。弹出"插入 Div 标签"对话框，如图 9-137 所示。在"类"文本框中输入类名"wrapper"，为总布局定义类名。

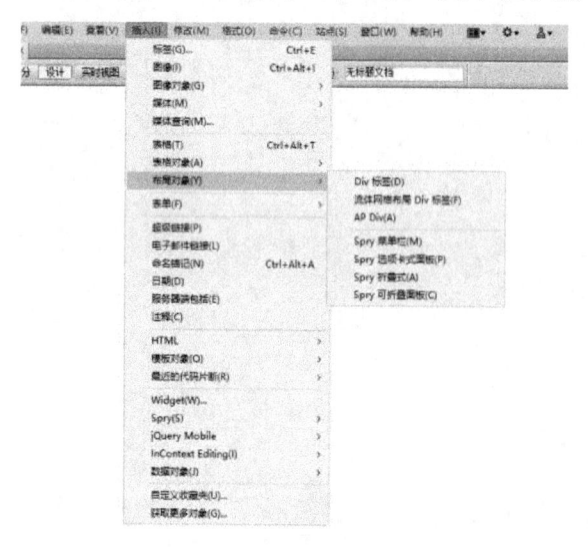

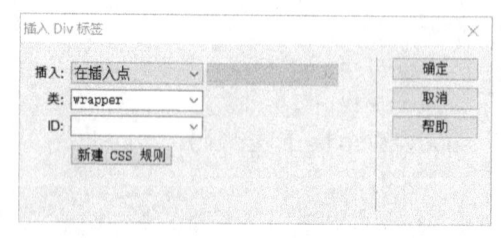

图 9-136　"插入"菜单　　　　图 9-137　"插入 Div 标签"对话框

单击"新建 CSS 规则"按钮，弹出"新建 CSS 规则"对话框，单击"选择器类型"下拉列表框中的"类"选择器，在"选择器名称"文本框中输入"wrapper"，如图 9-138 所示。单击"确定"按钮，弹出".wrapper 的 CSS 规则定义"对话框。在该对话框中单击"分类"中的"方框"选项。在"方框"选项组中设置"Width"为"950"，"Height"为"auto"。设置网页的居中效果，单击"Margin"选项取消"全部相同"。设置"Top"为"0"，"Right"为"auto"，"Bottom"为"0"，"Left"为"auto"，如图 9-139 所示，单击"确定"按钮。

选中"此处显示 class'wrapper'的内容"文字，单击"插入"菜单→"布局对象"→"div 标签"。弹出"插入 Div 标签"对话框，如图 9-140 所示。在"类"文本框中输入类名"header"，单击"新建 CSS 规则"按钮,弹出"新建 CSS 规则"对话框。单击"选择器类型"下拉列表框中"类"选择器,在"选择器名称"文本框中输入"header"。单击"确定"按钮,弹出".header 的 CSS 规则定义"对话框,如图 9-141 所示。单击"分类"中的"方框"选项。在"方框"选项组中设置"Width"为"950","Height"为"150",单击"确定"按钮。

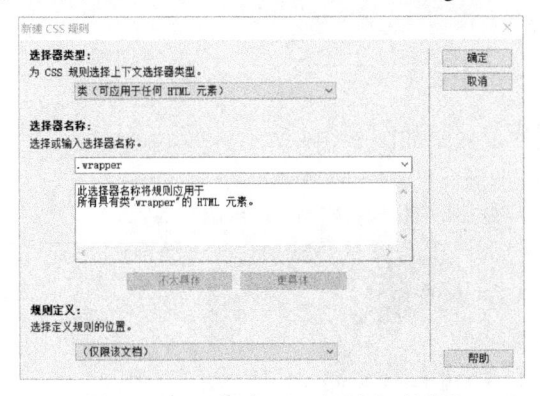

图 9-138 "新建 CSS 规则"对话框 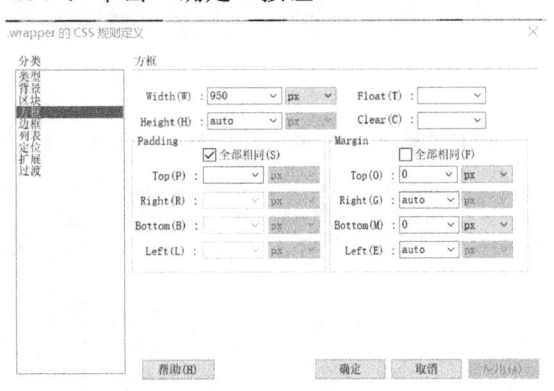　　　　图 9-139 ".wrapper 的 CSS 规则定义"对话框

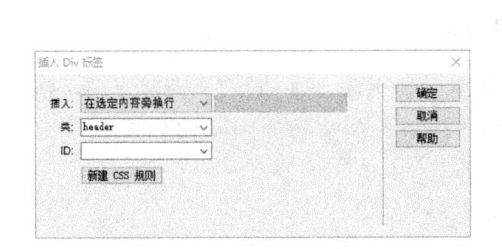

图 9-140 "插入 Div 标签"对话框 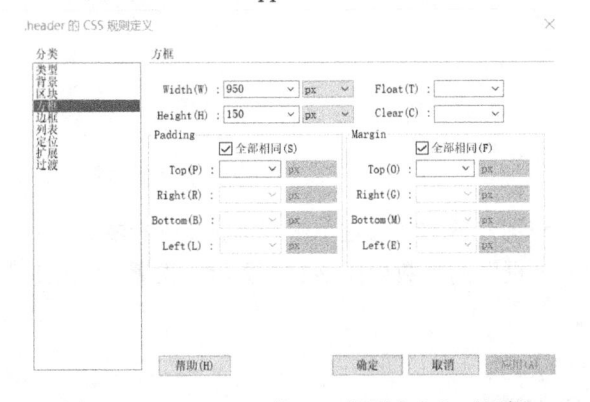　　　　图 9-141 ".header 的 CSS 规则定义"对话框

在设计视图窗口中右击"CSS 样式"面板,在"所有规则"下的空白处右击"新建",弹出"新建 CSS 规则"对话框。单击"选择器类型"下拉列表中的"ID"选择器,在"选择器名称"文本框中输入"*"。单击"确定"按钮,弹出"*的 CSS 规则定义"对话框。在该对话框中单击"分类"中的"方框"选项。在"方框"选项组中设置"Padding"选项组的值均为"0","Margin"选项组的值均为"0",如图 9-142 所示,单击"确定"按钮。

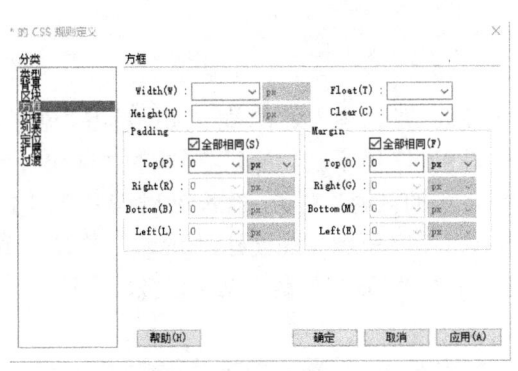

图 9-142 "*的 CSS 规则定义"对话框

选中"此处显示 class 'header' 的内容"文字，单击"插入"菜单→"图像"，插入"biaozhi"图片。设置图片的"宽"为"300"，"高"为"150"，如图 9-143 所示。

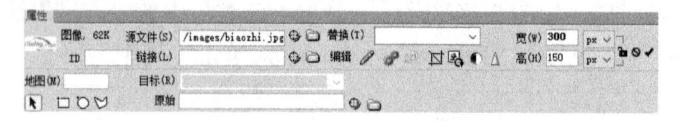

图 9-143　图片"属性"设置

单击"插入"菜单→"图像"，插入"1"图片，效果如图 9-144 所示。

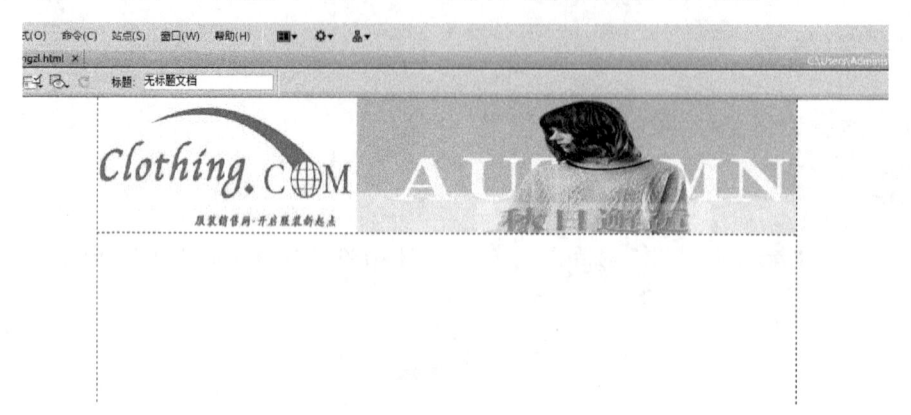

图 9-144　插入图片效果

在图片下方空白处单击。插入 div 标签，用相同的方法设置类".article"。设置".article"中"方框"的参数如图 9-145 所示。设置".article"中"边框"的参数如图 9-146 所示。

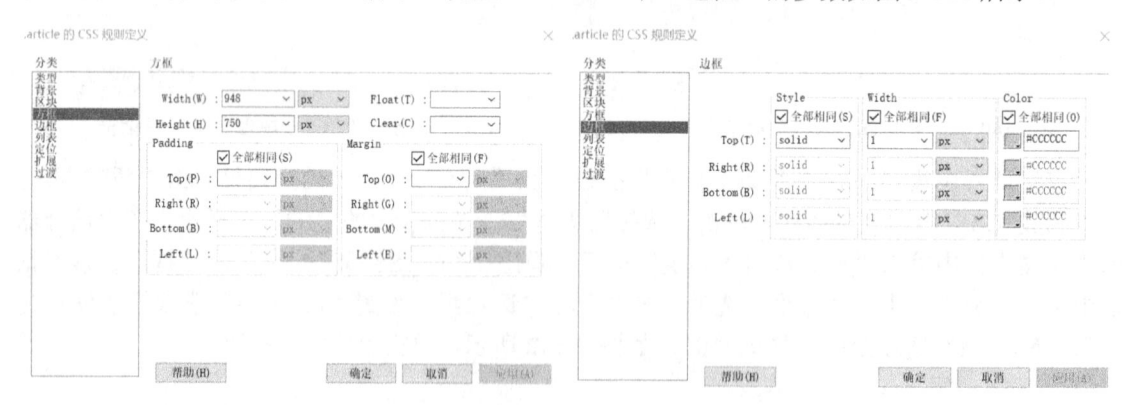

图 9-145　设置".article"中"方框"的参数　　　图 9-146　设置".article"中"边框"的参数

选中"此处显示 class 'article' 的内容"文字，插入 div 标签，创建类名称为"top1"。".top1"样式的"方框"参数设置如图 9-147 所示。".top1"样式的"区块"参数设置如图 9-148 所示。

选中"此处显示 class 'top1' 的内容"文字，插入 div 标签，创建类名称为"jiage"。".jiage"样式的"方框"参数设置如图 9-149 所示。在创建".jiage"样式的 div 标签里插入图片"1"，在图片"1"右侧按回车键，输入"2018 热销"文字，按回车键，输入"￥330.00"，用相同的方法插入图片"2""3"。

在图 9-150 光标所在位置插入 div 标签，创建类名称为"top2"，用上述的方法插入图片"4""5""6"，效果如图 9-151 所示。

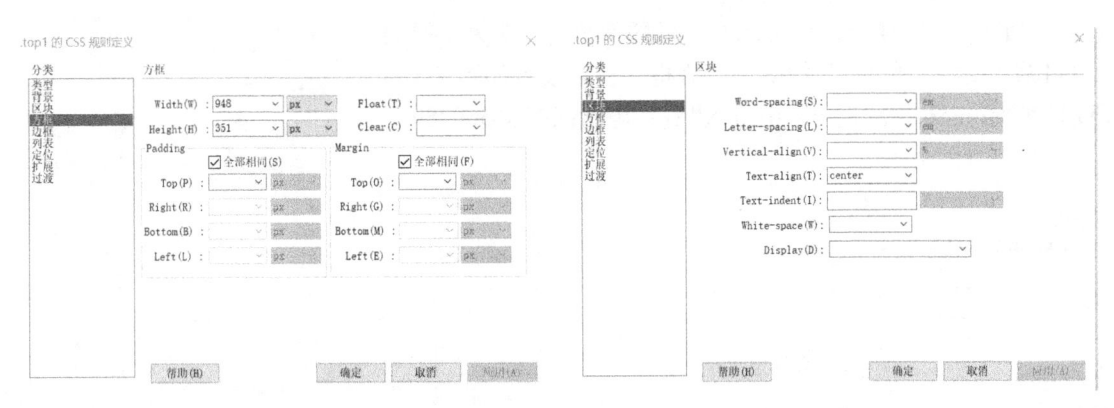

图 9-147 ".top1"样式的"方框"参数设置

图 9-148 ".top1"样式的"区块"参数设置

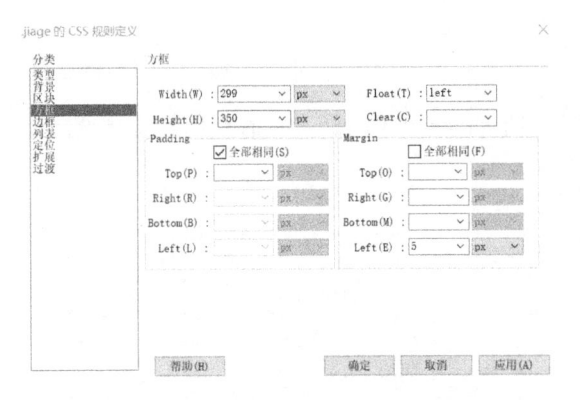

图 9-149 ".jiage"样式的"方框"参数设置

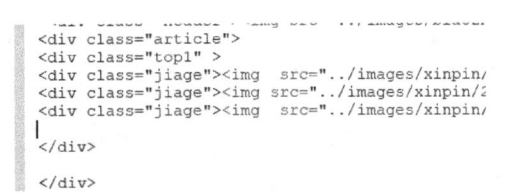

图 9-150 插入点位置（1）

图 9-151 添加图片的效果

在图 9-152 光标所在位置单击"插入"菜单→"布局对象"→"div 标签"。创建"footer" div 标签。".footer"样式的"类型"参数设置如图 9-153 所示。".footer"样式的"背景"参数设置如图 9-154 所示。".footer"样式的"区块"参数设置如图 9-155 所示。".footer"样式的"方框"参数设置如图 9-156 所示。在".footer"样式的 div 中输入"联系电话：12304560789"，效果如图 9-157 所示。

图 9-152　插入点位置（2）

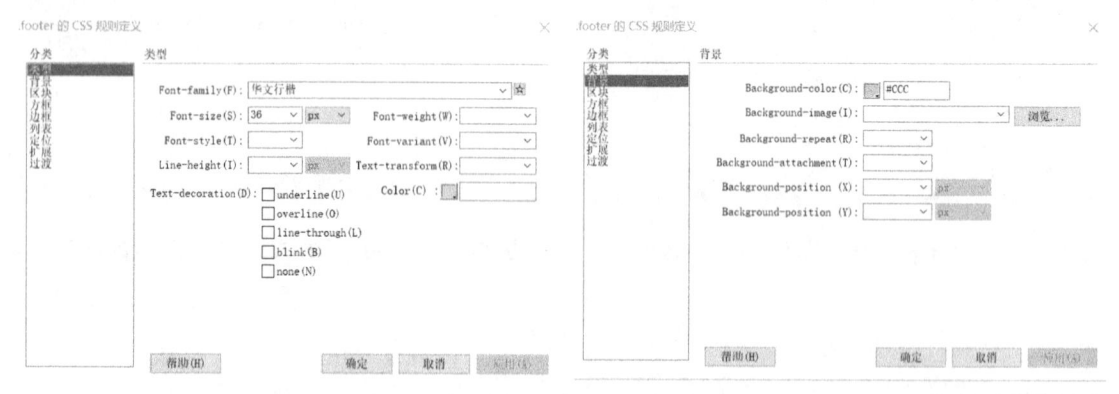

图 9-153　".footer"样式的"类型"参数设置

图 9-154　".footer"样式的"背景"参数设置

图 9-155　".footer"样式的"区块"参数设置

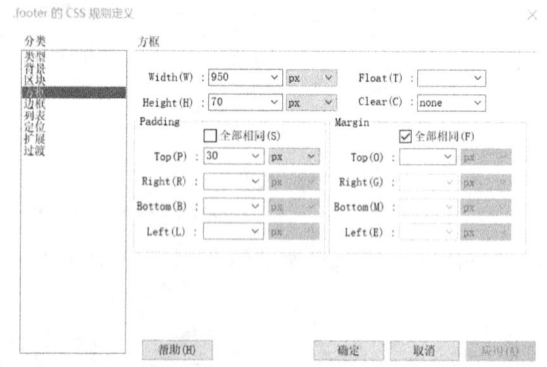

图 9-156　".footer"样式的"方框"参数设置

图 9-157　最终效果图

本案例的 HTML 代码如下。
网页 CSS 部分代码：

```css
<style type="text/css">
*{ padding:0px;
margin:0px;}
.wrapper {
   height:auto;
   width: 950px;
   margin-top: 0px;
   margin-right: auto;
   margin-bottom: 0px;
   margin-left: auto;
}
.header {
   height: 150px;
   width: 950px;
}
.article {
   height: 750px;
   width: 948px;
   border:solid 1px #CCCCCC;
}

.footer{
   height: 70px;
   width: 950px;
   clear: none;
   font-family: "华文行楷";
   text-align: center;
   padding-top: 30px;
   background-color: #CCC;
   font-size: 36px;
}

.top1{ height: 351px;
width: 948px;
text-align:center;

}
.top2{ height: 351px;
width: 948px;
text-align:center;

}
.jiage{
   height: 350px;
```

```
            width: 299px;
            float: left;
            margin-left: 5px;
        }

        </style>
        </head>
```

网页\<body>\</body>部分代码：

```
        <body>
        <div class="wrapper">
         <div class="header"><img src="../images/biaozhi.jpg" width="300" height="150"><img src="../images/1.jpeg" width="650" height="150"></div>
          <div class="article">
          <div class="top1" >
          <div class="jiage"><img src="../images/xinpin/1.jpg" width="250" height="300"><div>2018热销<br>&yen;330.00</div></div>
          <div class="jiage"><img src="../images/xinpin/2.jpg" width="250" height="300"><div>2018热销<br>&yen;330.00</div></div>
          <div class="jiage"><img src="../images/xinpin/3.jpg" width="250" height="300"><div>2018新款<br>&yen;330.00</div></div></div>
          <div class="top2" >
          <div class="jiage"><img src="../images/xinpin/4.jpg" width="250" height="300"><div>2018热销<br>&yen;330.00</div></div>
          <div class="jiage"><img src="../images/xinpin/5.jpg" width="250" height="300"><div>2018热销<br>&yen;330.00</div></div>
          <div class="jiage"><img src="../images/xinpin/6.jpg" width="250" height="300"><div>2018热销<br>&yen;330.00</div></div>
          </div>
          </div>
          <div class="footer">联系电话：12304560789</div>
          </div>
          </body>
```

5．服装特品网页

新建一个空白的 HTML5 网页文件，保存为 fuzhuangtepin.html，把该网页保存在"fuzhuang"站点的 webs 内。

单击"插入"菜单→"布局对象"→"div 标签"，如图 9-158 所示。弹出"插入 Div 标签"对话框，如图 9-159 所示。在"类"文本框中输入类名"wrapper"，为总布局定义类名。

单击"新建 CSS 规则"按钮，弹出"新建 CSS 规则"对话框，单击"选择器类型"下拉列表框中的"类"选择器，在"选择器名称"文本框中输入"wrapper"，如图 9-160 所示。单击"确定"按钮，弹出".wrapper 的 CSS 规则定义"对话框。在该对话框中的单击"分类"中的"方框"选项。在"方框"选项组中设置"Width"为"950"，"Height"为"auto"。设置网页的居中效果，单击"Margin"选项取消"全部相同"。设置"Top"为"0"，"Right"为"auto"，"Bottom"为"0"，"Left"为"auto"，如图 9-161 所示，单击"确定"按钮。

图 9-158 "插入"菜单

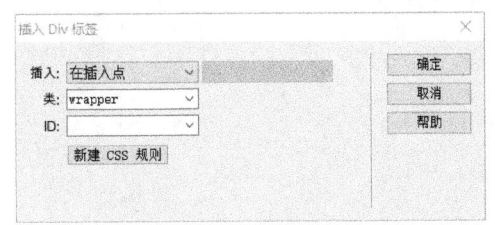

图 9-159 "插入 Div 标签"对话框

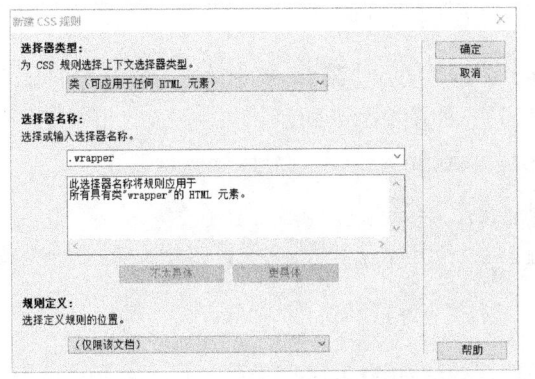

图 9-160 "新建 CSS 规则"对话框

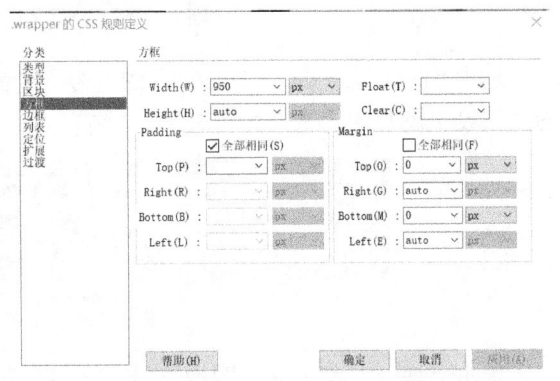

图 9-161 ".wrapper 的 CSS 规则定义"对话框

选中"此处显示 class 'wrapper' 的内容"文字,单击"插入"菜单→"布局对象"→"div 标签",弹出"插入 Div 标签"对话框,如图 9-162 所示。在"类"文本框中输入类名"header",单击"新建 CSS 规则"按钮,弹出"新建 CSS 规则"对话框。单击"选择器类型"下拉列表中的"类"选择器,在"选择器名称"文本框中输入"header"。单击"确定"按钮,弹出".header 的 CSS 规则定义"对话框,如图 9-163 所示。单击"分类"中的"方框"选项。在"方框"选项组中设置"Width"为"950","Height"为"150",单击"确定"按钮。

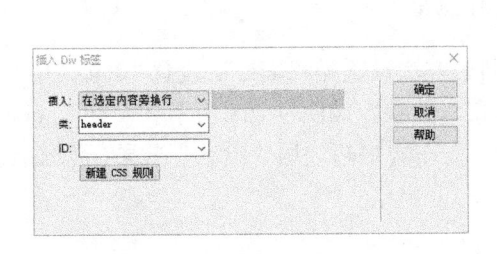

图 9-162 "插入 Div 标签"对话框

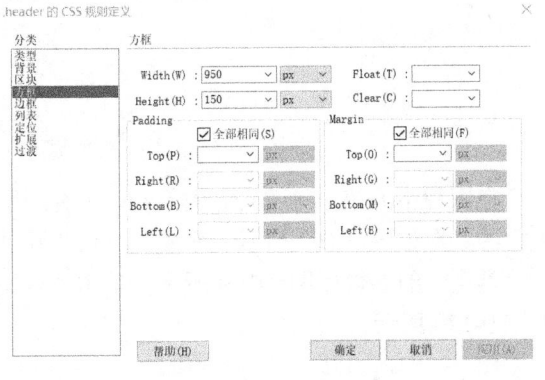

图 9-163 ".header 的 CSS 规则定义"对话框

（5）在设计视图窗口中右击"CSS 样式"面板，在"所有规则"下的空白处右击"新建"选项，弹出"新建 CSS 规则"对话框。单击"选择器类型"下拉列表中的"ID"选择器，在"选择器名称"文本框中输入"*"。单击"确定"按钮，弹出"*的 CSS 规则定义"对话框。在该对话框中单击"分类"中的"方框"选项。在"方框"选项组中设置"Padding"选项组的值均为"0"，"Margin"选项组的值均为"0"，如图 9-164 所示，单击"确定"按钮。

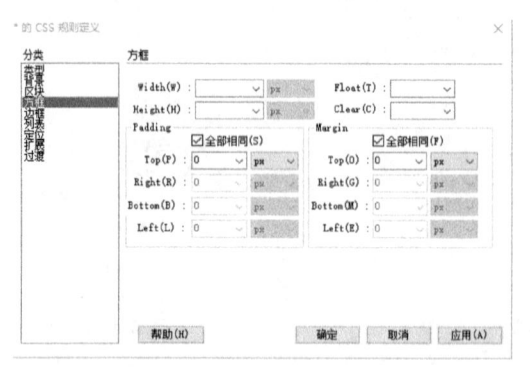

图 9-164 "*的 CSS 规则定义"对话框

选中"此处显示 class 'header' 的内容"文字，单击"插入"菜单→"图像"，插入"biaozhi"图片。设置图片的"宽"为"300"，"高"为"150"，如图 9-165 所示。

图 9-165 图片"属性"设置

单击"插入"菜单→"图像"，插入"1"图片，效果如图 9-166 所示。

图 9-166 插入图片效果

在图片下方空白处单击，插入 div 标签，用相同的方法设置类".tejia"。设置".tejia"中"方框"的参数如图 9-167 所示。设置".tejia"中"背景"的参数如图 9-168 所示。设置".tejia"中"类型"的参数如图 9-169 所示。单击"代码视图"在文字两边用"滚动"效果，添加代码如图 9-170 所示。

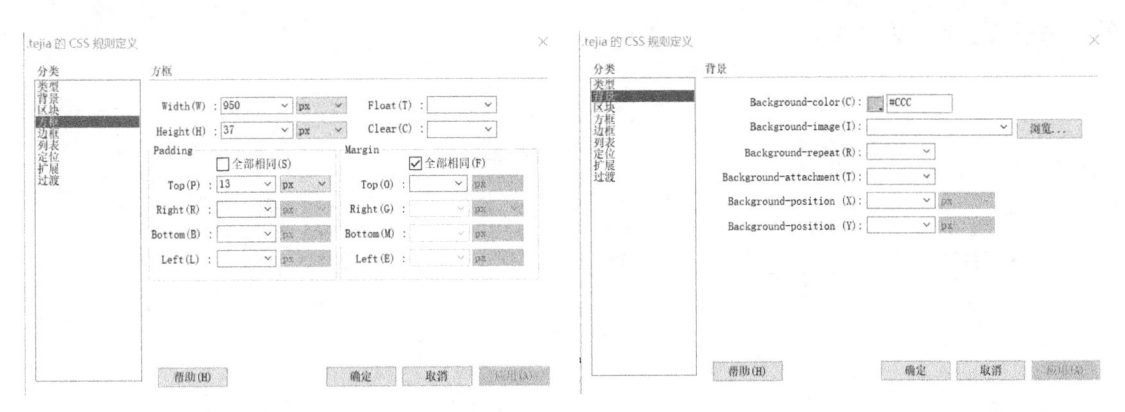

图 9-167 设置".tejia"中"方框"的参数　　　图 9-168 设置".tejia"中"背景"的参数

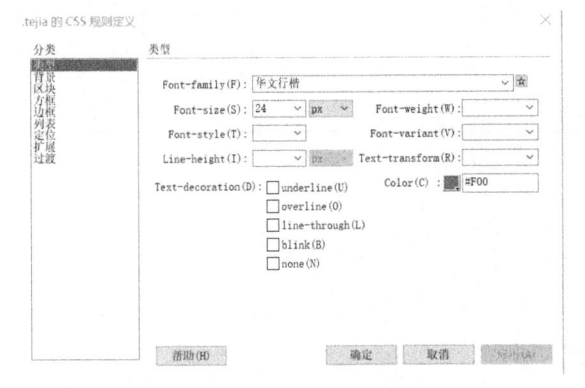

图 9-169 设置".tejia"中"类型"的参数　　　图 9-170 给文字添加滚动代码

在图文字下方空白处单击，插入 div 标签，用相同的方法设置类".article"。设置".article"中的"方框"参数如图 9-171 所示。设置".article"中的"边框"参数如图 9-172 所示。

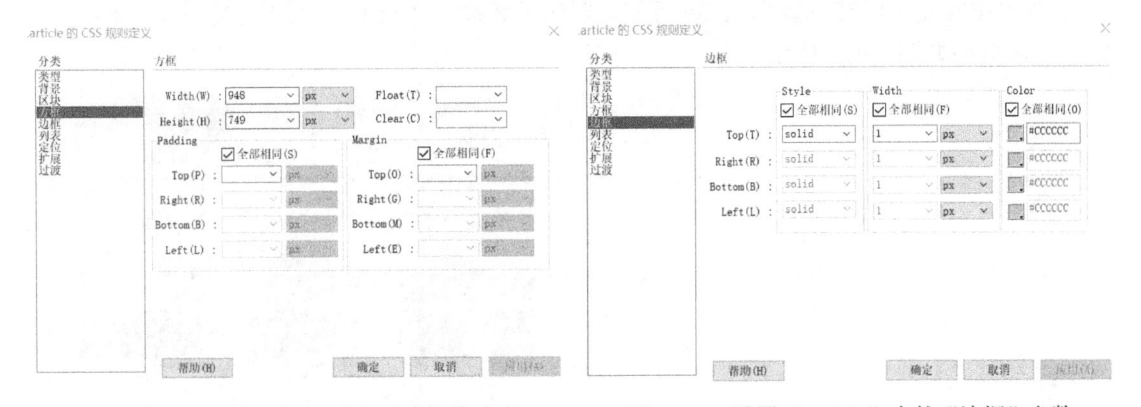

图 9-171 设置".article"中的"方框"参数　　　图 9-172 设置".article"中的"边框"参数

选中"此处显示 class 'article' 的内容"文字，插入 div 标签，创建类名称为"top1"。".top1"样式的"方框"参数设置如图 9-173 所示。".top1"样式的"区块"参数设置如图 9-174 所示。

选中"此处显示 class 'top1' 的内容"文字，插入 div 标签，创建类名称为"jiage"。".jiage"样式的"方框"参数设置如图 9-175 所示。在创建".jiage"样式的 div 标签中插入图片"1"，在图片"1"右侧按回车键，输入"2018 特价"文字，按回车键，输入"￥130.00"，用相同

207

的方法插入图片"2""3"。

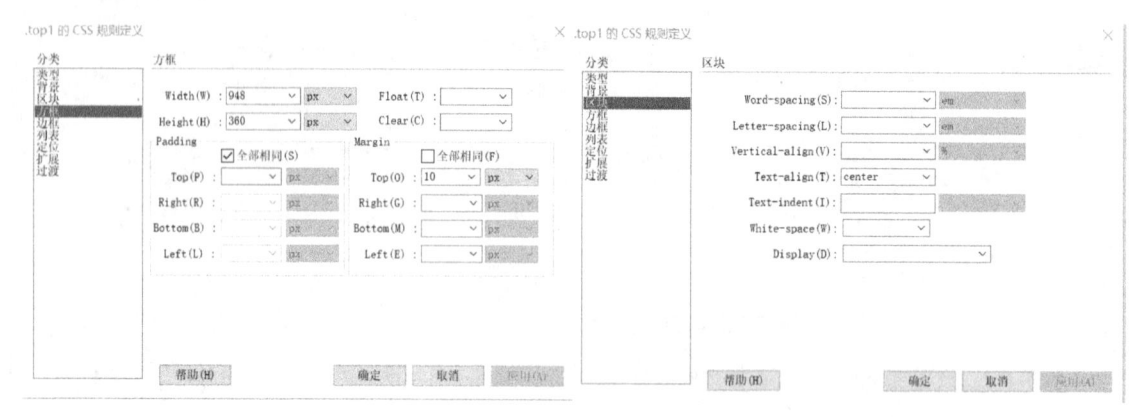

图 9-173 ".top1"样式的"方框"参数设置

图 9-174 ".top1"样式的"区块"参数设置

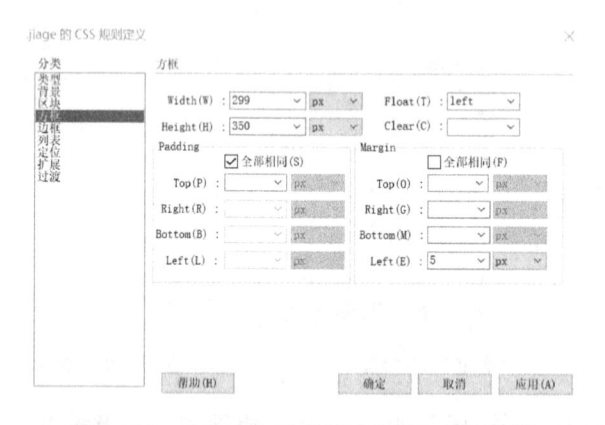

图 9-175 ".jiage"样式的"方框"参数设置

在图 9-176 光标所在位置插入 div 标签,创建类名称为"top1",用上述方法插入图片"4""5""6",效果如图 9-177 所示。

图 9-176 插入点位置

图 9-177 添加图片的效果

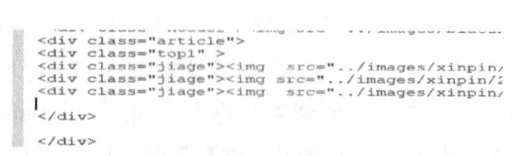

第 9 章　网站建设综合实例

在图 9-178 光标所在位置，单击"插入"菜单→"布局对象"→"div 标签"，创建"footer" div 标签。".footer"样式的"类型"参数设置如图 9-179 所示。".footer"样式的"背景"参数设置如图 9-180 所示。".footer"样式的"区块"参数设置如图 9-181 所示。".footer"样式的"方框"参数设置如图 9-182 所示。在".footer"样式的 div 中输入"快快下手，错过一次，要等一年！！！"的文字，效果如图 9-183 所示。

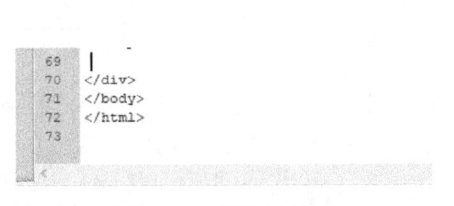

图 9-178　插入点位置

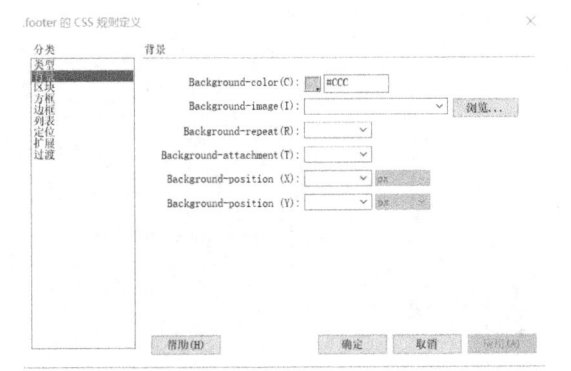

图 9-179　".footer"样式的"类型"参数设置

图 9-180　".footer"样式的"背景"参数设置

图 9-181　".footer"样式的"区块"参数设置

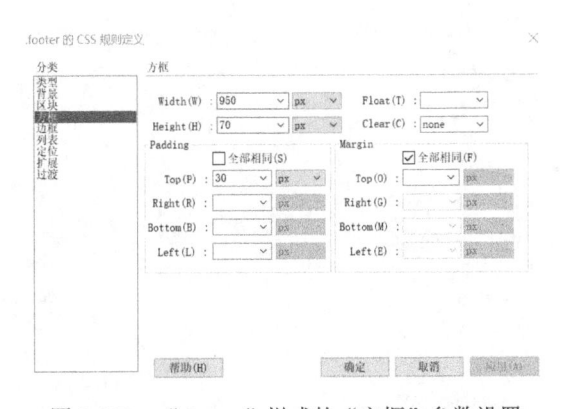

图 9-182　".footer"样式的"方框"参数设置

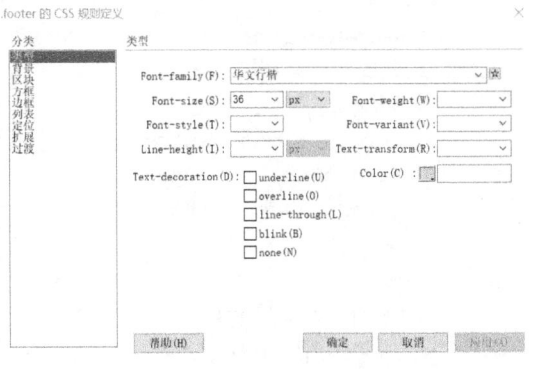

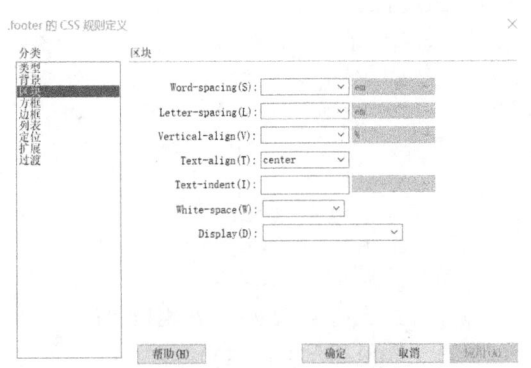

图 9-183　最终效果图

209

本案例的 HTML 代码如下。

网页 CSS 部分代码：

```css
<style type="text/css">
*{ padding:0px;
margin:0px;}
.wrapper {
    height:auto;
    width: 950px;
    margin-top: 0px;
    margin-right: auto;
    margin-bottom: 0px;
    margin-left: auto;
}
.header {
    height: 150px;
    width: 950px;
}
.article {
    height: 749px;
    width: 948px;
    border:solid 1px #CCCCCC;
}
.footer{
    height: 70px;
    width: 950px;
    clear: none;
    font-family: "华文行楷";
    text-align: center;
    padding-top: 30px;
    background-color: #CCC;
    font-size: 36px;
}
.top1{ height: 360px;
width: 948px;
text-align:center;
border-bottom:1px solid #CCC;
margin-top:10px;
}
.top2{ height: 370px;
width: 948px;
text-align:center;
}
.jiage{
    height: 350px;
    width: 299px;
    float: left;
    margin-left: 5px;
}
```

```css
.tejia{
    height: 37px;
    width: 950px;
    font-family: "华文行楷";
    padding-top: 13px;
    font-size: 24px;
    color: #F00;
    background-color: #CCC;
    }
</style>
</head>
```

网页\<body>\</body>部分代码：

```html
<body>
<div class="wrapper">
  <div class="header"><img src="../images/biaozhi.jpg" width="300" height="150"><img src="../images/1.jpeg" width="650" height="150"></div>
  <div class="tejia">
    <marquee>特价销售，倒计时开始！！！</marquee>
  </div>
  <div class="article">
  <div class="top1" >
  <div class="jiage"><img src="../images/tejia/1.jpg" width="250" height="300"><div>2018特价<br>&yen;130.00</div></div>
    <div class="jiage"><img src="../images/tejia/2.jpg" width="250" height="300"><div>2018特价<br>&yen;130.00</div></div>
    <div class="jiage"><img src="../images/tejia/3.jpg" width="250" height="300"><div>2018特价<br>&yen;130.00</div></div></div>
    <div class="top1" >
    <div class="jiage"><img src="../images/tejia/4.jpg" width="250" height="300"><div>2018特价<br>&yen;130.00</div></div>
    <div class="jiage"><img src="../images/tejia/5.jpg" width="250" height="300"><div>2018特价<br>&yen;130.00</div></div>
    <div class="jiage"><img src="../images/tejia/6.jpg" width="250" height="300"><div>2018特价<br>&yen;130.00</div></div></div>
  </div>
  <div class="footer">快快下手，错过一次，要等一年！！！</div>
</div>
</body>
```

6. 在线留言网页

新建一个空白的 HTML5 网页文件，保存为 zaixianliuyan.html，把该网页保存在"fuzhuang"站点的 webs 内。

单击"插入"菜单→"布局对象"→"div 标签"，如图 9-184 所示。弹出"插入 Div 标签"对话框，如图 9-185 所示。在"类"文本框中输入类名"wrapper"，为总布局定义类名。

单击"新建 CSS 规则"按钮，弹出"新建 CSS 规则"对话框，单击"选择器类型"下拉列表中的"类"选择器，在"选择器名称"文本框中输入"wrapper"，如图 9-186 所示。单击"确定"按钮，弹出".wrapper 的 CSS 规则定义"对话框。在该对话框中单击"分类"中的"边框"选项,在"方框"选项组中设置"Width"为"800","Height"为"700"。设置网页的居中效果。单击"Margin"选项取消"全部相同"。设置"Top"为"0","Right"为"auto","Bottom"为"0","Left"为"auto",如图 9-187 所示。单击"分类"中的"方框",设置".wrapper"样式的"背景"参数如图 9-188 所示,单击"确定"按钮。

图 9-184 "插入"菜单

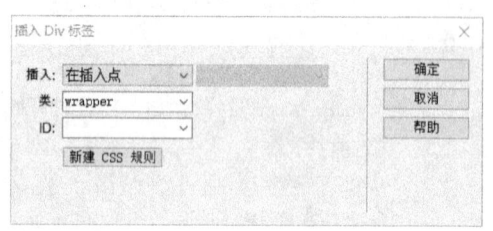

图 9-185 "插入 Div 标签"对话框

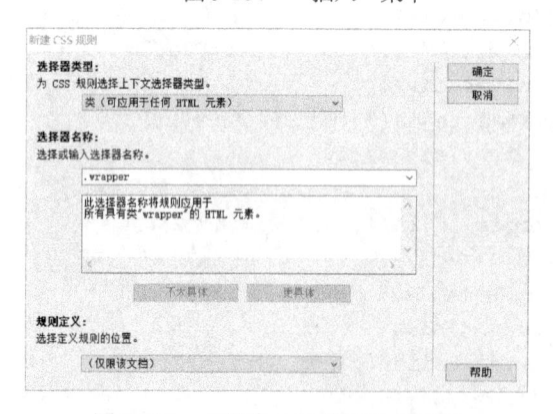

图 9-186 "新建 CSS 规则"对话框

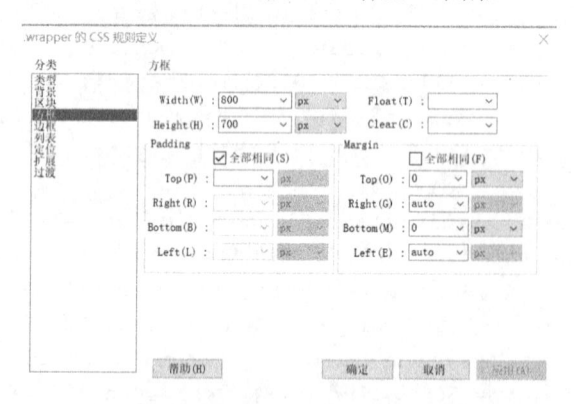

图 9-187 ".wrapper 的 CSS 规则定义"对话框

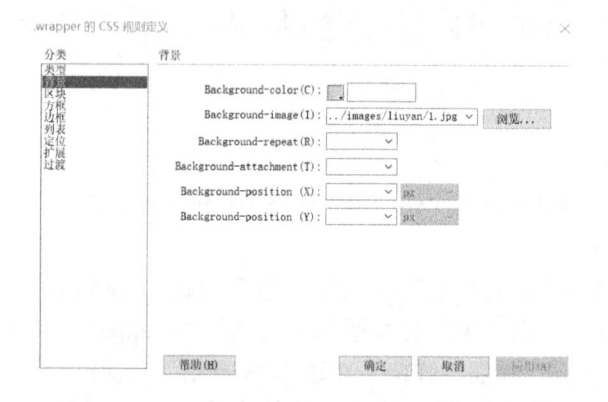

图 9-188 设置".wrapper"样式的"背景"参数

选中"此处显示 class 'wrapper' 的内容"文字，单击"插入"菜单→"布局对象"→"div 标签"。弹出"插入 Div 标签"对话框，如图 9-189 所示。在"类"文本框输入类名"yijian"，单击"新建 CSS 规则"按钮，弹出"新建 CSS 规则"对话框。单击"选择器类型"下拉列表框中的"类"选择器，在"选择器名称"文本框中输入"yijian"。单击"确定"按钮，弹出".yijian 的 CSS 规则定义"对话框，单击"分类"中的"类型"选项。设置"类型"参数如图 9-190 所示。".yijian"样式的"定位"参数设置如图 9-191 所示，单击"确定"按钮。

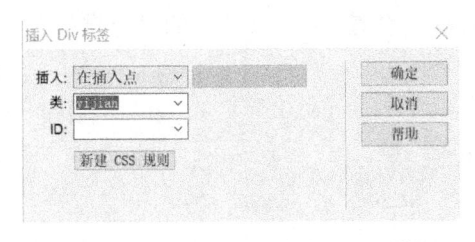

图 9-189 "插入 Div 标签"对话框

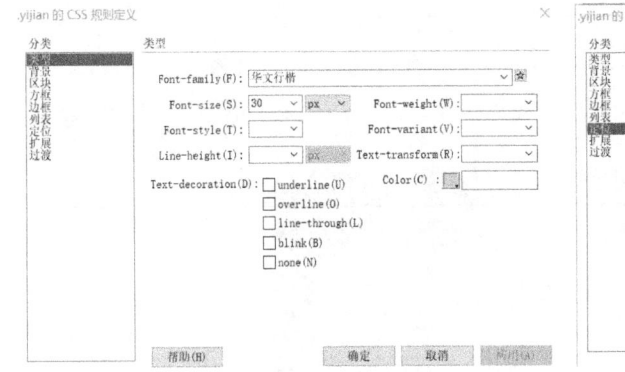

图 9-190 ".yijian"样式的"类型"参数设置

图 9-191 ".yijian"样式的"定位"参数设置

在设计视图窗口中右击"CSS 样式"面板，在"所有规则"下的空白处右击"新建"，弹出"新建 CSS 规则"对话框。单击"选择器类型"下拉列表中的"ID"选择器，在"选择器名称"文本框中输入"*"。单击"确定"按钮，弹出"*的 CSS 规则定义"对话框。在该对话框中单击"分类"中的"方框"选项，在"方框"选项组中设置"Padding"选项组的值均为"0"，"Margin"选项组的值均为"0"，如图 9-192 所示，单击"确定"按钮。

选中"此处显示 class 'yijian' 的内容"文字，输入文字："请留下您的宝贵意见："。单击"插入"菜单→"表单"→"文本区域"，弹出"输入标签功能属性"对话框，如图 9-193 所示，单击"确定"按钮。

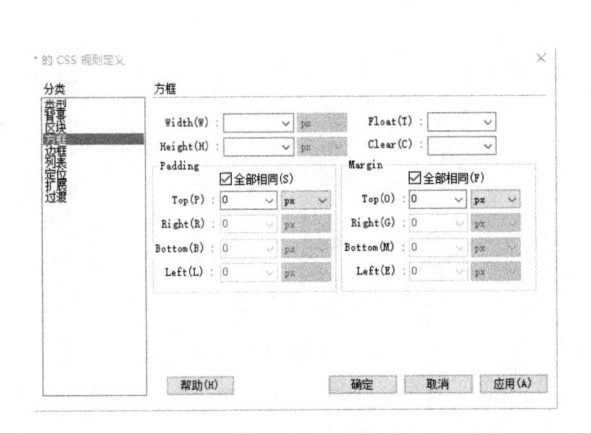

图 9-192 "*的 CSS 规则定义"对话框

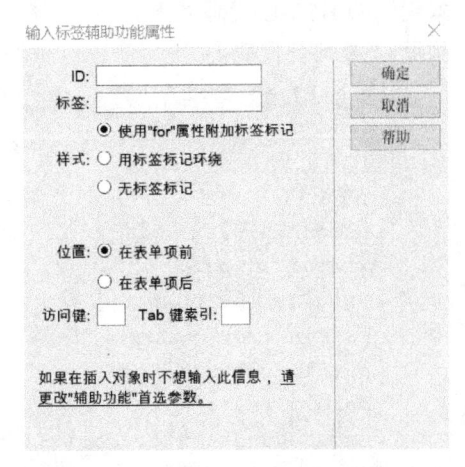

图 9-193 "输入标签功能属性"对话框

设置"#textarea"样式的"类型"参数如图 9-194 所示。设置"#textarea"的"方框"参数如图 9-195 所示。最终效果如图 9-196 所示。

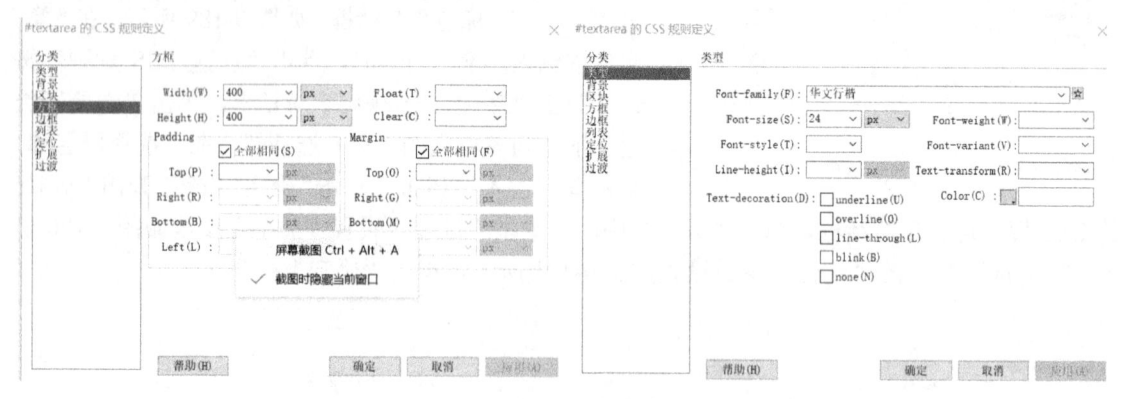

图 9-194 "#textarea"样式的"类型"参数设置　　图 9-195 "#textarea"样式的"方框"参数设置

图 9-196 最终效果图

本案例的 HTML 代码如下。
网页 CSS 部分代码：

```
<style type="text/css">
*{ padding:0px;
margin:0px;}
.wrapper {
    height: 700px;
    width: 800px;
    margin-top: 0px;
    margin-right: auto;
    margin-bottom: 0px;
    margin-left: auto;
    background-image: url(../images/liuyan/1.jpg);
}
```

```css
.yijian{
    width: 400px;
    height: 400px;
    font-family: "华文行楷";
    font-size: 30px;
    left: 200px;
    top: 150px;
    position: relative;
}
#textarea{
    font-family: "华文行楷";
    font-size: 24px;
    width: 400px;
    height: 400px;
}
</style>
</head>
```

网页<body></body>部分代码：

```html
<body>
<div class="wrapper">
  <div class="yijian">请留下您的宝贵意见：
    <form name="form1" method="post" action="">
      <label for="textarea"></label>
      <textarea name="textarea" id="textarea"></textarea>
    </form>
  </div>
</div>
</body>
```

7．创建超链接

打开 index.html 网页，选中"index.html"中的"首页"文字，在"链接"文本框中输入"#"，设置"首页"空链接，如图 9-197 所示。

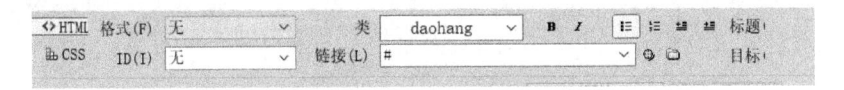

图 9-197　"首页"链接

选中"index.html"中的"服装种类""新品上市""特品专区""在线注册""帮助中心"文字，分别用相同的方法添加链接。"服装种类"链接添加如图 9-198 所示，"新品上市"链接添加如图 9-199 所示，"特品专区"链接添加如图 9-200 所示，"在线注册"链接添加如图 9-201 所示，"帮助中心"链接添加如图 9-202 所示。

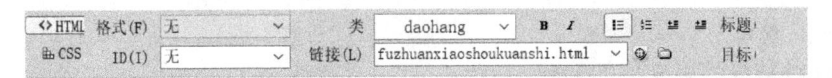

图 9-198　"服装种类"链接添加

图 9-199 "新品上市"链接添加

图 9-200 "特品专区"链接添加

图 9-201 "在线注册"链接添加

图 9-202 "帮助中心"链接添加

右击窗口右侧"CSS 属性"面板→"新建 CSS 样式"→"标签 a",弹出"a 的 CSS 规则定义"对话框,在该对话框中设置标签"a"的样式参数,如图 9-203 所示。

单击"代码视图",在"a:link"的样式里输入图 9-204 所示代码。使添加超链接的文字为"黑色"。

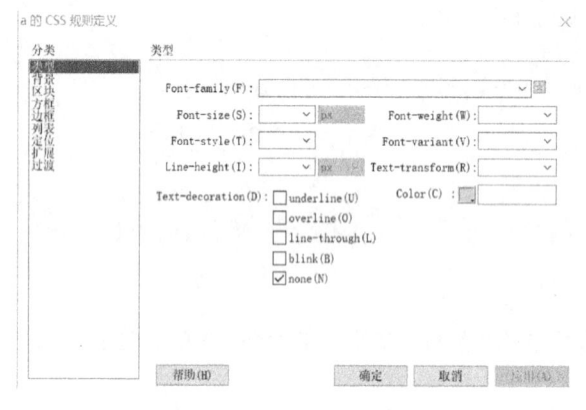

图 9-203 标签"a"的样式参数

图 9-204 添加伪类代码

拓展练习

制作"国"字形布局页面

使用 Div+CSS 制作"国"字形布局页面,如图 9-205 所示。

1. 训练要点:

(1) Div 的嵌套。
(2) CSS 外部样式表文件的创建。
(3) HTML 文件连接 CSS 外部样式表文件。
(4) 在 CSS 外部样式表文件中为网面元素定义格式。

2. 操作提示：效果图

图 9-205 "国"字形布局页面图

CSS 部分代码：

```
*{ padding:0px;margin:0px;}
.wrapper {
    height: 905px;
    width: 800px;
    margin-top: 0px;
    margin-right: auto;
    margin-bottom: 0px;
    margin-left: auto;
}
.header {
    height: 120px;
    width: 800px;
}
.daohang {
    height: 35px;
    width: 800px;
    text-align: center;
```

```css
}
nav ul {
    list-style-type: none;
    padding-top: 6px;
}
.right {
    float: right;
    height: 704px;
    width: 148px;
    border-left-width: 1px;
    border-left-style: dotted;
    border-left-color: #666;
    text-align: center;
}
.fenlei {
}
nav ul li {
    display: inline;
    background-color: #000;
    padding-right: 10px;
    padding-left: 10px;
    margin-right: 10px;
    margin-left: 10px;
    border-radius: 10px;
    color: #FFF;
}
.article {
    height: 704px;
    width: 798px;
    border: 1px dotted #666;
}
.left {
    height: 706px;
    width: 148px;
    float: left;
    border-right-width: 1px;
    border-right-style: dotted;
    border-top-color: #D6D6D6;
    border-right-color: #666;
}
.center {
    float: left;
    height: 704px;
    width: 500px;
    text-align: center;
}
.fenlei ul {
    list-style-type: none;
```

```css
    text-align: center;
}
.fenlei ul li {
    padding-top: 7px;
    padding-bottom: 7px;
    border: 1px dotted #666;
}
.beijing {
    background-color: #000;
    padding-top: 7px;
    padding-bottom: 7px;
    text-align: center;
}
.baisewenzi {
    color: #FFF;
    font-weight: bold;
}
.rexiao ul li {
    list-style-type: none;
}
.rexiao ul li {
    padding-top: 7px;
    padding-bottom: 7px;
    text-align: center;
    border: 1px dotted #999;
}
.rexiao {
    margin-top: 35px;
}
.footer {
    clear: both;
    height: 29px;
    width: 800px;
    background-color: #000;
    text-align: center;
    padding-top: 15px;
    color: #FFF;
    font-weight: bold;
}
.resou {
}
.kuang {
    height: 20px;
    width: 80px;
}
.wenzi {
    font-size: 12px;
    text-align: center;
```

```css
}
.hongsewenzi {
    color: #F00;
}
.guan {
    margin-bottom: 20px;
}
.tupian1 {
    height: 140px;
    width: 140px;
    margin-left: 4px;
    font-size: 14px;
}
.bian {
    border: 1px solid #CCC;
}
.top1 {
    height: 351px;
    width: 499px;
    border-bottom-width: 1px;
    border-bottom-style: dotted;
    border-bottom-color: #999;
    text-align: center;
}
.tupian {
    height: 200px;
    width: 121px;
    float: right;
    padding-top: 20px;
    padding-bottom: 20px;
    padding-right: 23px;
    padding-left: 20px;
    margin-top: 60px;
}
.top2 {
    height: 351px;
    width: 499px;
}
a:link {
    color: #FFF;
    text-decoration: none;
}
a:visited {
    text-decoration: none;
    color: #FFF;
}
a:hover {
    text-decoration: none;
```

```
    a:active {
        text-decoration: none;
    }
```

HTML 部分代码：

```html
    <body>
    <div class="wrapper">
    <div class="header">
    <img src="../images/QQ截图20181116104503.png" width="800" height="120" />
    </div>
    <div class="daohang">
    <nav>
    <ul>
    <li><a href="#">首页</a></li>
    <li><a href="fuzhuanxiaoshoukuanshi.HTML">产品分类</a></li>
    <li>玩美唇妆
    </li><li>特品专区</li>
    <li>在线注册</li>
    <li><a href="fuzhuangxiaoshoujiqiao.HTML">产品介绍</a></li>
    </ul>
    </nav>
    </div>
    <div class="article">
    <div class="left">
    <div class="fenlei">
    <ul>
    <li class="beijing"><span class="guan"><span class="baisewenzi">彩妆系列
</span></span></li>
    <li><span class="guan">个性唇妆</span></li>
    <li><span class="guan">时尚底妆</span></li>
    <li><span class="guan">魅力眼妆</span></li>
    <li>遮瑕修颜</li>
    </ul>
    </div>
    <div class="rexiao">
    <ul>
    <li class="beijing"><span class="guan"><span class="baisewenzi">护肤系列
</span></span></li>
    <li><span class="guan">超模绝密系列</span></li>
    <li><span class="guan">纯白系列</span></li>
    </ul>
    </div>
    </div>
    <div class="center">
    <div class="top1">
    <div class="tupian">
    <p class="wenzi">
    <span class="wenzi">
```

```html
    <img src=
"../images/shengluolan/O1CN01fRAw0220dsdSeZFhh_!!0-item_pic.jpg_250x250.jpg"
 width="120" height="120" class="bian" />女神粉底液</span></p>
    <p class="wenzi">
    <span class="wenzi">
    <span class="hongsewenzi">￥335.00</span>
    </span>
    </p>
    </div>
    <div class="tupian">
    <img src=
"../images/shengluolan/O1CN01aoqTWj20dsdVJB6QG_!!0-item_pic.jpg_250x250.jpg" width="120" height="120" class="bian" />
    <p class="wenzi">女士香水</p>
    <pclass="wenzi">
    <span class="wenzi">
    <span class="hongsewenzi">￥770</span>
    </span>
    </p>
    </div>
    <div class="tupian">
    <img src="../images/shengluolan/2.jpg" width="120" height="120" class="bian" />
    <p class="wenzi">
    <span class="wenzi">明彩轻垫</span>
    </p>
    <p class="wenzi">
    <span class="wenzi">
    <span class="hongsewenzi">￥510.00</span>
    </span>
    </p>
    </div>
    </div>
    <div class="top2">
    <div class="tupian">
    <img src="
../images/shengluolan/O1CN01m0fTC820dsdWFuQ1M_!!0-item_pic.jpg_120x120.jpg" width="120" height="120" class="bian" />
    <p class="wenzi">莹亮唇魅</p>
    <p class="wenzi">
    <span class="wenzi">
    <span class="hongsewenzi">￥320.00
    </span>
    </span>
    </p>
    </div>
    <div class="tupian">
```

```
        <img src=
        "../images/shengluolan/O1CN01qpG5rN20dsdVFMNnZ_!!0-item_pic.jpg_120x120.
jpg" width="120" height="120" class="bian" />
        <p class="wenzi">黑管春游</p>
        <p class="wenzi">
        <span class="wenzi">
        <span class="hongsewenzi">￥320.00
        </span>
        </span>
        </p>
        </div>
        <div class="tupian">
        <img src=
        "../images/shengluolan/O1CN01fKtxDl20dsdThCYmo_!!0-item_pic.jpg_120x120.
jpg" width="120" height="120" class="bian" />
        <p class="wenzi">莹亮唇釉</p>
        <p class="wenzi">
        <span class="wenzi">
        <span class="hongsewenzi">￥600.00
        </span>
        </span>
        </p>
        </div>
        </div>
        </div>
        <div class="right">
        <div class="beijing">
        <span class="guan">
        <span class="baisewenzi">本店热搜
        </span>
        </span>
        </div>
        <div class="guan">
        <form>
        <label for="textfield">
        <span class="wenzi">关键字：</span>
        </label>
        <input name="textfield" type="text" class="kuang" id="textfield" />
        <label for="textfield"><span class="wenzi">价   格：
</span></label>
        <input name="textfield" type="text" class="kuang" id="textfield"
value="&yen;"/>
        </form>
        </div>
        <div class="beijing">
        <span class="guan">
        <span class="baisewenzi">宝贝热搜
        </span>
```

```html
        </span>
      </div>
      <div>
        <img src=
 "../images/shengluolan/O1CN01m0fTC820dsdWFuQ1M_!!0-item_pic.jpg_120x120.jpg" width="100" height="100" class="bian" />
        <p class="wenzi"><span class="wenzi">莹亮唇魅</span></p>
        <p class="wenzi"><span class="hongsewenzi">¥320.00</span></p>
      </div>
      <div>
        <img src=
 "../images/shengluolan/O1CN01fKtxDl20dsdThCYmo_!!0-item_pic.jpg_120x120.jpg" width="100" height="100" class="bian" />
        <p class="wenzi">
        <span class="wenzi">
        <span class="wenzi">哑光唇釉</span>
        </span>
        </p>
        <p class="wenzi"><span class="wenzi"><span class="wenzi"><span class="hongsewenzi">¥335.00</span></span></span><span class="hongsewenzi"></span></p>
      </div>
      <div>
        <img src=
 "../images/shengluolan/O1CN01qpG5rN20dsdVFMNnZ_!!0-item_pic.jpg_120x120.jpg" width="100" height="100" class="bian" />
        <p class="wenzi">黑管春游</p>
        <p class="wenzi"><span class="hongsewenzi">¥320.00</span></p>
      </div>
      <div>
        <img src=
 "../images/shengluolan/O1CN01G4OwVc20dsdVKAWr3_!!0-item_pic.jpg_120x120.jpg" width="100" height="100" class="bian" />
        <p class="wenzi">明彩轻垫</p>
        <p class="wenzi"><span class="hongsewenzi">¥510.00</span></p>
      </div>
    </div>
  </div>
  <div class="footer">版权所有</div>
 </div>
 </body>
```